NEC

MEGA CITIES

MEGA CITIES

Ein Beitrag der Europäischen Raumfahrtagentur zum besseren Verständnis einer globalen Herausforderung

Lothar Beckel (Herausgeber)
GEOSPACE Verlag

IMPRESSUM

Das Buch wurde in Zusammenarbeit mit HUGIN AG, Jena, hergestellt

Die Autoren: Thomas Angotti, Jürgen Bähr, James H. Bater, Lothar Beckel, Erhard Berner, Axel Borsdorf, Boris Braun, Dirk Bronger, William Clark, Cecile Cutler, Benedikt Deilmann, Heinz Fassmann, Winfried Flüchter, Dean Forbes, Wolf Gaebe, Paul Gans, Alan Gilbert, Martin Heintel, Uta Hohn, Ulrich Jürgens, Yeong-Hyun Kim, Frauke Kraas, Thomas Krafft, Günter Mertins, John Miron, Larissa Muller, Heinz Nissel, Anthony O'Connor, Michaela Paal, Friedrich Palencsar, Sujata Patel, Jean Luc Piermay, Gerhard Popp, Christoph Reitinger, Marlies Schulz, Anke Schüttemeyer, Martin Seger, Kamal Siddiqui, Victor Fung Shuen Sit, Günter Spreitzhofer, Irene Stacher, Dona J. Stewart, Wolfgang Taubmann, Herbert Tomandl, Peter Ward, Douglas Webster, Rainer Wehrhahn, Weiping Wu

Umschlagbild: Shanghai, Blick von Zhongshan Dongyilu Richtung Pudong mit Oriental Pearl Tower
Lothar Beckel, Salzburg

Satellitenbilddaten:
Centre Nationale d´Etude Spatiales (C.N.E.S.)-SPOT IMAGE, Toulouse, Frankreich;
European Space Agency (ESA), Paris, Frankreich;
European Space Research Institute (ESRIN) der ESA, Frascati, Italien;
European Space Research and Technology Center (ESTEC) der ESA, Noordwijk, Niederlande;
EROS Data Center – U.S. Geological Survey, Sioux Falls, USA;
EURIMAGE, Rom, Italien;
GEOSPACE GmbH, Salzburg, Österreich;
HUGIN AG, Jena, Deutschland;
Joint Research Center der European Commission (JRC), Ispra, Italien;
RADARSAT, Vancouver, Kanada;
SPACE IMAGING USA, Thornton, USA;
SPACE IMAGING EUROPE, Athen, Griechenland

Konzeption: Lothar Beckel, GEOSPACE GmbH, Salzburg; Fritz Gampe, ESA-ESTEC, Noordwijk

Kooperationspartner: Andreas Kühnen, HUGIN AG, Jena, Carlo Lavalle, JRC, Ispra

Redaktion und Koordination: Harald Suitner, GEOSPACE GmbH, Salzburg

Redaktionelle Mitarbeit: Ina Beckel, Julia Beckel, Johanna Beckel, Margit Eisschiel, Ursula Empl, Christoph Reitinger, Andrea Schörkmaier, GEOSPACE GmbH, Salzburg

Übersetzungen: Carola Crosse, Karlsruhe, Sabine Trautewein, Hofheim-Wallau, James Wilkie, Wien

Umschlaggestaltung: graficde'sign Friedrich Pürstinger, Salzburg

Kartographie: Markus Eisl, Jürgen Janoth, Christian Schwarz, GEOSPACE GmbH, Salzburg;
Christoph Böhm, HUGIN AG, Jena

Digitale Verarbeitung der Satellitenbilder:
Gerald Mansberger, Andrea Schörkmaier, Gerald Ziegler, GEOSPACE GmbH, Salzburg;
Juerg Lichtenegger, ESA, Frascati; Christoph Böhm, HUGIN AG, Jena

Layout und Satz: graficde'sign Friedrich Pürstinger, Salzburg

Lithographie: REPRO STUDIO GmbH, Salzburg

Druck und Verarbeitung: LABER DRUCK, Oberndorf

Printed in Austria
ISBN 3-85313-061-5
2001

INHALT

VORWORT

Weltraumtechnologie für die Menschheit und die globale Entwicklung

Seit ihrer Gründung vor mehr als einem Vierteljahrhundert hat die Europäische Weltraumorganisation ESA (European Space Agency) der Erdbeobachtung mit Hilfe von Satellitenbildern, wie sie in einer Auswahl in diesem Buch abgedruckt sind, eine besondere Bedeutung beigemessen.

Europäische Wettersatelliten tragen täglich, als Teil eines globalen Netzwerkes, zu kurz- und mittelfristigen Wettervorhersagen bei. Andere von der ESA entwickelte Satelliten beobachten die Oberfläche unseres Planeten, untersuchen die unterschiedlichsten Entwicklungen auf den Kontinenten und zu Wasser. Als Beispiel seien hier die Abholzung der Regenwälder genannt oder das Abschmelzen der polaren Eismassen. Wir messen die Temperatur der Weltmeere mit unseren Satelliten, wir beobachten die Tätigkeit der Vulkane. Wir analysieren Verwüstungen, hervorgerufen durch Erdbeben oder Bodenabsenkungen, und wir erkennen vom Satelliten aus Naturschätze, die unmittelbar unter der Erdoberfläche liegen. Vorhersagen globaler Klimaveränderungen und die Entwicklung möglicher Lösungsansätze zu vielen wichtigen ökologischen Fragestellungen basieren heute ganz wesentlich auf den Daten jener Satelliten, die die ESA entwickelt hat und betreibt, wozu die Vermessung der Ozonschicht genauso gehört wie die Analyse anderer Parameter unserer Atmosphäre.

Es sind nicht nur die „Weltraumwissenschaftler", die aus diesen Informationen ihren Nutzen ziehen. Heutzutage bedient die Fernerkundung mittels Satelliten viele Anwender wie z.B. Geophysiker, Ozeanographen und Klimaforscher. Die Satellitenbilder unserer Erde werden darüber hinaus von Umweltfachleuten in den unterschiedlichsten Organisationen abgerufen. In der Land- und Forstwirtschaft werden sie genauso eingesetzt wie bei lokalen und regionalen Planungsaufgaben. Ein schnell wachsender und wichtiger kommerzieller Markt ist schließlich die satelliten-basierte Kurzzeit-Wettervorhersage, die der Optimierung der Streckenplanung im Luft- und Seeverkehr dient.

Die vielfältigen Anwendungen nehmen in dem Maße zu, in dem die eingesetzten Technologien und die Leistungsfähigkeit der Bodensensoren immer mehr verfeinert werden.

Heute erkennen wir mit den hochauflösenden Kameras Gegenstände die kleiner sind als ein Auto. Radarsensoren und modernste Datenverarbeitung erlauben es uns, die gesamte Erde in allen drei Dimensionen wesentlich genauer zu vermessen als in der Vergangenheit. Die selben Sensoren können auch bei Nacht und durch Wolken hindurch sehen. Andere Sensoren, die im Infrarotbereich des Lichtspektrums arbeiten, lassen den Zustand der Pflanzenwelt erkennen. Von der globalen Perspektive bis hin zur Detailaufnahme einer Stadt – Satelliten liefern uns zahlreiche wertvolle Informationen, die uns in die Lage versetzen, ein verantwortungsvolles und nachhaltiges Umweltmanagement im Sinne der Sicherung unserer natürlichen Lebensgrundlagen zu entwickeln.

MEGACITIES – dieses Stichwort steht für globale Problemstellungen, mit denen sich die Verantwortlichen „vor Ort" lokal auseinandersetzen müssen, wie dies von den Vereinten Nationen ausgeführt wurde.

Erdbeobachtungssatelliten, ausgerüstet mit optischen- oder Radarsensoren oder anderer spezialisierter Instrumentierung, sind im Stande, die Entwicklungen in diesen großen Stadtlandschaften so zu beobachten, daß mögliche Lösungswege aufgezeigt werden können. Infrastruktur- und Wohnsiedlungsplanung, Frischwasserversorgung und die Bewahrung wertvoller landwirtschaftlicher Flächen sind einige der ökologisch relevanten Fragen, die mit Hilfe von Satellitendaten in ihrer Komplexität erfaßt werden können.

Ich hoffe, daß dieses Buch weiteste Verbreitung findet und auf allen Ebenen unserer „globalen Gesellschaft" gelesen wird. Es soll dazu dienen anregend und ermutigend zu wirken. Anregend und ermutigend auch im Hinblick darauf, sich mit unseren Weltraumaktivitäten und den daraus enstehenden Wertschöpfungen für unser Alltagsleben vertrauter zu machen.

Antonio Rodotà
Generaldirektor der ESA

VORWORT

Urbane Entwicklung – eine globale Herausforderung

Im Jahre 2005 werden zwei Drittel der Weltbevölkerung in Städten leben. Dieses Wachstum wird sich hauptsächlich in den sich entwickelnden Ländern vollziehen. Die beschleunigte Verstädterung beschert uns drängende und schnell heranwachsende Probleme. In vielen Städten, und besonders in den Megacities der sich entwickelnden Länder, haben viele Menschen weder Zugang zu sauberem Trinkwasser noch zu angemessenen oder sicheren sanitären Anlagen. Große Teile dieser Städte bestehen aus Behausungen minderer Qualität, die an Hanglagen erbaut und dort Erdrutschgefahren ausgeliefert sind, an umweltverschmutzenden Industrieanlagen oder an gefährlichen Abfallagerstätten.

Stadtbaupolitik auf globaler, nationaler und lokaler Ebene wird erhöhte und zwingende Bedeutung erlangen und eine weltweite Herausforderung werden. Die Frage in jeder Region wird dieselbe sein: wie können wir die Entwicklung der Städte, der Megacities und grenzüberschreitender Städte mit Mehrfachzentren (Megalopolis) so steuern, daß jeder ihrer Bewohner seinen Anteil am wirtschaftlichen, technologischen und sozialen Fortschritt erhält, in kultureller Vielfalt und in einer sauberen Umwelt leben und an der Gestaltung seines Lebensumfelds demokratisch mitwirken kann.

In unserer Zeit mit ihren neuen Herausforderungen sind neue und angemessene Werkzeuge immer willkommen, die mithelfen, einige der Probleme zu lösen. Wenn die Entwicklung zu immer größeren Städten ein globaler Trend ist, dann können diese Megacities auch am besten beobachtet und verglichen werden, wenn wir eine einheitliche und globale Methode anwenden. Die Fernerkundung durch Satelliten gibt uns so ein Werkzeug in die Hand. Die Zusammenfügung von Satellitendaten mit stadtspezifischen Informationen könnte uns jene zielgerichtete Handlungsweise ermöglichen, die zu einer nachhaltigen Entwicklung unserer Stadtlandschaften führt – auf den Gebieten der Wirtschaft, der Sozialsysteme und der Architektur.

Trotz aller Herausforderungen und Risiken gibt es Grund zu Optimismus in der Entwicklung unserer Megacities. UNEP und UNCHS zusammen mit anderen Organisationen werden diese Städte auch weiterhin unterstützen in deren Bemühen, den Weg einer nachhaltigen Stadtentwicklung zu beschreiten. Dieses Buch öffnet uns den Blick vom Weltraum aus auf unsere Erde und eröffnet uns gleichzeitig neue Möglichkeiten im Umgang mit unserem „globalen Dorf".

Klaus Töpfer
Executive Director of the United Nations Environment Programme (UNEP)
Under-Secretary-General, United Nations
Director General of United Nations Offices at Nairobi (UNON)

VORWORT

Von der Weltraumforschung in die Praxis

Seit dem Start des ersten zivilen Erdbeobachtungssatelliten im Sommer 1972 (Landsat 1) nutzen österreichische Wissenschaftler die Möglichkeiten dieser hochinteressanten Technologie für ihre Forschungsarbeiten und zur Entwicklung praktischer Nutzanwendungen. Besondere Impulse erhielt die durch diese Arbeiten entstandene neue Fachrichtung „Fernerkundung" durch den Beitritt Österreichs zur Europäischen Raumfahrtorganisation ESA im Jahre 1987. Sie wird nun seit langem an verschiedenen österreichischen Universitäten im Rahmen mehrerer Ausbildungsrichtungen gelehrt und vielseitig nutzbringend eingesetzt.

Der Natur des Landes entsprechend liegen Schwerpunkte von Forschung und Anwendung im Bereich Landnutzung, Land- und Forstwirtschaft, Umweltschutz, Wasserwirtschaft, Hochgebirge und Kartographie, unterstützt durch eigene Software-Entwicklung. Die vorliegende Arbeit wurde von der österreichischen Firma Geospace mit Unterstützung der Europäischen Weltraumorganisation ESA und der Österreichischen Gesellschaft für Weltraumfragen (Austrian Space Agency, ASA) ausgeführt. Die Daten der ESA-Fernerkundungssatelliten ERS-1 und ERS-2 werden dabei vielfach genutzt und haben wesentliche neue Erkenntnisse geliefert. Auch der neue ESA Satellit ENVISAT, der Anfang des Jahres 2002 gestartet wird, verspricht neben der Datenkontinuität vor allem weitergehende Informationen über die Umwelt und über globale Veränderungen.

Neben der Kooperation mit der ESA ist die österreichische Fernerkundungsgemeinschaft seit vielen Jahren in zahlreiche internationale Entwicklungsprojekte eingebunden, wobei besonders jene der Europäischen Gemeinschaft hervorgehoben werden sollen.

Die große Zahl wissenschaftlicher Publikationen zum Thema „Erdbeobachtung", aber auch viele Bücher und Atlanten, die für ein breites Publikum herausgegeben wurden, zeigen das starke Engagement Österreichs. Regelmäßig finden in Österreich große internationale Tagungen statt – zum Teil im Rahmen des in Wien beheimateten Büros für Weltraumangelegenheiten der Vereinten Nationen. Voller Stolz blickt Österreich auf die zu den bedeutendsten internationalen Weltraumkonferenzen gehörenden UNISPACE I (1968), UNISPACE II (1982) und UNISPACE III (1999), die in Wien abgehalten wurden. In der Schlußresolution wurde als besonderes Ziel die Verbreitung der Weltraumtechnologien festgelegt.

Eine Initiative der Vereinten Nationen zum Thema „Megacities", wie sie das Programm „Urban 21" darstellt, ist sowohl für die österreichische Weltraumindustrie als auch für die Forschung von besonderem Interesse. Mit Freude habe ich daher die Herausgabe dieses Buches zum bedeutenden Thema der „Megacities" unterstützt.

Die Entwicklung und der Bau von Weltraumsystemen sowie die Verbreitung von weltraumgestützten Dienstleistungen wird auch künftig eine hohe Priorität in der österreichischen Forschungs-, Technologie- und Entwicklungspolitik haben.

Ich wünsche der ESA viel Erfolg mit der Initiative „Megacities".

Monika Forstinger

Dr. Monika Forstinger
Bundesministerin für Verkehr, Innovation und Technologie

MEGALOPOLIS

Inmitten der Peloponnes liegen am Flusse Helisson die Reste der Arkadischen Hauptstadt MEGALOPOLIS. Sie wurde nach dem Sieg der Thebaner über die Spartaner im Jahre 371 v. Chr. unter Epameinondas in 4 Jahren erbaut und sie war durch eine 8 km lange Mauer gesichert. Im Laufe ihrer Geschichte mehrfach angegriffen, bestand sie doch bis in römische Zeit. Heute sind von dieser Stadt nur noch Ruinen zu sehen. Am eindrucksvollsten ist jene des größten Theaters Griechenlands, welches 20.000 Zuschauer faßte.

Die Stadt überlebt in der Bezeichnung „Megalopolis", die 1961 von dem Geographen J. GOTTMANN für städtische Ballungsräume eingeführt wurde, in denen mehrere Städte so ineinanderfließen, daß sie ein geschlossenes Siedlungsgebiet ergeben. Er verwendete den Ausdruck erstmals für die sich über 600 km erstreckende „Megalopolis" Boston – New York – Washington.

Viele andere Regionen, wie zum Beispiel das Ruhrgebiet verdienen diese Bezeichnung ebenfalls. Der Name wurde so zu einem Standardbegriff.

EINFÜHRUNG
UND DANK

„Städte sind wie Träume – sie bestehen aus Sehnsüchten und Ängsten“

Italo Calvino: Invisible Cities

Es ist eine faszinierende Angelegenheit, Städte in ihrer Entwicklung, ihrem Wachstum, ihren vielfältigen Formen und Strukturen, die sie in unterschiedlichen Kulturkreisen zeigen, zu beobachten und zu studieren. Es ist eine große Aufgabe sie zu verwalten und so zu planen, daß sie dem erwarteten Bevölkerungszuwachs und den unglaublich raschen Veränderungen unserer Zeit auch in Zukunft genügen.

Man erwartet, daß im Jahr 2005 zwei Drittel und in 50 Jahren 80% der Weltbevölkerung in Städten leben werden. Nicht alle werden Megacities sein, obwohl auch die Zahl der Millionenstädte förmlich explodiert. Vor 100 Jahren gab es auf der Welt eine einzige Millionenstadt: New York, die damals größte Stadt der Erde. Mit dem in den letzten Jahrzehnten immer progressiver ansteigenden Bevölkerungszuwachs – zwischen 1900 und 2000 wuchs die Zahl der Erdbewohner von 1,5 Mrd. auf 6 Mrd. – entsteht ein gewaltiger Druck auf den Siedlungsraum. Die Ursachen sind bekannt: der bildungsmäßige, technologische, wirtschaftliche und medizinische Fortschritt treibt die Entwicklung auf der Erde mit ungeheurer Geschwindigkeit voran. Ideologien, politische Umbrüche, sozioökonomische und soziokulturelle Veränderungen tragen ebenso dazu bei. Dort, wo die Voraussetzungen gegeben sind, bemühen sich Landbewohner zunehmend um städtischen Lebensstil, weltweit gleichen sich die Kulturen an wenn sie nicht zu stark durch herrschende Gesellschaftsstrukturen gebunden sind.

Wie kann man die Entwicklung und die Veränderungen erfassen, veranschaulichen und in ihrem Ausmaß und ihren Wechselwirkungen begreifen? Wohin geht die Entwicklung? Wie, wovon und wo werden wir in der Zukunft leben wenn die Menschheit die für 2050 vorausgesagten 8 Mrd. Einwohner tatsächlich erreicht? Was immer der erdgebundene Mensch tut, soviel er mißt und wägt und liest, seine Erkenntnisse, die Gesamtbetrachtung der natur- und kulturräumlichen Veränderungen muß zunächst Stückwerk bleiben, das er zum Ganzen zusammenfügen muß. Aber es bleiben Lücken. Die Betrachtungsroute, sei es die eigene oder die aus der Literatur, ist an Linien gebunden. Das mögen nun Straßen, Eisenbahnen, Schiffe auf einem Fluß oder Flugrouten sein. Man blickt dabei kaum über die nächste Hecke oder den nächsten Hügel, um zu sehen, wie die Dinge auf der Welt zusammenspielen.

Flächenhafte klassische Erhebungen brauchen Legionen von Mitarbeitern und dauern Jahre – dabei werden sie von der Entwicklung überholt. Es bedarf des Blickes von außen, um die gewaltigen und vielfältigen natur- und kulturräumlichen Veränderungen der letzten Jahrzehnte zu erfassen, sie zu bewerten und ihnen den entsprechenden Stellenwert im Gesamtgeschehen zuzuordnen. Nur dann kann auch entsprechend gehandelt und hoffentlich das Richtige getan werden um die Zukunft zu bestehen. Diesen Blick mit einer ganzheitlichen Erfassung der Erde mit all ihren Formen, Strukturen, Farben und Wechselwirkungen eröffnen uns seit nahezu 30 Jahren zivile Erdbeobachtungssatelliten. Ihre Daten sind für jedermann verfügbar im Sinne einer alltäglichen, unmittelbaren Nutzung. Die Zahl der Satelliten steigt ständig, allein für das kommende Jahrzehnt befinden sich rund 100 neue Erdbeobachtungssatelliten in Vorbereitung.

Zahlreiche unterschiedliche Systeme mit verschiedenen Aufnahmetechniken und Wiederholungsfrequenzen und damit unterschiedlichen Erkenntnismöglichkeiten umkreisen pausenlos unseren Globus und liefern einen endlosen Strom an Daten und Information, die uns über das Geschehen auf der Erde unterrichten. Sie geben uns damit einen tiefen Einblick in globale Prozesse, in deren

Dynamik und natürlich in die Entwicklung der Menschheit und die Art, wie sie auf der Erde lebt und wirtschaftet.

Dazu gehören die im Gang befindliche rasche Urbanisierung, die Wanderungsbewegungen der Bevölkerung und die im Zuge der Globalisierung auftretenden Veränderungen.

Die Satellitenaufnahmen dieses Buches von 42 der größten Städte der Welt sollen Einblick geben in deren Entwicklung in den letzten Jahrzehnten und gleichzeitig eine vergleichende Betrachtung erlauben. Es richtet sich daher unter anderem besonders an Entscheidungsträger in Politik, Verwaltung, Wirtschaft und Kultur. Allein die unterschiedliche Umwelt der verschiedenen Metropolen und das Kolorit ihres jeweiligen Umlandes ruft Staunen hervor. Bei näherem Studium nimmt die Vielzahl der zu entdeckenden Dinge kein Ende. Schließlich kann damit auch eine zusätzliche Gesprächsgrundlage zwischen den Stadtbewohnern, deren Nachbarn im Umland und ihren Administratoren oder Politikern gelegt werden. Das Mit- und Nebeneinander der Menschen kann besser verstanden und Interessens- und Nutzungskonflikte können bei mehr Verständnis für einander beseitigt oder zumindest reduziert werden. Das Satellitenbild hat neben seiner Schönheit und der Vielfalt seines Informationsgehaltes einen großen Vorteil: es ist multilingual! Die Sprache des Satellitenbildes ist eine offensichtliche, sich selbst erklärende. Ein jeder hat den selben lokalen, regionalen oder globalen Informationsstand und wird damit das selbe sehen – Ausdrucksweisen und Sprachunterschiede werden behoben.

Dank

Geistiger Vater des Buches ist Fritz GAMPE, verantwortlicher Mitarbeiter im Technology-Transfer-Program (TTP) der Europäischen Raumfahrtagentur (ESA), das von Pierre BRISSON geführt wird.

Mit großem Spaß und mit Freude haben wir – die Mitarbeiter von GEOSPACE GmbH, Salzburg – allen voran Harald SUITNER, der die Hauptlast der Koordination trug, in Kooperation mit Andreas KÜHNEN, HUGIN GmbH, Jena, und Carlo LAVALLE, JRC, Ispra, die in umfangreicher Weise mit Daten und deren Auswertung beitrugen sowie den Text- und Bildautoren und Übersetzern dieses Buch erarbeitet. Fritz Gampe ist es zu verdanken, daß es zustande kommen konnte. Nicht nur durch seine Funktion als „spiritus rector“ sondern auch durch sein nachhaltiges Bestreben, die nötige Unterstützung für das Werk zu finden. Für diese ist ganz besonders der Europäischen Raumfahrtagentur ESA in Paris, Noordwijk und Rom-Frascati, der Münchener Rückversicherungs-Gesellschaft, München, dem Österreichischen Bundesministerium für Verkehr, Innovation und Technologie, Wien und der Österreichischen Gesellschaft für Weltraumfragen (ASA), Wien, zu danken. Besonders erfreut sind wir über die Anteilnahme der Vereinten Nationen. Auch die Satellitendaten-Lieferanten: Eurimage, Radarsat, Space Imaging International, Space Imaging Europe und Spot Image seien für ihre Kooperation herzlichst bedankt. Es ist zu hoffen, daß Sie, sehr verehrte Leserin und geneigter Leser, mit dem Buch Freude haben und viele Anregungen darin finden. *Lothar Beckel, Herausgeber*

▷ Bis zu 9000 Jahre Siedlungskontinuität weisen manche „Tells“ im Vorderen Orient auf. Tell Madiq in Syrien.

▷▽ Die holländische Stadt Naarden mit besonders gut erhaltenen Befestigungsanlagen aus dem Mittelalter.

▷▽▽ Die offene Bauweise großer Siedlungsagglomerationen in den Vereinigten Staaten, die sich oft um Zentren mit Hochhäusern ausbreiten. Phoenix, Arizona.

◁ Die ersten gesicherten Siedlungsplätze entstanden vor rund 20 000 Jahren. Neolithische Kreisgrabenanlage in Niederösterreich.

◁◁ Seiten 10/11 Die Megacity Shanghai und ihr unmittelbares Umland am Jangtse-Delta beherbergen rund 20 Millionen Menschen.

Die Entwicklung der Städte

Seit rund 1 Million Jahre wandelt der *homo erectus* auf der Welt und verändert sie. Zunächst in sehr vorsichtiger Weise, seine Zahl war zu gering, um größere Spuren seiner Anwesenheit zu hinterlassen, seine Werkzeuge waren einfach: Steine und Feuer. Von Anfang an war der *homo erectus* jedoch sehr mobil. Er ist nachweislich aus Ostafrika entlang des großen Ostafrikanischen Grabenbruches bis in den Nahen Osten gekommen und lebte durch Sammeln und Jagen. Als seine fernen Nachkommen die Kunst des Getreideanbauens entdeckten und Tiere domestizierten wurden sie seßhaft und errichteten die ersten festen Wohnplätze. Mit der Domestizierung des Pferdes stieg ihr Aktionsradius beträchtlich und mit der Entwicklung der Waffentechnik konnten sie erfolgreich Land erobern und ihre Machtbereiche ausweiten. Das alte Bestreben, Nachbarn zu berauben oder zu unterjochen erforderte es, Wohnplätze und Dörfer zu befestigen. So entstanden die ersten Siedlungen, die durch Wälle, Mauern und Gräben gesichert waren. Damit waren für viele Jahrhunderte die Grundrisse festgelegt, welche die Stadtentwicklungen bestimmen sollten.

Die wahrscheinlich ältesten Siedlungsspuren, die mit Hilfe der Fernerkundung erfaßt werden können, stammen aus dem Mittleren Neolithikum und sind somit rund 20.000 Jahre alt.

Die ersten wirklichen Städte der Alten Welt finden sich im Raum um das östliche Mittelmeer bis hin nach Mesopotamien. Seit 9.000 Jahren wurde und wird teilweise noch immer in Kontinuität auf den selben Plätzen gesiedelt. In wechselhafter Geschichte wurden die Siedlungen vielfach zerstört und immer wieder auf dem Schutt der vorangegangenen Epoche neu aufgebaut. Dadurch entstanden die als „Tell" bekannten, relativ hohen Siedlungshügel, die zum Teil heute noch von Städten gekrönt sind.

Dauerhafte, durch Mauern befestigte Heerlager, die von einem weiten, unbebauten Verteidigungsfeld umgeben waren, wurden in der Römerzeit geschaffen. Um dieses herum, im gehörigen Abstand, entwickelten sich häufig ungeschütze „Vorstädte", in denen die Familien der Soldaten und die zur Versorgung nötigen Handwerker und Bauern lebten. Diese Siedlungsform wurde vor allem in Europa bis in das hohe Mittelalter weiter gepflegt.

Sie entstand parallel dazu auch in der übrigen Welt und lieferte das Schema für viele Stadtentwicklungen.

Im 17. Jahrhundert wurde es offensichtlich, daß die herkömmlichen Befestigungsanlagen den neuen Feuerwaffen nicht mehr standhalten konnten. Die alten Anlagen wurden in der Regel aufgegeben und später geschleift. Erst jetzt konnten sich die Siedlungen frei oder nach den Wünschen von Planern entwickeln.

In diese Zeit fällt aber auch der Beginn der explosionsartigen Bevölkerungsvermehrung. Die Entwicklungsgeschichte unserer Städte ist mit wenigen Ausnahmen die selbe: in Abhängigkeit von der Gunst oder Ungunst ihrer Lage, des Bevölkerungswachstums und des politischen und wirtschaftlichen Geschehens verfielen die einen, andere entwickelten sich in den letzten einhundert Jahren zu Megacities. Die heutige Entwicklung setzt sich in einer unwahrscheinlichen Mobilität der Industriegesellschaft, in ihrer nahezu alles erlaubenden technischen Überlegenheit und in einer weltumspannenden Informations- und Kommunikationstechnologie fort. All dies drückt sich in den neuen Siedlungsmustern und -clustern aus, die sich um die seit Jahrhunderten gewachsenen Altstädte gruppieren oder diese ersetzen. Als globaler Stil entwickeln sich in den Großstädten Hochhauszentren, Städte wachsen nun sowohl horizontal wie vertikal. Satellitenaufnahmen machen dies deutlich.

Satellitenaufnahmen und ihre Nutzanwendung

Die Einsatzmöglichkeiten von Satellitenaufnahmen sind so vielfältig wie die Erde groß ist, hat man sich einmal daran gewöhnt sie zu lesen und zu nutzen. Kein anderes Medium liefert derart umfassende Informationen über jeden Landstrich der Erde wie sie. Für die Beobachtung und Verwaltung von Siedlungsräumen und ganz besonders von Städten sind sie ein unverzichtbares Arbeitsmittel. Die Vielfalt der ineinander verwobenen Raum- und Siedlungsstrukturen, die zum Teil aus eigenem entstanden und gewachsen sind und zum Teil geplant wurden, kann anders als vom Satelliten nicht betrachtet und verstanden werden.

Wer hat schon eine wahre Vorstellung von der Vielfalt und der unterschiedlichen Dichte dieser Strukturen? Freilich gibt es Literatur und Karten, die dies – meist mit Zeitverzug oder unzureichend – darstellen. Sucht man jedoch genaue Information, so ist sie auf herkömmliche Weise nicht zu finden. Allein die Betrachtung der beiden nebenstehenden Landschaften lehrt dies:

Links, ein jahrtausende alter Siedlungsraum im Nordosten Chinas. Er ist (wie das ganze zum Pazifik hin sich öffnende chinesische Tiefland) wohl eine der dichtest besiedelten Landschaften der Erde. Eine große, lockere Agglomeration von hunderten kleinen Dörfern, deren Bewohner sich weitgehend selbst oder/und über den lokalen Handel und das Handwerk versorgen und die keine großen Bewegungsradien benötigen. Die verkehrsmäßige Durchgängigkeit des Landes ist gering; die Zahl der hier lebenden Menschen umfaßt Hunderttausende. Weiter südlich geht die Siedlungsform in langgestreckte, ein- bis zweizeilige Kanaluferdörfer über, die das Land ebenso dicht besetzen.

Rechts, als Neuentwicklung Jungsiedlungsland in Mato Grosso, Brasilien. Umsiedlungen aus dem (dichtbevölkerten) Süden des Landes in die Zonen tropischen Regenwaldes, der, um Siedlungsraum zu schaffen, in klassischer Weise gerodet wird: dem Bau einer großen Durchgangsstraße folgt die Aufschließung der Region durch senkrecht dazu angelegte, in den Regenwald ziehende Stichstraßen, an denen bäuerliche Kleinlandbesitzer angesiedelt sind.

In mehr oder weniger regelmäßigen Abständen entstehen zentrale Orte, die das Umland mit den nötigen verwaltungsmäßigen, sozialen und sonstigen Dienstleistungen sowie ersten gewerblichen oder industriellen Arbeitsplätzen versehen. Bei wachsender Bevölkerungszahl sind dies die Keimzellen für spätere Mittel- und Großstädte.

Anders die Bilder der zu einer Megalopolis zusammengewachsenen Mittel- und Großstadtlandschaften oder um die Millionenstädte und Megacities. Der städtische Kern kann je nach Kulturkreis vom frühen Mittelalter bis in die Zeiten der ersten Hochkulturen zurückreichen; so besteht zum Beispiel in Wien seit über 2000 Jahren Siedlungskontinuität, in Damascus, der angeblich ältesten Stadt des Orients sind es mehr als 5000 Jahre. Das historische Stadtzentrum wird von Vorstädten und Vororten umgrenzt, die schließlich zum einheitlichen Stadtgebiet zusammenwachsen.

In der Megalopolis greifen unabhängig entstandene Stadtgebiete baulich, wirtschaftlich und gesellschaftlich ineinander. Sie haben jedoch getrennte Verwaltungen, sofern nicht, wie im Ruhrgebiet, wegen der Verflechtung sinnvolle Verwaltungskooperationen eingegangen

◁◁
Streusiedlungen im Nordosten Chinas. Hunderte kleiner Selbstversorger-Dörfer tragen neben den großen Städten Chinas zur „Mega"-Bevölkerung des Landes bei.

◁
Anlage neuer Siedlungsgebiete inmitten des tropischen Regenwaldes in Mato Grosso, Brasilien. Der steigende Bedarf an Lebensraum ist eine der Ursachen der Abholzung der Regenwälder.

▷
Bildausschnitt des südlichen Stadtrandes von Wien mit Ikonos Daten als Grundlage für eine Landnutzungskartierung.

▷
Satellitenbildaufnahme von Wien, hergestellt durch die Kombination von Landsat TM und SPOT panchromatischen Daten.

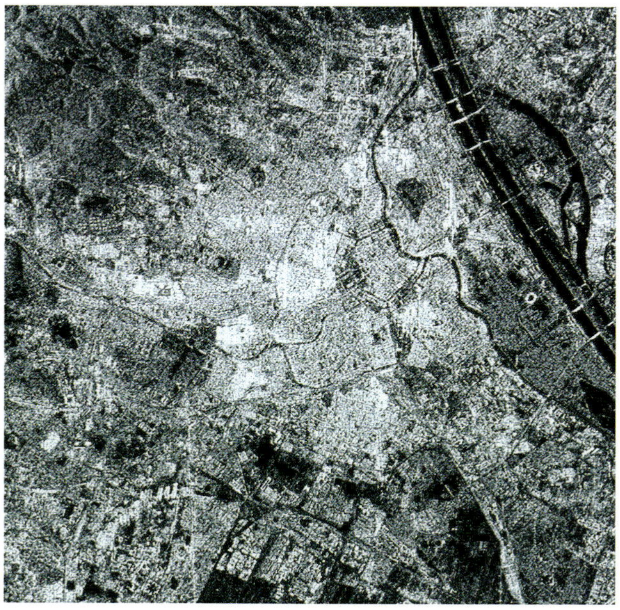

▷▷
Stadt Wien: Radaraufnahme von Radarsat. Solche Aufnahmen werden für geologische Studien, Oberflächenbewegungen, zur Kartierung von Siedlungsstrukturen, der Oberflächenversiegelung in der Landwirtschaft und für andere Bereiche ausgewertet.

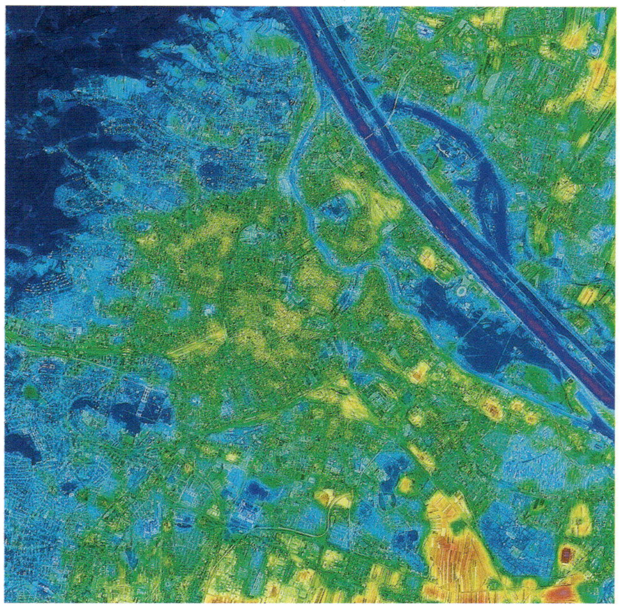

▽▷
Temperaturaufnahmen finden vor allem für ökologische und Durchlüftungsstudien Verwendung (blau = kalt, rot = warm).

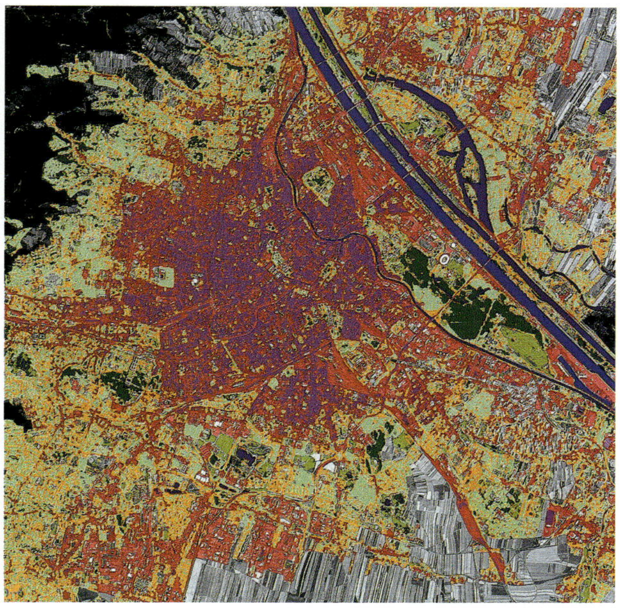

▽▷▷
Versiegelungskarte von Wien, erstellt durch die Interpretation von multitemporalen Landsat- und SPOT-Aufnahmen. Sie dienen der Bewertung von Abflußverhältnissen.

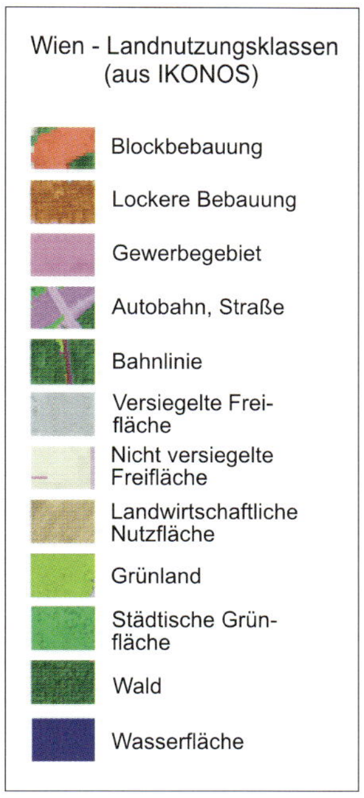

werden. Satellitenbilder lassen diese unterschiedlichen Strukturen einer Stadt erkennen. Oft spiegelt das alte Zentrum noch die Grundrisse der früheren Befestigungsanlagen wider, wie das ein Vergleich der historischen Karte Wiens (um 1840) mit dem heutigen Satellitenbild (siehe auch Seite 72) zeigt, und wie es bei vielen anderen Städten zu entdecken ist. Die Vorstädte entstanden entlang der Ausfallstraßen. Sie weisen eine dem Stadtcharakter entsprechend dichte und höhere Verbauung auf, die sie von den meist locker verbauten Vororten unterscheidet. Sie variieren von Kontinent zu Kontinent und reichen vom vornehmen Villenviertel über Einfamilienhäuser und Sommer- oder Gartenhäuser zur dicht gesetzten, jeder Infrastruktur entbehrenden Slumregion. In Entwicklungsländern kommen noch überbelegte illegale Wohnungen in allen Stadtteilen hinzu.

Gewerbe- und Industriebauten oder in neuerer Zeit geplante Industrieviertel durchsetzen die Stadt und in zunehmendem Maße die Randgebiete oder sind an sie angegliedert. Mit zunehmender Entfernung vom Zentrum steigt die Vermengung der Flächennutzung, landwirtschaftliche Restnutzungsflächen halten sich vereinzelt als Zeugen des früheren Gemüsebau- und Nahversorgungsgürtels, der bei vielen Städten längst aufgezehrt ist (besonders deutlich sichtbar um Shanghai). Die ursprüngliche Art der weitflächigen, horizontalen Sieldungsentwicklung, die vor allem in Nordamerika üblich ist, wird in den Zentren der Millionenstädte durch den Trend zur

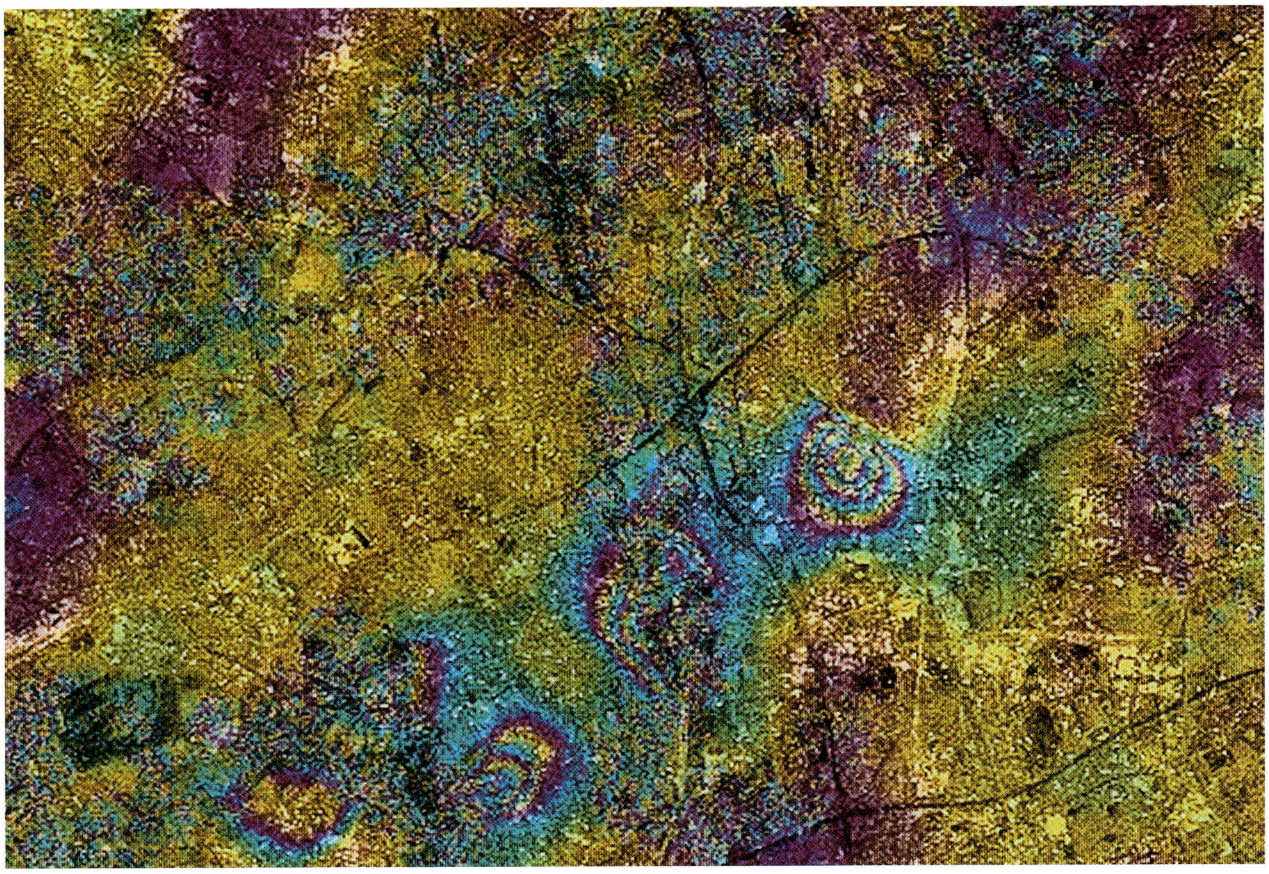

◁
Zeitreihen von Radaraufnahmen erlauben mit Hilfe der Interferometrie die Messung und bildliche Darstellung von Oberflächenveränderungen im Zentimeterbereich. Im Bild werden Oberflächenabsenkungen in einem Bergbaugebiet durch konzentrische Kreise sichtbar. Auch im Falle von Erdbeben wird diese Methode eingesetzt.

▽
Regelmäßige Aufnahmen von Wettersatelliten erlauben die Vorherberechnung der Zugbahnen von Wirbelstürmen. Damit können rechtzeitig Katastrophenwarnungen ausgegeben und Schutzmaßnahmen eingeleitet werden. Hurrikan Floyd an der Ostküste Amerikas im September 1999.

vertikalen Stadtentwicklung mit Hochhäusern abgelöst, je höher, desto stolzer. Die derzeit größte angestrebte Höhe liegt für Prestigebauten bei 800 m.

Wie erwähnt, sind die genauen Kenntnisse dieser Strukturen, ihrer Entwicklung, ihrer Qualtität und der Trends das Rüstzeug für jeden Stadtverwalter und Entscheidungsträger in Wirtschaft, Bildung und Kultur.

Erdbeobachtungssatelliten mit ihren unterschiedlichsten Sensoren liefern diese Informationen auf vielfältige Weise. Bilder, wie jene in dem vorliegenden Buch, vermitteln den Gesamteindruck der Stadt mit ihrer näheren und weiteren Umgebung. Sie dienen einer ersten visuellen Interpretation und dem allgemeinen Verständnis. Um sie sachlich zu nützen ist ihre gezielte elektronische Auswertung nötig. Die Satelliten, mit denen die Daten aufgenommen werden, und wie die Daten auszuwerten sind, ist in der Literatur hinlänglich beschrieben. Erwähnt sei hier nur, daß es unterschiedliche Aufnahmearten mit Detailerkennungen zwischen 160 und 1 m (!) gibt, die in verschiedenen Spektralbereichen der sichtbaren, infraroten und thermalen Wellenlängen arbeiten oder im Bereich der Mikrowellen (Radaraufnahmen) liegen. Sie liefern eine Vielfalt von Ergebnissen.

Diese reichen von der Flächennutzung über die Verbauungsdichte, das Relief des Stadtgebietes (wichtig für die Funkwellenausbreitung der nicht mehr wegdenkbaren Mobilfunknetze), die Vegetationsverteilung (Grünflächen, Parkanlagen), die Oberflächenversiegelung eines urbanen Gebietes (Wasserabfluß – in tropischen Starkregengebieten), die Temperaturverhältnisse (Durchlüftung der Stadt) bis hin zu Bodenbewegungen (nach Erdbeben oder in der Nähe von Bergbaugebieten, Regionen mit Grundwasserveränderungen), um nur einiges zu nennen. Eine elektronische Auswertung der Daten bringt objektive Ergebnisse, sie erlaubt die punktgenaue, flächenhafte Speicherung der bewerteten Interpretationsergebnisse und ihre Verknüpfung mit externen Daten, seien es nun Meßdaten aus dem Gelände oder statistische Informationen. Sie werden in sogenannten Geographischen Informationssystemen gespeichert, verwaltet, weiterverarbeitet und Entscheidungen zugrunde gelegt.

Lothar Beckel

MEGACITIES

MEGASTÄDTE ALS RISIKORÄUME – GLOBALE HERAUSFORDERUNGEN DER URBANEN REVOLUTION

„Wie alle großen Städte bestand sie aus Unregelmäßigkeit, Wechsel, Vorgleiten, Nichtschritthalten, Zusammenstoßen von Dingen und Angelegenheiten (...) und glich im ganzen einer kochenden Blase, die in einem Gefäße ruht, das aus dem dauerhaften Stoff von Häusern, Gesetzen, Verordnungen und geschichtlichen Überlieferungen besteht."

Robert Musil: Der Mann ohne Eigenschaften, 1930

Städte waren seit jeher politische Zentren, geistige Mittelpunkte, Schrittmacher und Entwicklungsmotoren der Zivilisation, in ihnen entfalteten sich Kultur und Kunst - im Vorderen Orient und dem industrialisierten Abendland wie in den früheren chinesischen und lateinamerikanischen Reichen. Verstädterung und Urbanisierung wurden lange Zeit als positive und notwendige Voraussetzungen nationaler Entwicklungsprozesse angesehen: in Städten konzentrierten sich neben politischer Macht vor allem wirtschaftliches Kapital und technisches Know-how. Ressourcen wurden gebündelt, Fortschritte erzielt. Mit Städten – zumal seit dem rasanten Stadtwachstum der Industrialisierungsphase – verbanden sich aber auch negative Urteile: Kritiker betonten, daß den heterogenen, oft strukturlosen Großstädten zentrale positive Eigenschaften dörflicher Gemeinschaften wie kulturelle Homogenität, persönliche Kontakte und soziale Bindungen weitgehend fehlten während andererseits soziale Diskrepanzen und Verelendung zunahmen.

Seit dem Zweiten Weltkrieg und parallel zum Prozeß der Entkolonialisierung vollzieht sich eine neue Phase der weltweiten städtischen Revolution: Urbanisierung war bis dahin vor allem ein Phänomen der entwickelten Staaten; erst danach setzte durch intensivierten Industrialisierungsprozeß und Landflucht auch in Entwicklungsländern ein rasantes Städtewachstum ein. Weltweit stieg dadurch der Anteil der in Städten lebenden Bevölkerung an der Gesamtbevölkerung von 37% (1970) auf 45,2% (1990), und er wird voraussichtlich weiter auf 56,5% im Jahr 2010 ansteigen. In den Industrieländern lebten 1990 bereits 72,6% der Gesamtbevölkerung in Städten (ca. 877 Mio. Menschen), während der Prozentsatz städtischer Bevölkerung in den Entwicklungsländern nur bei 37% lag – in absoluten Zahlen jedoch bereits 1.357 Mio. Menschen umfaßte. Hochrechnungen besagen, daß bis zum Jahr 2025 die Urbanisierungsraten in den Industrieländern nur noch leicht wachsen (auf 1.087 Mio. Personen), hingegen in den Entwicklungsländern enorm steigen werden (auf 3.845 Mio. Personen). Zu Beginn des 21. Jahrhunderts lebt zum ersten Mal in der Menschheitsgeschichte somit mehr als die Hälfte der Weltbevölkerung in Städten.

Megastädte: Brisanz, Definition und räumliche Verteilung

In diesem weltweiten Urbanisierungsprozeß kommt den Megastädten eine entscheidende Bedeutung zu. Diese liegt zum einen in der neuen Qualität der Quantitäten („mass matters"): neue Dimensionen großer Bevölkerungsballung auf dichtem Raum mit immenser Flächenausdehnung und gravierender Zunahme infrastruktureller, sozioökonomischer und ökologischer Überlastungen zählen zu den Kennzeichen von Megastädten. Andererseits entwickeln diese teilweise eine extreme Dynamik der demographischen, wirtschaftlichen, sozialen und politischen Entwicklungsprozesse, und bei schwacher administrativer Steuerung werden Megastädte besonders verwundbar für Versorgungsengpässe, soziale Desorganisation, politische Unruhen und Naturrisiken.

Unterschiedlichen Definitionen zufolge werden als Megastädte nach rein quantitativer Abgrenzung diejenigen Metropolen der Welt bezeichnet, die eine Bevölkerung von mehr als 5 Mio., mehr als 8 Mio. oder mehr als 10 Mio. Einwohnern aufweisen. Einige Autoren legen zusätzlich einen Mindestwert der Einwohnerdichte (mind. 2.000 Ew./km^2) fest und beziehen nur Städte mit monozentrischer Struktur ein, wodurch polyzentrische Agglomerationen wie beispielsweise das Ruhrgebiet mit

Agglomeration	Einwohner (Mio.) 1995	Einwohner (Mio.) 2015	Jährliches Wachstum 1985-1995	Jährliches Wachstum 2005-2015
Africa				
Lagos	10,287	24,437	5.68%	3.61%
Cairo	9,656	14,494	2.28%	1.97%
Asia				
Tokyo	26,836	28,701	1.40%	0.10%
Mumbai	15,093	27,373	4.22%	2.55%
Shanghai	15,082	23,382	1.96%	1.85%
Jakarta	11,500	21,170	4.35%	2.34%
Karachi	9,863	20,616	4.43%	3.42%
Beijing	12,362	19,423	2.33%	1.89%
Dhaka	7,832	18,964	5.74%	3.81%
Calcutta	11,673	17,621	1.67%	2.33%
Delhi	9,882	17,553	3.80%	2.58%
Tianjin	10,687	16,998	2.73%	1.91%
Metro Manila	9,280	14,711	2.98%	1.75%
Seoul	11,641	13,139	1.98%	0.32%
Istanbul	9,316	12,345	3.68%	1.45%
Lahore	5,085	10,767	3.84%	3.55%
Hyderabad	5,343	10,663	5.17%	2.83%
Ôsaka	10,601	10,601	0.24%	-
Bangkok	6,566	10,557	2.19%	2.51%
Teheran	6,830	10,211	1.62%	2.30%
South America				
Sao Paulo	16,417	20,783	2.01%	0.88%
Mexico City	15,643	18,786	0.80%	0.83%
Buenos Aires	10,990	12,376	0.68%	0.50%
Rio de Janeiro	9,888	11,554	0.77%	0.84%
Lima	7,452	10,526	3.30%	1.32%
North America				
New York	16,329	17,636	0.31%	0.39%
Los Angeles	12,410	14,274	1.72%	0.46%

Tabelle: Megacities 1995 und 2015
Bevölkerung 1995 / 2015
Quelle: Vereinte Nationen (1996)

seinen knapp 10 Mio. Einwohnern ausgeschlossen werden. Ein Streit um eine verbindliche Definition von „Megastadt" ist letztlich müßig, da jede Festlegung von Grenzwerten subjektiv und somit diskutabel bleibt. Zudem stellen sich die Probleme unterschiedlicher Raumabgrenzungen administrativer Gebietseinteilungen für zugrundeliegende Flächenberechnungen sowie der Zuverlässigkeit aktueller Bevölkerungszahlen bei uneinheitlichen Erhebungen, Fortschreibungen oder Schätzungen. Internationale Statistiken beruhen nicht auf ähnlichen Bezugsflächen, sodaß Größenangaben von Städten und Megastädten in der Regel nicht miteinander vergleichbar sind. Dies ist im Hinblick auf Zahlenangaben zu unterstreichen, die ausreichendes Wissen um den Verstädterungsgrad der Erde vorspiegeln. Je nach gewähltem unteren Schwellenwert gibt es weltweit gegenwärtig 36, 45 oder 52 Megastädte; Mitte des 21. Jahrhunderts könnten es 400 sein. Derzeit leben in Megastädten knapp 400 Mio. Menschen, davon 320 Mio. in Entwicklungsländern. In einigen dieser Städte – Mexiko, Sao Paulo, Seoul, Mumbai und Jakarta – haben sich die Bevölkerungszahlen zwischen 1970 und 2000 fast verdreifacht.

Probleme der Megastädte in Entwicklungsländern

Die Megastädte in Entwicklungsländern unterliegen einer Vielzahl spezifischer Probleme mit auffälligen strukturellen Gemeinsamkeiten. Vorsicht ist geboten vor pauschalisierenden Aussagen, denn in Megastädten existieren nicht zu vernachlässigende deutliche Unterschiede hinsichtlich der infrastrukturellen Ausstattung, dem wirtschaftlichen Entwicklungsstand, der sozialen Polarisierung oder der politischen Führung und Regierbarkeit.

Viele Megastädte sind ausgeprägte Primatstädte, d.h. in ihnen konzentriert sich ein überproportional hoher Anteil der nationalen Bevölkerung mit der Folge eines extrem polarisierten Städtesystems, in dem andere Städte fast bedeutungslos sind. Dies gilt über die Bevölkerungszahl hinaus vor allem bezüglich der „funktionalen primacy", d.h. der überragenden Bedeutung der Megastadt in nationaler administrativer, politischer, wirtschaftlicher, sozialer und kultureller Hinsicht.

Strukturen und Prozesse der Megastädte in den Entwicklungsländern weisen andere Ausprägungen und Dynamiken auf: sie wachsen bedeutend schneller als die kleineren Städte innerhalb der nationalen Städtesysteme. Innerhalb weniger Jahre müssen Wohnraum, Infrastruktur, Arbeitsplätze, Ver- und Entsorgungssysteme sowie Gesundheits- und Bildungseinrichtungen für Hunderttausende von Menschen bereitgestellt werden. Oft resultiert ein überproportionales Wachstum von Marginalsiedlungen. Doch die Prozentsätze der darin lebenden Bevölkerung differiert beträchtlich; auch die Versorgungssysteme, Rechtsgrundlagen und internen Organisationsstrukturen der Marginalsiedlungen sind oft äußerst heterogen. Die Lebensverhältnisse für die unteren und mittleren Einkommensschichten werden beeinträchtigt durch starke soziale und schichtenspezifische Verdrängungsprozesse am Boden-, Wohnungs- und Kapitalmarkt sowie durch extreme Disparitäten in den Einkommens- und Besitzverhältnissen, im Bildungswesen und der Gesundheitsfürsorge. Kennzeichnend ist ferner ein Anwachsen des Informellen Sektors mit Tätigkeiten außerhalb staatlich erfaßter und regulierter Wirtschaftsaktivitäten. Informelle Arbeitsbereiche tragen inzwischen in vielen Megastadt Ökonomien erheblich zur volkswirtschaftlichen Gesamtleistung bei.

Charakteristisch ist das Nebeneinander verschiedenartiger ethnischer und sozialer Bevölkerungsgruppen wie Verhaltensgruppen – darunter solchen mit globalen Lebensstilen, bei denen mangelnde Gebundenheit eingetauscht wird gegen internationale Vorbilder und bezahlt wird mit dem Verlust von Heimat, mit Identitäts- und Integrationsproblemen. Zu den gravierenden ökologischen Problemen gehören vor allem hohe Luft- und Wasserverschmutzung, weitgehend ungeregelte Abfall- und Abwasserentsorgung sowie Degradation und Kontamination der städtischen Böden. Ungesteuertes Flächenwachstum sowie mangelnde Flächennutzungsplanung und -kontrolle resultieren aus der enormen Entwicklungsdynamik. Gemeinsam ist den Megastädten in Entwicklungsländern die bestenfalls sehr eingeschränkt handlungsfähige normative Planung. Der Verlust der Regierbarkeit wirkt sich auf Planung und Steuerung ebenso aus wie auf die umfassende Organisation und das Management städtischer Aufgaben sowie die Sicherung der allgemeinen Ordnung und Kontrolle von Prozessen. Normalerweise spielen Megastädte der Entwicklungsländer trotz ihrer großen Bevölkerungszahlen politisch und wirtschaftlich keine tragende Rolle im globalen Städtesystem, zählen somit – anders als etwa die in den Industriestaaten liegenden Megastädte Tokyo, New York oder Paris – nicht zugleich auch zu den Weltstädten mit globalen politischen und ökonomischen Machtzentralen und Steuerungskapazitäten.

Forschungsdefizite und Handlungsaufgaben

Vorrangige Forschungsdefizite und Handlungsaufgaben liegen zum einen im Verhältnis zwischen den Mega- und Weltstädten hinsichtlich ihrer Wettbewerbs- und Konkurrenzsituation innerhalb des globalen Wirtschaftssystems. Aus stadtökonomischer Sicht stellt sich die Frage, mittels welcher ökonomischer Entwicklungsstrategien periphere Megastädte globale Bedeutung erlangen können (z.B. Ansiedlung transnationaler Konzerne, überregionaler Finanz- und Dienstleistungszentren oder globaler Transport-, Forschungs- und Technologiezentren). Zum anderen ist jenseits ökonomischer Einflußgrößen die Frage nach der kulturellen Bedeutung einer Megastadt und ihrer Entwicklungspotentiale zu stellen. Schließlich sind die Zusammenhänge zwischen dem Einfluß steuernder Faktoren durch die Zuständigkeiten und spezifischen Handlungsspielräume von Administration, Wirtschaft und Politik sowie „good governance" und Selbstorganisation vertiefter zu untersuchen.

Megastädte als Problem - und Konfliktgebiete der Zukunft

Verbesserte Steuerung und Management der Megastädte gehören aus den angesprochenen Gründen zu den zentralen Aufgaben einer globalen Konfliktforschung und Friedenssicherung. Denn im Falle ausgeprägter Primatstädte gefährden soziale Fragmentierungs- und Polarisierungsprozesse in Megastädten die Stabilität und Entwicklung ihrer gesamten nationalen Gesellschaftssysteme, besonders wenn diese zusätzlich durch große sozioökonomische Disparitäten verletzlich und instabil sind. Deswegen müssen Planungs- und Steuerungskapazitäten der megastädtischen Verwaltungen gestärkt werden. Erweiterten Einsatzmöglichkeiten moderner Luft- und Satellitenbildanalyse sowie Geographischer Informationssysteme kommt hierbei eine tragende Bedeutung als Instrument der Wiedererlangung der Handlungsfähigkeit urbaner Administrationen zu. *Frauke Kraas*

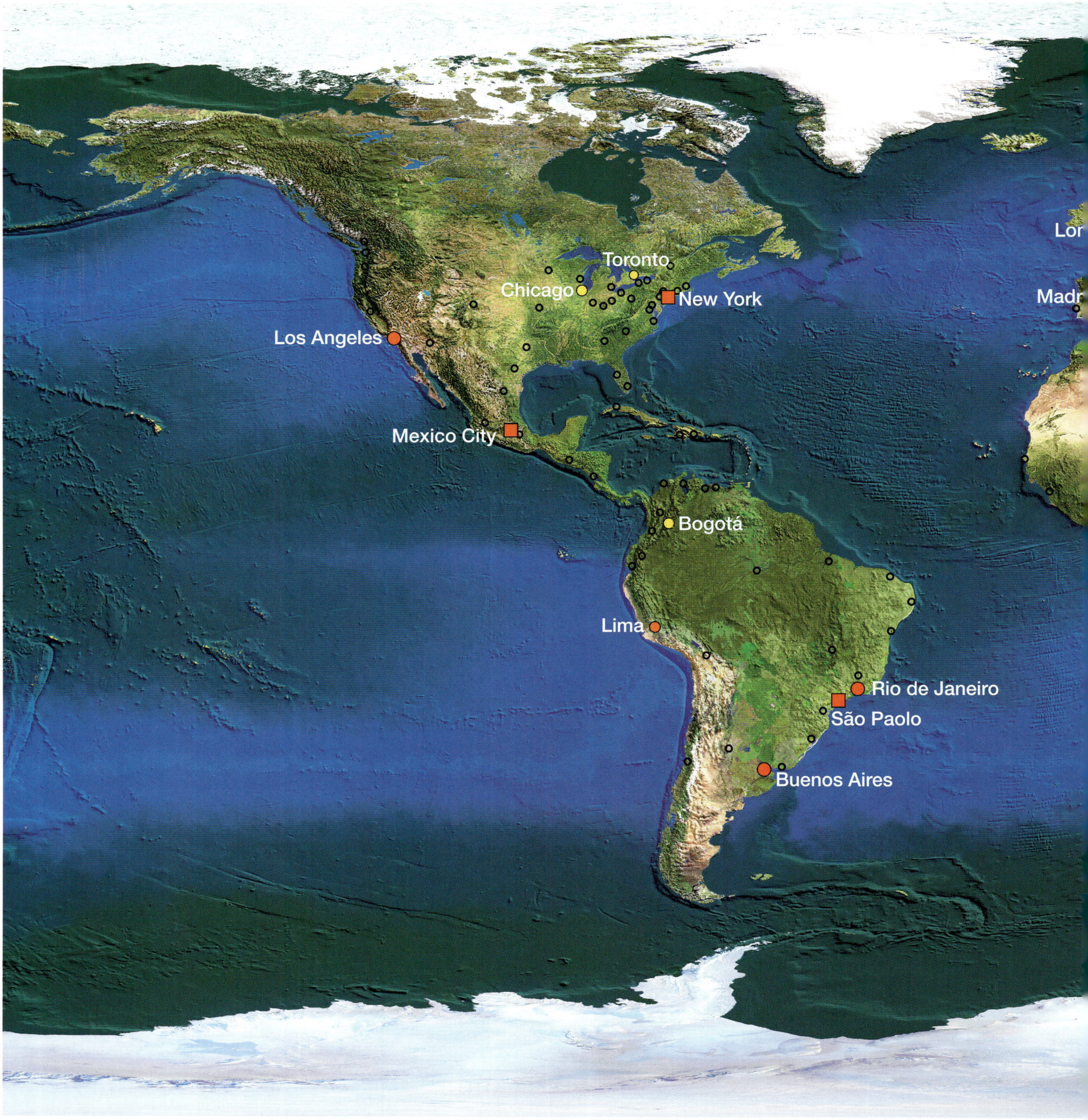

Millionenstädte

○	1 - 3 Mio. Einwohner
● (gelb)	3 - 7 Mio. Einwohner
● (orange)	7 - 10 Mio. Einwohner
● (orange)	10 - 15 Mio. Einwohner
■	> 15 Mio. Einwohner

Kartographie: ©GEOSPACE Austria 2001
Grundkarte: ©WorldSat International Inc. 1994

Megacities

Die meisten Megacities, also Städte mit mehr als 8 Mio. Einwohnern, konzentrieren sich auf Asien. Hier liegen, wie die umseitige Bevölkerungskarte zeigt, auch die dichtest besiedelten Gebiete der Erde.

Städtische Lebensräume entstanden als Vorstufen unserer heutigen urbanen Hochkultur vor einigen tausend Jahren an mehreren Stellen der Alten Welt wie zum Beispiel in der Nil-Oase, in Mesopotamien, am Indus oder am Hoangho. Mit der Entdeckung der Neuen Welt und der Kolonisation vieler außereuropäischer Regionen und der Zuwanderung von Europäern in diese Gebiete entwickelten sich auch dort vermehrt urbane Räume. Größere Städte entstanden ursprünglich vor allem an den Küsten der tropisch-subtropischen Regionen wo Handelsplätze angelegt wurden, und an verkehrsmäßig wichtigen Punkten des Inlandes. Die Erschließung des Inneren der Kontinente im Zuge der Industrialisierung, verbunden mit Bevölkerungswachstum und zunehmender Landflucht, führte im Laufe des 20. Jahrhunderts zum Entstehen vieler Millionenstädte – im Jahre 2000 waren es 386 – die sich nun großräumig vor allem in Nordamerika und Eurasien beziehungsweise an den Küstensäumen der Kontinente ausbreiten.

Bevölkerungsdichte

0 - 2 Einwohner / km²	51 - 500 Einwohner / km²
3 - 5 Einwohner / km²	501 - 2500 Einwohner / km²
6 - 25 Einwohner / km²	> 2500 Einwohner / km²
26 - 50 Einwohner / km²	

Die dargestellte Verteilung der Bevölkerungsdichte wurde anhand von Satellitendaten (Nachtaufnahmen, National Geophysical Data Center) ermittelt, die mit statistischen Informationen über die Bevölkerungszahlen der Länder und Provinzen der Erde kombiniert wurden.

Kartographie: ©GEOSPACE Austria 2001
Nach: Oak Ridge National Laboratory 2001
Grundkarte: ©WorldSat International Inc. 1994

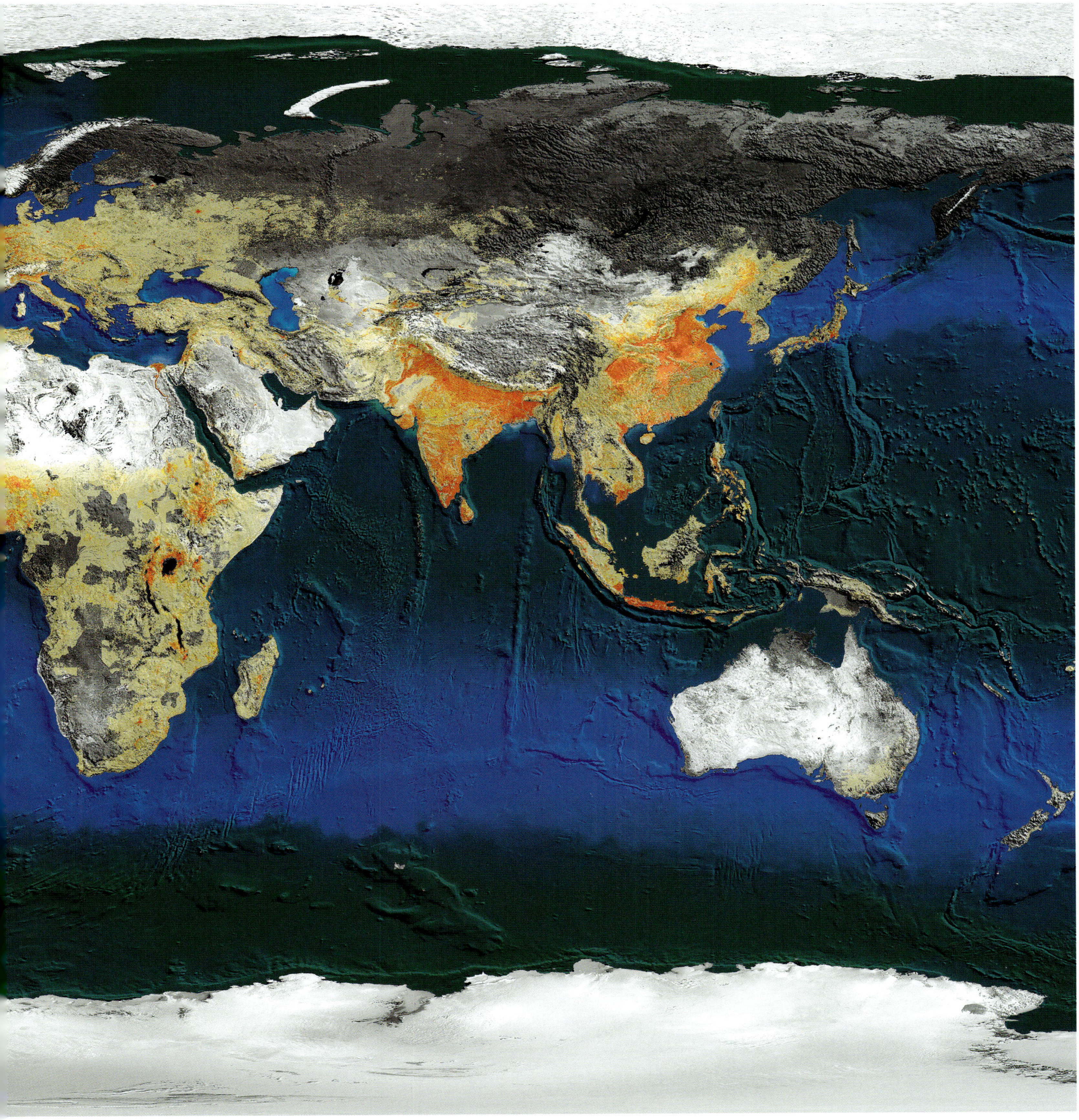

Die Bevölkerungsverteilung auf der Erde

Betrachtet man die Entwicklungsgeschichte des Menschen vor dem Hintergrund der klimatischen Gunst oder Ungunst der verschieden Lebensräume, die aus der Klimakarte erkennbar sind, erklärt sich die Verteilung der Bewohner unseres Planeten von selbst.

Die Ursprünge der Bevölkerungsentwicklung lagen in Ostafrika, dem Mittleren Osten, von wo aus Europa besiedelt wurde, und in Asien. Von Europa ausgehend wurden die Ostküsten Nord- und Südamerikas, aber auch die Weiten Osteuropas und Sibiriens besiedelt. Die ersten Großstädte entstanden in der Regel an den Küsten.

Die dichtest besiedelten Regionen befinden sich jedoch nach wie vor in einem 80 bis 150 km breiten Küstenstreifen, an Gebirgsrändern und an Flüssen, wie zum Beispiel am Indus, dem Ganges oder am Yangtse. Polargebiete, Tundren und Wüsten bleiben weitgehend unbesiedelt, die tropischen Regenwälder werden in den letzten Jahrzehnten jedoch zunehmend als Siedlungsraum herangezogen.

Der Bevölkerungszuwachs ist in den Entwicklungsländern bekanntermaßen am größten. 1950 lebten in ihnen etwa zwei Drittel der damaligen Weltbevölkerung, für das Jahr 2050 werden es voraussichtlich 80% der dann wahrscheinlich auf 8 Milliarden angewachsenen Menschenmenge sein.

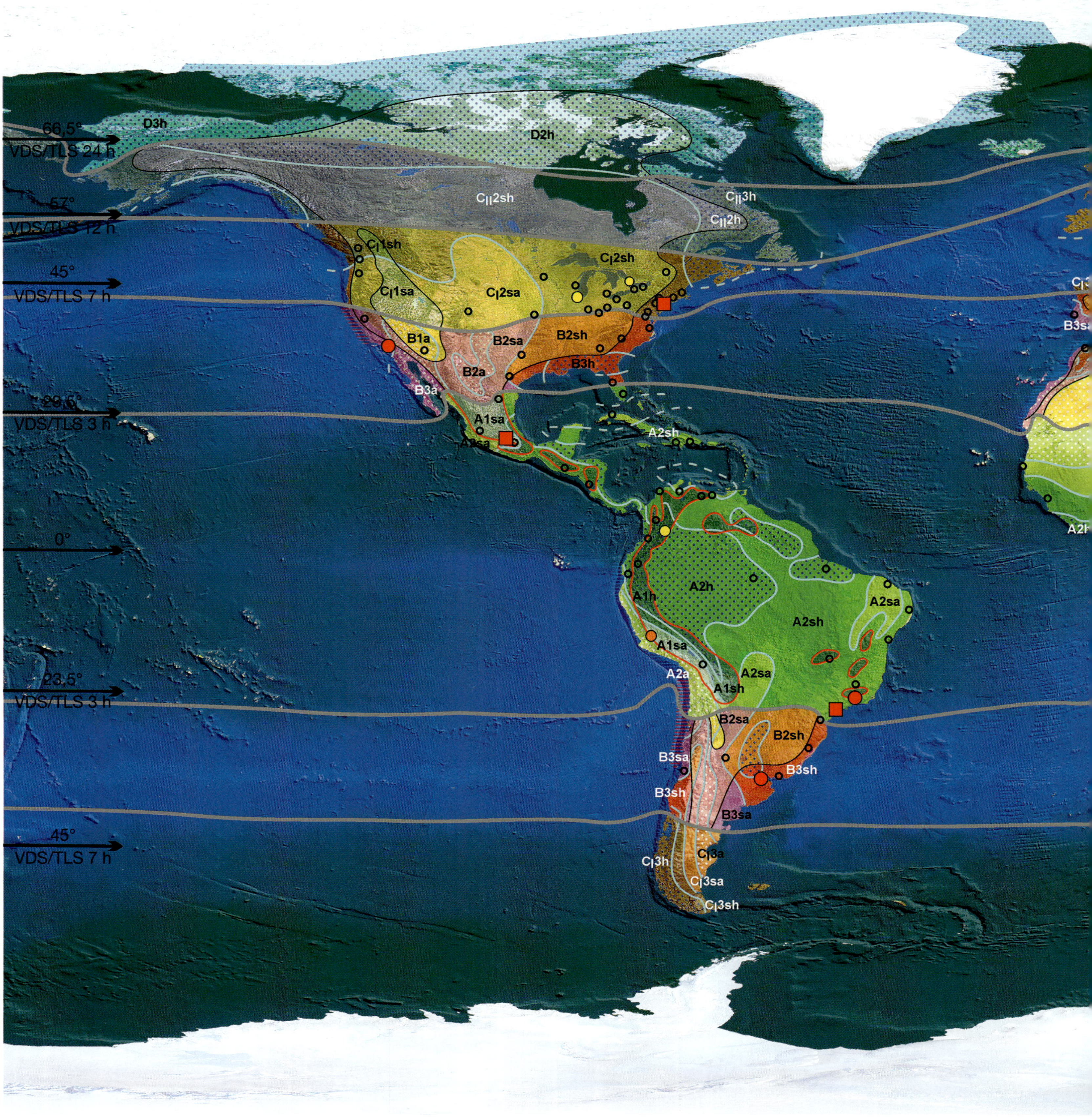

Klimazone (globale Sonnenein-strahlung)	Klimaregion (Wärme-haushalt)		Wasserhaushalt (Zahl der humiden Monate) a (arid) 0 - 2	sa (semi-arid) 3 - 5	sh (semi-humid) 6 - 9	h (humid) 10 - 12
A Tropen		1 Kalttropen				
		2 Warmtropen				
B Subtropen		1 hochkontinental				
		2 kontinental				
		3 maritim				
C Mittelbreiten	I warmgemäßigt	1 hochkontinental				
		2 kontinental				
		3 maritim				
	II kühlgemäßigt	1 hochkontinental				
		2 kontinental				
		3 maritim				
D Polarregion		1 hochkontinental				
		2 kontinental				
		3 maritim				
		Vergletscherte Gebiete				

Klima-grenzen
absolute Frostgrenze
TLS 3 Std.
K = 200%
K = 100%
TLS 12 Std.
K = 200%
K = 100%
TLS 12 Std.
K = 200%
K = 100%
TLS 24 Std.
K = 200%
K = 100%
Schneegrenze

CI3sh Formelbeispiel: CI3sh ist ein maritimes, semihumides, warmgemäßigtes Mittelmeerklima

57° / TLS 12 Std. jährliche Tageslängenschwankung (TLS) in Stunden (solare Klimagrenze)

thermisch angepasste Klimagrenze unter Berücksichtigung von Einflüssen der Gebirge und Meeresströmungen

K Kontinentalitätsgrad (in Prozent) als Maß für die jährliche Temperaturschwankung

humide Monate: Niederschlag > Verdunstung durch die reale Landschaft

subtropisches Winterregengebiet

Küstennebel (Winter/Sommer

Klima und Millionenstädte

- 1 - 3 Mio. Einwohner
- 3 - 7 Mio. Einwohner
- 7 - 10 Mio. Einwohner
- 10 - 15 Mio. Einwohner
- > 15 Mio. Einwohner

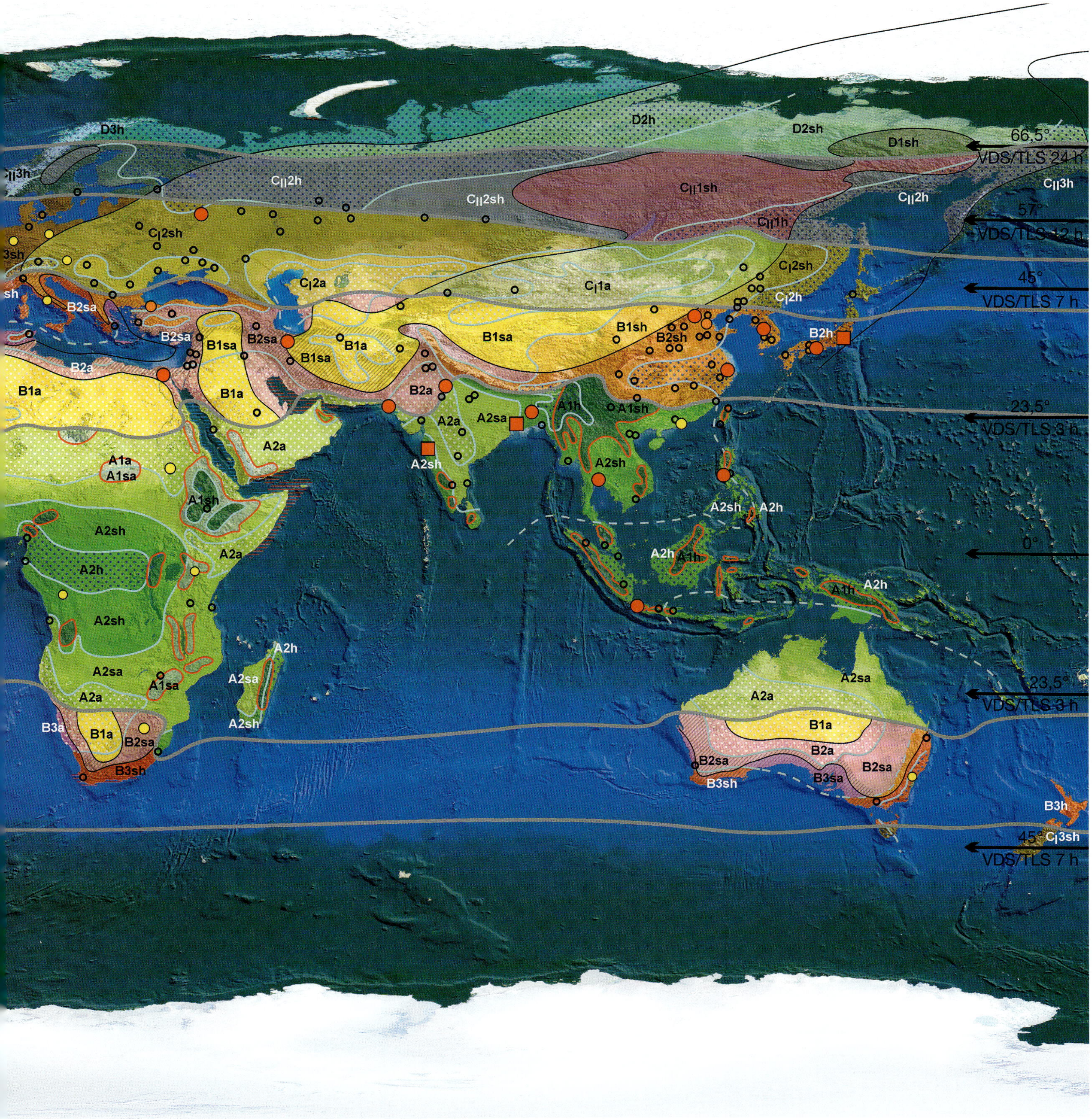

Klimazonen der Erde

Nach der Klimaklassifikation von Lauer und Frankenberg (1987) läßt sich die Erde grob in vier Klimazonen einteilen: die Tropen (Kalt- und Warmtropen), Subtropen, Mittelbreiten (warm- und kühlgemäßigt) und die Polarregionen.

Bei den letzen drei Klimazonen kann man zusätzlich noch zwischen kontinental und ozeanisch unterscheiden. Vergleicht man die Klimakarte mit der Bevölkerungsverteilung so erkennt man, daß sich die Megacities hauptsächlich in den Tropen und Subtropen entwickelt haben. Hier herrscht auf Grund der klimatischen Begünstigung aber auch hinsichtlich der Wirtschaftsform und der kulturellen Besonderheiten die höchste Bevölkerungsdichte und damit das größte Bevölkerungswachstum.

Besonderer Klimagunst erfreuen sich die gemäßigten Räume Europas und Nordamerikas, wo sich der Mensch seit jeher flächenhaft ausbreitet, wo aber auch hier der Trend zur Urbanisierung besteht.

Grenzen setzen die Polar- und die Hochgebirgsregionen, die beide nicht lebensfreundlich sind. Die höchstgelegene Megacity der Welt ist Mexiko City in 2.240 m Höhe. Zunehmend dringt der Mensch dank seiner technischen Möglichkeiten in die früher gemiedenen Trockenräume vor. Millionenstädte in wüstenhaften Gebieten sind zum Beispiel Cairo, Khartoum, Riyadh oder Phoenix.

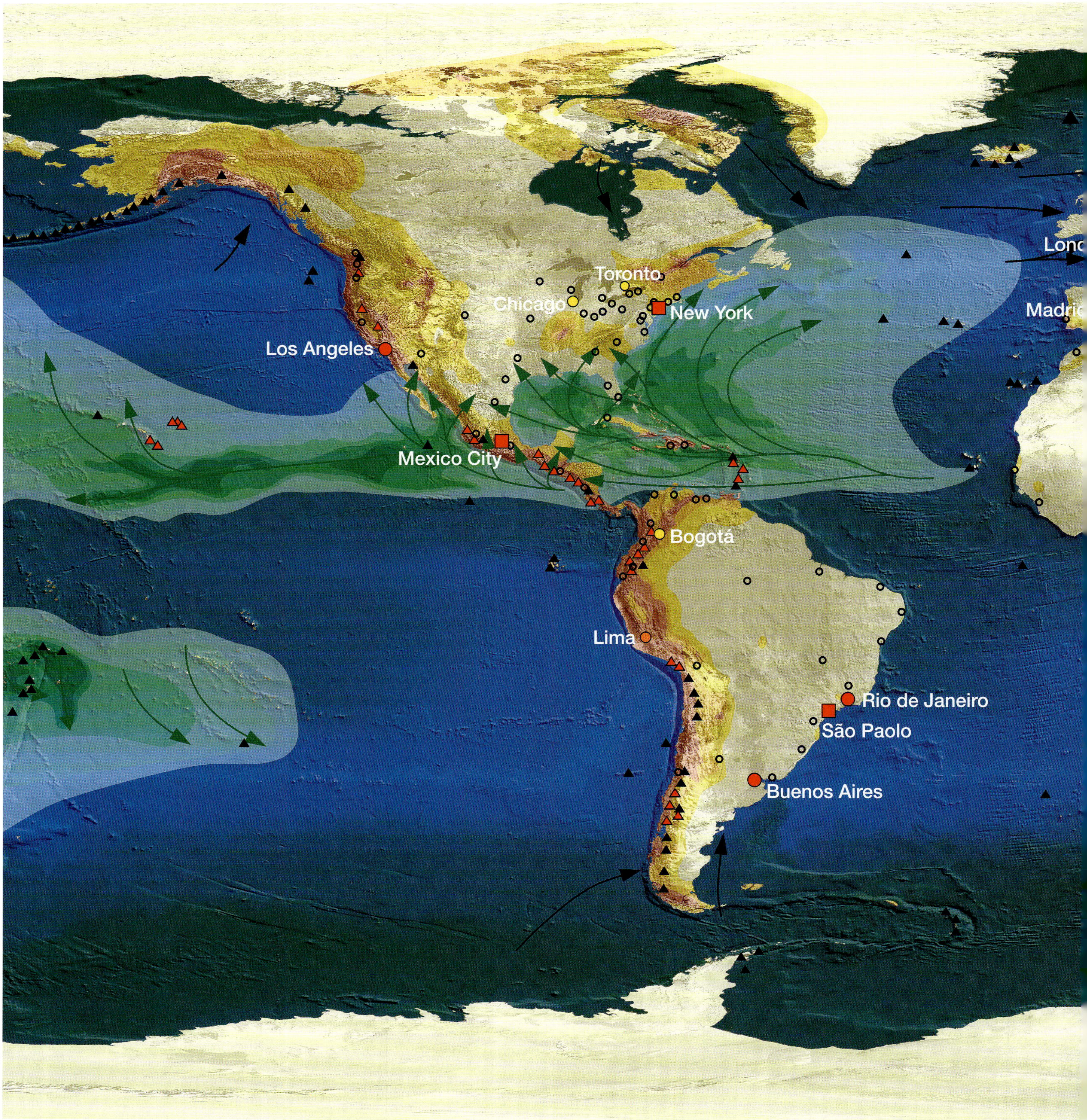

Erdbeben

Zone 0: MM V und darunter

Zone 1: MM VI

Zone 2: MM VII

Zone 3: MM VIII

Zone 4: MM IX und darüber

Wahrscheinliche Maximalintensität (MM: modifizierte Mercalli-Skala) mit einer Überschreitungswahrscheinlichkeit von 10% in 50 Jahren (entspricht einer "Wiederkehrperiode" von 475 Jahren) bei mittleren Untergrundbedingungen

Tropische Wirbelstürme

Zone 0: SS 1 (118-153 km/h)

Zone 1: SS 2 (154-177 km/h)

Zone 2: SS 3 (178-209 km/h)

Zone 3: SS 4 (210-249 km/h)

Zone 4: SS 5 (>=250 km/h)

Hauptzugbahnen tropischer Wirbelstürme

Wahrscheinliche Maximalintensität (SS: Saffir-Simpson-Hurrikanskala) mit einer mittleren Überschreitungswahrscheinlichkeit von 10% in 10 Jahren (entspricht einer "Wiederkehrperiode" von 100 Jahren)

Außertropische Stürme

Hauptzugbahnen außertropischer Stürme

Vulkane

Letzte Eruption nach 1800 n. Chr.

Besonders gefährliche Vulkane

Millionenstädte

1 - 3 Mio. Einwohner

3 - 7 Mio. Einwohner

7 - 10 Mio. Einwohner

10 - 15 Mio. Einwohner

> 15 Mio. Einwohner

Kartographie: ©GEOSPACE Austria 2001
Nach: Münchener Rückversicherungs-Gesellschaft 1998
Grundkarte: ©WorldSat International Inc. 1994

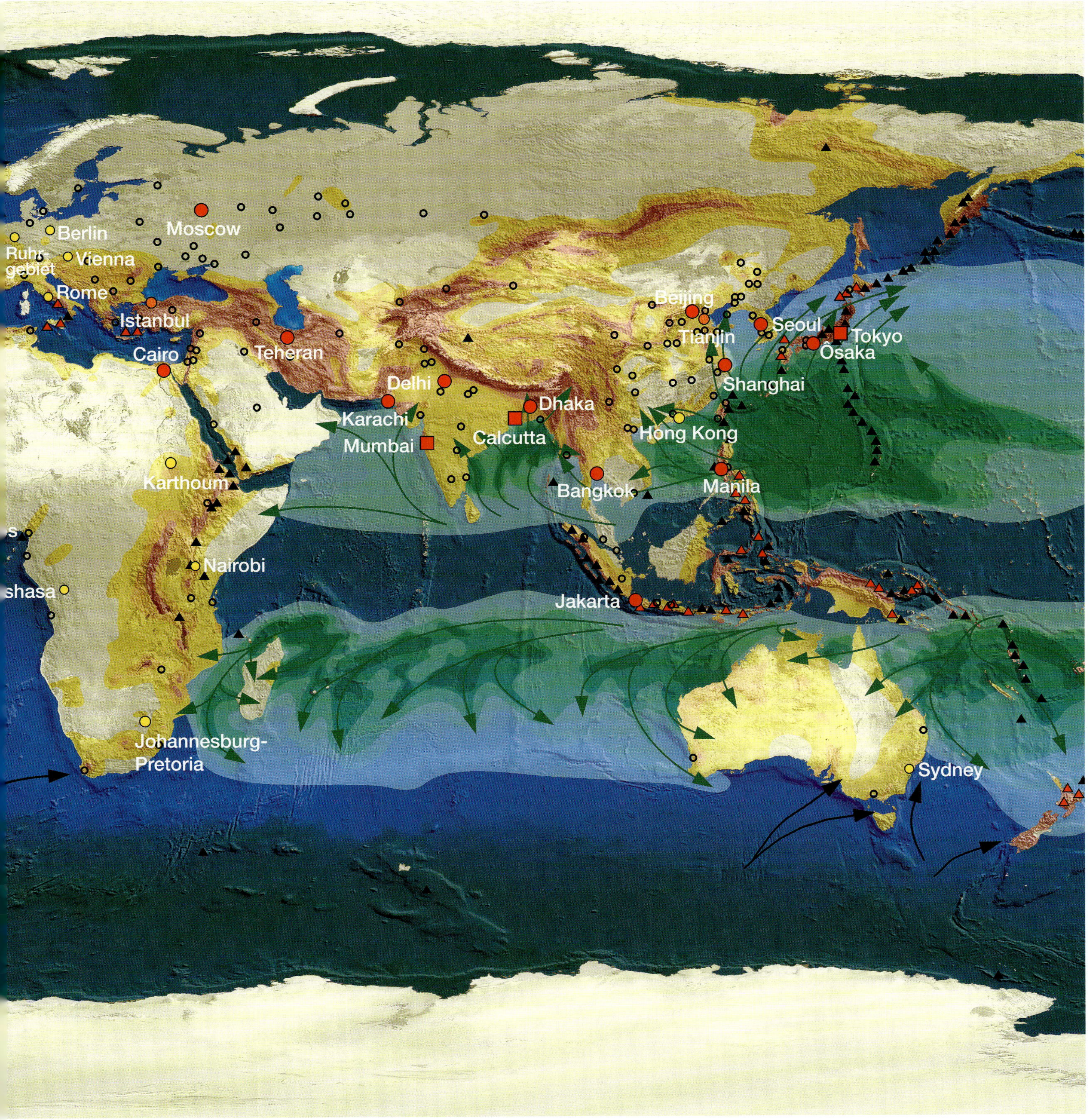

Naturgefahren

Zahlreich sind die Naturgefahren, welche die Menschen auf der Erde bedrohen.

Am häufigsten treten tropische Wirbelstürme auf, die oft große besiedelte Gebiete in Mitleidenschaft ziehen. Sie entstehen im Sommer und im Frühherbst beiderseits des Äquators. Ihre Zugbahnen verlaufen anfangs von Osten nach Westen, bevor sie an den Kontinenten nach Norden und Süden abgelenkt werden. Die Häufigkeit tropischer Stürme hat in jüngster Zeit deutlich zugenommen, die Ursache dafür liegt vermutlich in der globalen Erwärmung. Erdbebengefährdung und Vulkanismus hängen eng mit Bewegungen der Erdkruste zusammen, sie treten überwiegend dort auf, wo sich driftende Platten an Schwächezonen gegeneinander bewegen oder wo die Erdoberfläche Faltungsprozessen unterworfen ist. Die Hauptgebiete in denen die endogenen Kräfte der Erde wirksam werden, liegen daher an der Westküste der amerikanischen Kontinente, am ostafrikanischen Grabenbruch und entlang der Inselketten Ostasiens. Erd- und Seebeben können grundsätzlich überall auftreten. Letztere lösen immer wieder die Küsten bedrohende Springfluten aus.

Neben den großen Naturereignissen treten häufig lokale Katastrophen wie Bergstürze, Murenabgänge, Lawinen oder Hochwasser auf. Ihre Gefahrenzonen sind meist bekannt, sie werden jedoch oft mißachtet und bringen dadurch Menschen und deren Güter in Gefahr.

BERLIN

Der Fall der Berliner Mauer im November 1989 hat die Welt bewegt. Er führte zur Beendigung der stadtgeographisch anomalen Situation, der Teilung Berlins in zwei Stadthälften, die zu zwei unterschiedlichen politischen Systemen gehörten. Berlin nimmt seitdem Abschied von einer geteilten Stadt.

Die Stadt liegt in der Niederung des Berliner Urstromtales, das von der Spree durchflossen wird. Es weist eine Breite von 5–12 km auf, ist durch Seen, Talauen und Terrassen gegliedert und liegt 32 m über dem Meeresspiegel. Die im Norden und Süden gelegenen Hochflächen sind ebene bis flachwellige Grundmoränenplatten, die durch Täler und seenreiche Rinnen strukturiert sind. Die Flüsse und Seen bilden ein unübersichtliches Gewässernetz mit Spree und Havel als Hauptachsen. Sie sind ein charakteristisches Merkmal der Berliner Landschaft und nehmen 6,6% der Fläche Berlins ein. Nach dem II. Weltkrieg entstanden im Stadtbild zahlreiche hügelartige Aufschüttungen, die Trümmerberge, die heute begrünt sind und als Erholungsflächen dienen.

Entstehung und politische Besonderheiten

Berlin wurde 1251 erstmals als Stadt erwähnt und gewann durch den zunehmenden Fernhandel schnell wirtschaftliche und politische Bedeutung. Nach umfangreichen Stadterweiterungen im 17. Jahrhundert wird Berlin Anfang des 18. Jahrhunderts Hauptstadt des Königreichs Preußen und somit dessen geistiges und politisches Zentrum. Berlin erlebte durch die neue politische Funktion als Reichshauptstadt (ab 1871) einen schnellen wirtschaftlichen Aufschwung (Gründerzeit), der sich in einem starken Wachstum der Industrie, der Wohnbebauung und der Bevölkerung äußerte.

Der zunehmende Ost-West-Konflikt zwischen den Westmächten und der ehemaligen UdSSR führte 1949 zur Spaltung der Stadt in Berlin-Ost und Berlin-West. Der Bau der Mauer 1961 führte zur endgültigen Teilung. Berlin bestand damit bis zur Wiedervereinigung aus zwei Teil-

Die „größte Baustelle Europas“: die Erneuerung und Modernisierung des Potsdamer Platzes im Zentrum Berlins.

◁
Die Landschaft rund um Berlin ist eiszeitlich geprägt, durchzogen von Gewässern wie Spree oder Havel mit ihren Seen. Großflächige Wälder und Ackerflächen wechseln einander ab.

städten. Berlin-Ost war Hauptstadt der Deutschen Demokratischen Republik (DDR). Berlin-West – kein Teil der Bundesrepublik Deutschland, sondern nur im Geltungsbereich des Grundgesetzes – lag von der Bundesrepublik Deutschland isoliert, umgeben vom Gebiet der DDR und war damit eine Stadt ohne direkt angrenzendes Umland.

Stadtstruktur und Entwicklung seit 1990

Die bauliche Struktur Berlins ist durch eine Dreiteilung charakterisiert: die City, der Ring aus der Gründerzeit und die Außenbezirke. Die konzentrische Anordnung der drei Raumeinheiten ist Folge der historischen Entwicklung. Die City weist historisch bedingt zwei Kerne auf, die durch den Bau der Mauer getrennt wurden. Der Ring aus der Gründerzeit besitzt eine dichte 5-geschossige Wohnbebauung, die überwiegend in der Zeit von 1871–1918 errichtet worden ist. Die City und der Gründerzeitring bilden die Innenstadt. In ihr leben heute 20,8% der Stadtbevölkerung. Die Außenbezirke sind einerseits durch alte Dorfkerne und Kleinsiedelgebiete, andererseits durch Groß-Wohnsiedlungen gekennzeichnet, die in den Jahren von 1961–1989 entstanden sind. Besonders geprägt wird die Entwicklung der Stadt durch den 1991 gefaßten Beschluß des Deutschen Bundestages, den Sitz von Parlament und Regierung von Bonn nach Berlin zu verlegen. Diese Entwicklung vollzieht sich auf mehreren Ebenen, die inhaltlich miteinander verbunden sind: auf der innerstädtischen und regionalen Ebene in der „Wiedervereinigung“ der geteilten Stadt, sowie auf nationaler Ebene (Hauptstadtfunktion und sich ändernde politische, rechtliche, ökonomische und soziale Rahmenbedingungen), aber auch auf internationaler Ebene in der Herausbildung eines ausgeprägten internationalen Beziehungsgeflechtes. Eine wichtige Aufgabe ist dabei die Angleichung der Lebensverhältnisse in den beiden Stadtteilen. Das bedeutet u.a. die Wiederverknüpfung der Verkehrsnetze, die Schaffung eines einheitlichen Schulsystems und Gesundheitswesens vor allem in den Kernbereichen der Innenstadt, die durch die Teilung der Stadt und die Einordnung in verschiedene Gesellschafts- und Wirtschaftssysteme noch völlig unterschiedlich strukturiert sind.

Demographische und soziale Entwicklung

Berlin ist von 1990–1999 durch eine abnehmende Einwohnerzahl gekennzeichnet – ein Prozeß, der auf

▷
Der neue Reichstag in modernster Glasfassaden-Architektur.

▷▷
Bezirk Kreuzberg/Mitte: die Berliner Mauer mit der Sektorengrenze "Zimmerstraße" auf der Ostberliner Seite im Jahr 1983.

Suburbanisierung zurückzuführen ist und sich auch in den kommenden Jahren fortsetzen wird. Die 1991 sehr unterschiedlichen Anteile der ausländischen Bevölkerung an den Einwohnern in den beiden Stadtteilen (Berlin-West 15,0%, Berlin-Ost 2,4%) haben sich bisher nur geringfügig verändert. In der Stadt sind durch den umfangreichen Wohnungsneubau und den damit verbundenen veränderten Wohnungsmarkt in den letzten Jahren bedeutsame Umverteilungsprozesse der Bevölkerung erfolgt, die zu einer Verstärkung der sozialen und ethnischen Segregationserscheinungen in der Stadt geführt haben. Berlin ist heute durch eine zunehmende soziale Polarisierung der Gesellschaft gekennzeichnet. Indikatoren dafür sind einerseits der zunehmende Anteil von Haushalten mit einem hohen durchschnittlichen Haushalts-Nettoeinkommen und andererseits die steigende Arbeitslosenquote sowie die steigende Zahl der Sozialhilfeempfänger. Die Sozialstruktur der Bevölkerung der Stadt korreliert in starkem Maße mit der wirtschaftlichen Entwicklung Berlins.

Wirtschaftliche Entwicklung

Mit der Verlegung der Regierungsfunktionen von Bonn nach Berlin haben eine Reihe von Headquarters (meist aus der Gruppe der sekundären Direktionszentren) und Wirtschaftsverbänden einen Standort in Berlin gewählt. Das sind beispielsweise die Europa-Zentrale von Sony, die Zentrale des Dienstleistungsunternehmens DEBIS des Daimler-Chrysler-Konzerns und die Deutschland-Zentrale von Coca Cola. Im Finanzsektor ist eine Wiederbelebung des früheren Bankenzentrums in der Innenstadt festzustellen, ohne daß die größten Banken ihren Hauptsitz nach Berlin verlagert haben. Zur Zeit haben 18 Kreditinstitute ihren Hauptsitz in Berlin und 29 Auslandsbanken haben Repräsentanzen bzw. Zweigstellen errichtet. Es kündigt sich eine Orientierung auf den osteuropäischen Raum, insbesondere auf Rußland, an. Als Folge des Regierungsumzuges haben alle großen Fernsehanstalten Studios in Berlin errichtet. Die verschiedenen Branchen der Kulturökonomie weisen lokale Konzentrationen auf, so zum Bei-

Inmitten der Stadt liegt Berlins „grünes Herz", der Tiergarten, eingerahmt von Spree und Landwehrkanal. Durch den Park verläuft die Straße des 17. Juni, die direkt auf das Brandenburger Tor am Ostende des Parks zuführt.

spiel die Filmproduktion mit entsprechenden Dienstleistungsunternehmen in der Innenstadt, in weiteren Gebieten der Stadt und in dem traditionellen Standort Potsdam/Babelsberg im Umland Berlins. In der Innenstadt ist eine enge räumliche Verbindung zwischen dem Finanzsektor und den unternehmensnahen Dienstleistungen vorhanden. Außerdem ist die Innenstadt ein bedeutender Standort der Kulturökonomie und der forschungs- und entwicklungsintensiven Industrien. Dies ist im Vergleich zu anderen europäischen Städten eine Besonderheit. Die forschungs- und entwicklungsintensiven Industrien weisen auch in den Außenbezirken räumliche Konzentrationen auf, die sich in den letzten Jahren herausgebildet haben. Ein Beispiel dafür ist der Wissenschafts- und Wirtschaftsstandort Adlershof im Südosten der Stadt. Ein Ziel für dieses Stadtgebiet ist die Verbindung von Wirtschaft und Wissenschaft durch die Ansiedlung von Unternehmen und Universitätsinstituten. In den Sektoren der privaten und der unternehmensbezogenen Dienstleistungen Berlins lassen sich positive Tendenzen einer langsamen Angleichung an die Situation anderer Städte feststellen. In der Kulturökonomie besitzt Berlin in den Zweigen Film, Rundfunk und Theater sowie mit seiner Vielzahl von Einrichtungen der Wissenschaft (u.a. drei Universitäten) eine gute Position. Der Tourismus wird mehr und mehr zu einem bedeutenden Wirtschaftszweig. Die Zahl der vom Tourismus abhängigen Arbeitsplätze beträgt gegenwärtig 50.000, und sie wächst. Berlin steht mit 11,5 Mio. Übernachtungen im Jahre 2000 nach London, Paris und Rom an vierter Stelle in Europa. Wegen der noch andauernden, vor allem strukturell bedingten Beschäftigungsreduzierung im verarbeitenden Gewerbe und im Bausektor und der notwendigen Personaleinsparungen im öffentlichen Bereich wird Berlin auch in den nächsten Jahren von einer im Vergleich zu anderen Städten der Bundesrepublik hohen Arbeitslosigkeit gekennzeichnet sein. Der Dienstleistungssektor wird in den nächsten Jahren entscheidend die wirtschaftliche Entwicklung bestimmen. Zu den Bereichen mit den besten Wachstumschancen gehört die Medien- und die Kommunikationswirtschaft. *Marlies Schulz*

ISTANBUL

Nach London und Paris hat sich Istanbul zur drittgrößten Stadt Europas entwickelt. Die Stadt am Bosporus ist für westliche Industriestaaten zu einem neuen wirtschaftlichen „Sprungbrett nach Asien" geworden.

Kaum eine der Metropolen dieser Welt vermag auf eine so lange und glanzvolle Geschichte zurückzublicken wie die heutige Stadt Istanbul. Nicht nur eine Siedlungskontinuität über mehr als 2.000 Jahre belegen die drei unterschiedlichen Bezeichnungen für eine Stadt, sie dokumentieren zugleich Weltgeltung unter verschiedenen politisch-kulturellen Vorzeichen. In der griechischen Welt bereits war Byzanz als das Tor zu den Siedlungsgebieten am Schwarzen Meer von überregionaler Bedeutung. Weltgeltung erlangte die Stadt aber als Hauptstadt des oströmischen Reiches; Konstantinopel beeinflußt die Kultur Europas im frühen Mittelalter nachhaltig. Erst 1453 fällt die Stadt in die Hände der Osmanen, die schon länger nicht nur Anatolien, sondern auch Teile der Balkanhalbinsel kontrolliert haben. Der politisch-kulturelle Machtwechsel ist kraß. Istanbul ist nun Hauptstadt eines islamischen Reiches. In der heutigen Altstadt, zwischen der Bucht des Goldenen Horns und dem Marmarameer gelegen (d.h. auf der Halbinsel Stambul), zeugen zahlreiche Moscheen und andere Bauten von hohem kulturellen und künstlerischen Stand speziell der frühen osmanischen Periode. Diese endet 1919 und Istanbul verliert damit seine Hauptstadtfunktion.

Primate City zwischen den Welten

Istanbul aber ist durch all die Jahrzehnte der modernen Türkei die wichtigste Stadt des Staates geblieben, wenn auch zunächst nur aufgrund fehlender Konkurrenz. Heute aber dominiert Istanbul nicht nur das politische, sondern auch das wirtschaftliche Geschehen im Land, dank eines überaus kräftigen Wachstums in den letzten zwei Jahrzehnten.

▷
Die gemeinsame Auswertung zweier Satellitenbilder aus den Jahren 1986 und 1999 zeigt das Wachstum der Stadt in diesem Zeitraum. Gelb zeigt die Ausdehnung Istanbuls 1999, rot die von 1986.

▷▷
Die Dichte der Verbauung des Stadtgebietes von Istanbul wurde in dieser Karte aus 4 ERS-Radaraufnahmen ermittelt, sie ist in vier Stufen, von gering bis hoch, farblich dargestellt.

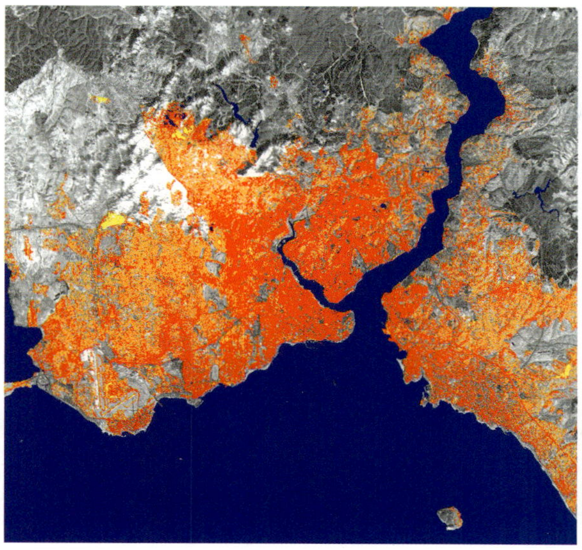

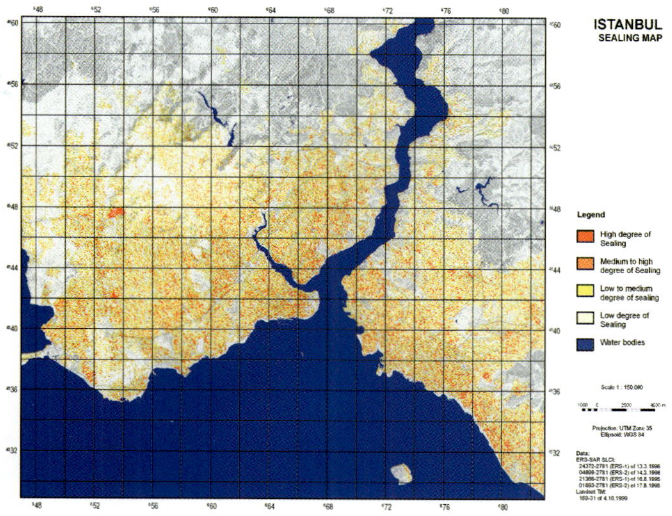

Insbesondere seit 1975 wächst die Stadt kräftig: den Küsten entlang sowie in das Hinterland. In dieser Zeit entstanden im Weichbild der Metropole ausgedehnte „Geçekondu"-Siedlungen, Behelfsquartiere der Zuwanderer – vorwiegend aus ländlichen Gebieten Anatoliens. Das Bevölkerungs- und Städtewachstum hat sich bis heute fortgesetzt. Nun aber bestimmt ein vergleichsweise geregeltes Baugeschehen die Stadterweiterung. Die Bevölkerungszahl stieg von 2,84 Mio. im Jahr 1970 auf 9,10 Mio. im Jahr 1997 (Istanbul Metropolitan Area).

Der Begriff „Primate City zwischen den Welten" soll nicht nur daran erinnern, daß die Stadt zu beiden Seiten des Bosporus liegt (die gewundene schmale Meerenge ist im Satellitenbild gut zu sehen) – und sich damit sowohl in Asien wie auch in Europa ausdehnt. „Zwischen den Welten", sondern soll auch auf die Probleme hinweisen, die rund um die Akzeptanz der Türkei durch die Staaten Europas gegeben sind. Für Gäste aus Europa aber ist Istanbul ein faszinierendes Schaustück türkisch-islamischer Kultur. Denn was aus der Zeit der Sultane blieb, wird heute als kulturelles Erbe erhalten und gepflegt: die historischen Bauten und das Ambiente der Altstadt sorgen für einen regen Städtetourismus.

◁
Istanbul, die drittgrößte Stadt Europas, dehnt sich zu beiden Seiten des Bosporus aus, der Europa von Asien trennt. Südlich des Goldenen Horns auf der Halbinsel Eminönü lag die alte Stadt Byzanz.

Auf dem Weg zu einem globalen Wirtschaftszentrum?

Die durch die Globalisierung neu entstehenden transnationalen Prozesse – vor allem nach Ende des Kalten Krieges – ermöglichen es Istanbul sehr rasch seine Brückenfunktion zwischen Ost und West wieder einzunehmen. Zudem erlangte die Stadt Istanbul seine ehemalige nationalökonomische Führungsposition trotz verlorener Hauptstadtfunktion wieder. Innerhalb des Weltstädte-Systems nimmt die Stadt eine sektorale Nische in der Weltwirtschaft ein, die begründet ist in ihrer Funktion als „gateway" zu Staaten des Balkans, des östlichen Mittelmeers, des Mittleren Ostens und Zentralasiens.

Seit dem politischen Umbruch von 1989 und der damit verbundenen Öffnung profitiert Istanbul auch durch den „Luggage Trade" bzw. „Osthandel" von Händlern aus den ehemals kommunistischen Staaten Osteuropas und der Sowjetunion.

Die wirtschaftlichen Rahmenbedingungen änderten sich bereits ab den 80er-Jahren. Auslöser war die Wirtschaftskrise von 1979 und der Druck des Internationalen Währungsfonds, eine Politik weitreichender Liberalisierung einzuleiten, um den Export anzukurbeln und zugleich attraktiv auf ausländische Investoren zu wirken. Seit den 90er-Jahren investieren Großunternehmen der westlichen Industriestaaten als Folge der Globalisierung verstärkt in türkische Unternehmen. Einfluß haben auch die anstehende EU-Osterweiterung und die bereits erfolgten Wirtschaftsabkommen mit der Türkei.

Die große Zahl an „Headquarter-Funktionen", v.a. von Entscheidungszentralen und Hauptverwaltungen des Unternehmens- und Finanzsektors großer türkischer (privater) Holdings, zeigt den großen wirtschaftlichen Stellenwert Istanbuls auf. Istanbuls höherwertiger Dienstleistungssektor besteht aus zwei Grundkategorien: neben den inländischen Dienstleistungsbereichen überwiegend privater Holdings sind es ausländische Branchen als Teil einer globalen Standortstrategie im Sinne eines „Sprungbretts nach Asien".

Verkehrschaos vorprogrammiert?

Die einzigartige geopolitische Bedeutung als Verkehrsknoten verdankt die Stadt dem Bosporus, einer seit 1923 internationalen Wasserstraße mitten durch die 12-Millionen-Stadt mit chronischer Verkehrsüberlastung: Mit 48.000 größeren Schiffen pro Jahr verkehren hier dreimal so viele Schiffe wie am Suezkanal. Hinzu kommen noch ca. 1.500 lokale Schiffe, Fähren und Boote, die täglich den Bosporus queren. Megakatastrophen konnten bisher nur knapp vermieden werden, da z.B. 55 Mio. Tonnen Öl pro Jahr transportiert werden. Zwischen 1982 und 1994 ereigneten sich nicht weniger als 296 Schiffsunfälle.

Das tägliche Straßenverkehrsaufkommen der Metropole liegt bei mehr als 8 Mio. Fahrzeugen. 30% aller türkischen PKWs sind in Istanbul gemeldet. Die Schwachstelle im innerstädtischen Verkehr bilden die zwei Bosporusbrücken mit mehr als 450.000 Fahrzeugen pro Tag. Die transkontinentale Landverbindung zwischen Zentral-Europa und dem Nahen Osten verliert seit den Balkankrisen (ab 1989) durch den Fährschiff-Transport von Istanbul bzw. Patras (Griechenland) nach Italien immer mehr an Bedeutung.

Friedrich Palencsar

▷▽
Der Stadtteil Eminönü wird von zahlreichen Moscheen beherrscht. Im Bild die Rüshem Pascha Moschee und die Dimanate Fatih Moschee.

▽
Blick über den Bosporus, wo Fähre und Brücke die Kontinente verbinden. Die Ufer des Bosporus sind über weite Strecken von Wohnhäusern gesäumt.

LONDON

Die starken wirtschaftlichen und gesellschaftlichen Veränderungen in London sind Ausdruck der anhaltend hohen Attraktivität und Dynamik der Stadt. London, ein Knotenpunkt im Netz globaler Wirtschafts- und Finanzdienste, zeigt sehr deutlich die widersprüchlichen Entwicklungstendenzen der großen Metropolen: Bauboom und Verfall, Bewahrung und Auflösung, Verbesserung der Lebensverhältnisse und Marginalisierung.

London ist eine fast 2000 Jahre alte Stadt, die trotz einer sehr wechselhaften Entwicklung räumliche Konstanten aufweist. Es gibt allerdings nur noch ganz wenige römische und kaum noch mittelalterliche Spuren. Das London von heute wird vor allem durch Bauten und Bebauung nach dem großen Brand von 1666 bestimmt. Auffällig im Stadtbild sind gut erhaltene Ensemble älterer Bebauung, z. B. der Tudorzeit aus dem 17. Jahrhundert in den westlichen Stadtteilen, die vom großen Brand verschont blieben, georgianische Häuser, sogenannte terraces, aus dem 17. und 18. Jahrhundert und viktorianische Gebäude aus dem 19. Jahrhundert.

London weist für viele große Städte untypische Merkmale auf, vor allem eine ausgeprägte politische und kulturelle Dezentralisierung, dörfliche Strukturen, schmale Straßen, Kleinhandel und Straßenmärkte. Zu der politischen und kulturellen Dezentralisierung haben seit Jahrhunderten kirchliche und weltliche, feudale, kommunale und private Akteure beigetragen.

Ein Luftbild läßt nicht die starken Ungleichgewichte in der räumlichen Verteilung der Arbeitsplätze und der Bevölkerung nach ethnischen und sozialen Merkmalen erkennen, ebensowenig die großen Unterschiede in den Lebens- und Tätigkeitsbedingungen der Beschäftigten in Wachstumsbranchen und rezessiven Branchen und die sehr unterschiedlich nutzbare Standortgunst in einem für viele Menschen sehr attraktiven Raum mit mehr als 20 Mio. Besuchern pro Jahr, davon ein Drittel Ausländer.

Stadtstruktur

Den Stadtkern bilden seit mehr als dreihundert Jahren zwei physiognomisch, funktional und strukturell sehr

unterschiedliche Kerne, Westminster mit politischen und administrativen Funktionen und die City mit wirtschaftlichen Funktionen. London ist konzentrisch und radial entlang der Ausfallstraßen gewachsen. Ältere dörfliche Siedlungskerne sind bis heute im Siedlungsbild erkennbar.

Westminster ist Teil des Westends, die City liegt am westlichen Rand des Eastends. Es gibt große räumliche Unterschiede zwischen Westend und Eastend, zwischen Wachstums-, Erneuerungs- und Verfallsgebieten, zwischen innerstädtischen Wohngebieten und Wohngebieten der Mittelschicht im suburbanen Raum. Die für die englischen Städte typische Gliederung in Stadtkern, Industriezone und Wohnzone löst sich auf, die Industriezone verschwindet.

Im Westend wohnen Wohlhabende, sehr gut versorgt durch Handel, kommunale und private Dienste, im Süden und Südosten arme Bevölkerung. Die soziale Polarisierung ist groß. Das BIP pro Kopf ist in keiner britischen Gemeinde höher als in London, jedes zweite Kind lebt jedoch hier von Sozialhilfe.

Das Westend ist ein Ort des Luxus und des Konsums.

△ Ein Blick auf die Stadt beiderseits der Themse lehrt, wie sich eine Megacity entlang eines Flusses, ihrer Lebensader, entwickelt. Von den Hafen- und Dockanlagen im Osten, flußaufwärts über das Stadtzentrum und eine anschließende Parkzone zu den Villenvierteln der Vororte. Die Dockanlagen haben ihre alte Funktion verloren, sie wurden in ein Wohn-, Geschäfts- und Verwaltungsviertel umgewandelt.

▷ Für Stadterneuerungsprojekte in den Docks investiert London beträchtliche Summen.

◁ Blick auf die Stadt vom Turm der St. Pauls Kathedrale.

Wenigen Familien, vor allem Angehörige des Adels, gehören hier große, im 18. und 19. Jahrhundert errichtete Wohnhäuser. Vererbung und Verpachtung („household") in exklusiver Lage konnten große Vermögen und hohe Wertsteigerungen sichern, Politik und Planung und eine starke soziale Kontrolle die Exklusivität der Immobilien. In und am Rande der City, früher der sehr dicht genutzte und bewohnte Kern der Stadt, konzentrieren sich auf wenigen Quadratkilometern die bedeutendsten britischen Banken und mehr als 500 Auslandsbanken. Hier ist eines der größten Bank- und Finanzzentren der Erde.

Veränderungen der Bevölkerungsverteilung

London, im 19. Jahrhundert die größte Stadt der Erde, ist auch heute noch eine sehr große Stadt. Der Bevölkerung nach, etwa 6,5 Mio. Menschen im Jahre 2000, gehört London (Greater London) jedoch nicht mehr zu den 20 größten Städten der Erde. In dem städtischen Raum South East mit London leben jedoch etwa 17 Mio.

London ist eines der führenden Banken- und Finanzzentren der Welt.

Menschen. Richtung und Stärke der Siedlungsausweitung wurden beeinflußt durch den Grüngürtel um London und neue Städte des 20. Jahrhunderts, etwa 50 km vom Stadtkern entfernt.

Wie in fast allen großen Städten der höher entwickelten Länder haben Bevölkerung und Bevölkerungsdichte im Stadtkern stark abgenommen und im Umland zugenommen. In London, einer Stadt mit der sehr frühen Bevölkerungszunahme in der Urbanisierungsphase des 18. und 19. Jahrhunderts, verliert der Stadtkern seit etwa den 60er Jahren des 19. Jahrhunderts Bevölkerung.

London war wie die meisten europäischen Städte bis in die 50er Jahre des 20. Jahrhunderts ethnisch sehr homogen. Heute ist etwa ein Fünftel der Bewohner eingewandert, vor allem aus den Kolonien bzw. dem früheren Commonwealth. Die verschiedenen Einwanderergruppen aus Europa, aus Asien, Afrika und aus der Karibik weisen sehr unterschiedliche räumliche Verteilungsmuster auf. Die ethnische Segregation ist jedoch deutlich geringer als in New York und auch geringer als die soziale Segregation. Oberschichthaushalte verließen zuerst, bereits im 18. Jahrhundert, die Innenstadt. Sie zogen bevorzugt nach Westen und am weitesten nach draußen. Seit den 60er Jahren des 20. Jahrhunderts läßt sich ein entgegengesetzter Trend erkennen: in Teilen von Inner-London nehmen Oberschichthaushalte und Hauseigentümer wieder zu und verdrängen einkommensschwächere Haushalte und Mieter. Die Umwandlung des Wohnungsbestands ist mit starken Veränderungen der demographischen, sozialen und ethnischen Struktur verbunden. Auch die anschließende Wohn- und Gewerbezone des 19. Jahrhunderts wird durch Nutzungsänderungen aufgewertet.

Der Suburbanisierungsprozeß hält an, verlangsamt sich jedoch. Durch den etwa fünf Meilen breiten Grüngürtel und „neue Städte" wird die Siedlungsausweitung zwar seit den 40er Jahren etwas gesteuert, die 1986 fertiggestellte M25, eine 190 km lange Ringautobahn, hat jedoch die Suburbanisierung und Zersiedlung wieder verstärkt.

Veränderungen der Wirtschaftsstruktur

London war früher eine sehr stark industrialisierte Stadt mit sehr hohen Umweltbelastungen. Die starke Deindustrialisierung mit dem Verlust von mehr als einer Mio. Arbeitsplätzen in der Industrie seit den 50er Jahren und die starke Zunahme der Dienstleistungen, vor allem der wissensintensiven, unternehmensorientierten Dienstleistungen, haben zwar die Wirtschaftsstruktur und den Arbeitsmarkt erheblich verändert, Arbeitslosigkeit und Not gebracht, sie haben aber auch die Umwelt und die Lebensbedingungen vieler Bewohner erheblich verbessert. Heute sind neun von zehn Arbeitsplätzen im Dienstleistungssektor. Viele Arbeitskräfte werden sehr gut bezahlt, z. B. in den Wirtschafts-, Finanz- und Beratungsdiensten der britischen und der ausländischen Unternehmen, viele Arbeitskräfte werden aber auch schlecht bezahlt, ihre Arbeitsplätze sind unsicher.

London ist in Europa die wirtschaftlich bedeutendste Stadt mit herausragenden Funktionen auf den internationalen Geld-, Finanz-, Rohstoff- und Kunstmärkten und der wichtigste Knotenpunkt im Netz der globalen Wirtschafts-, Finanz- und Kommunikationsdienste. Lagevorteile, Tradition und Erfahrung, Kolonialzeit, Politik, Sprache, kulturelle Eigenheiten und Einrichtungen erklären die Bedeutung und Attraktivität dieser Stadt. Kein anderer Bank- und Finanzplatz weist eine so lange und kontinuierliche Bedeutung auf. Die City war schon in vorindustrieller Zeit ein bedeutender Handels- und Finanzplatz. Die Börse wurde bereits im 16. Jahrhundert gegründet. Kolonien, Industrialisierung, Globalisierung und Deregulierung stärkten die weltwirtschaftliche Stellung. Der internationale Handel, nicht der nationale Handel, d. h. der Transfer aus dem industriellen Norden Englands, trug dazu bei. Zu Beginn des 19. Jahrhunderts gingen etwa 80 Prozent der britischen Importe und 70 Prozent der Exporte über den Londoner Hafen. London war bis zum 1. Weltkrieg das Hauptzentrum der Finanzierung des Welthandels und der Vermittlung internationaler Kredite für Berg-

Deutlich zeigen sich Verbauungsdichte und Entwicklungsachsen der verstädterten Zone Groß-Londons in einer multitemporalen Radaraufnahme.

bau-, Industrie- und Infrastrukturprojekte weltweit. Viele Persönlichkeiten, vor allem Immigranten wie Rothschild, Morgan und Warburg, haben London groß gemacht. Trotz der herausragenden Bedeutung ist die City nicht annähernd so mächtig wie in den 100 Jahren zwischen Waterloo und dem 1. Weltkrieg.

Auch nach dem Verlust der industriellen Bedeutung behielt London die überragende Funktion als Handels-, Finanz- und Versicherungsplatz. London gilt als offener und freier Handelsplatz mit leistungsfähigen und relativ preiswerten Kommunikations- und Informationsdiensten. Begünstigt durch die geopolitische Lage weist London mehr internationale Funktionen auf als New York und Tokyo. Hier sind hochspezialisierte Beratungs- und Marktdienste, u. a. die international bekannten Auktionshäuser Sotheby und Christie's, die größte Rohstoffbörse der Erde mit Terminmärkten für Agrarprodukte (Kaffee, Kakao, Zucker, Sisal, Kautschuk, Wolle) und Mineralien und die Londoner Metallbörse als Zentrum des Welthandels mit Kupfer, Zinn, Zink, Blei, Silber, Aluminium und Nickel (Finanzierung, Versicherung, Lagerung, Beratung, Terminierung). In London wird der Weltmarktpreis für Gold und Diamanten gebildet. Zwei Drittel der Weltfrachtgeschäfte werden hier versichert, u. a. durch die schon vor mehr als 300 Jahren gegründete Lloyd-Versicherung mit mehr als 400 Syndikaten, hinter denen als Geldgeber und Risikoträger etwa 3400 wohlhabende Privatpersonen stehen.

Unausgewogene Infrastruktur

Sehr unausgewogen sind der Ausbau und Erhalt der Infrastruktur, einerseits sehr moderne IuK-Infrastrukturen, leistungsstarke Kommunikations- und Bildungseinrichtungen und der größte europäische Flughafen Heathrow, angebunden durch eine schnelle Bahnverbindung zum Bahnhof Paddington, andererseits eine überlastete und überalterte Verkehrsinfrastruktur, ein sehr dichtes, aber unzureichend modernisiertes Undergroundnetz, und der starke innerstädtische Straßenverkehr, der Menschen und Umwelt stark belastet.

Durch hohe Investitionen in die Infrastruktur des globalen Sektors und in Stadterneuerungsprojekte wie die Docklands sollen Attraktivität und Standortvorteile der Stadt nicht nur erhalten, sondern verbessert und Standortnachteile wie hohe Bodenpreise überkompensiert werden. National und international nimmt die Standortkonkurrenz zu. Aufgrund der politischen Veränderungen in Europa verschieben sich die politischen und wirtschaftlichen Gravitationszentren von West- nach Mitteleuropa.

Wolf Gaebe

MADRID

„Sie ist die jüngste der spanischen Großstädte", eine politische Schöpfung, aber eine historische Notwendigkeit. Philipp II. wählte 1561 Madrid anstelle der bisherigen Residenzen zur Hauptstadt in der Mitte Spaniens, der aber „sonst von der Natur fast alle Bedingungen zu größerer Entwicklung versagt sind."

(Baedeker „Spanien und Portugal", 1912)

Madrid liegt auf der sommertrockenen Südmeseta, einer – erosionsbedingt – durchaus nicht ebenen Hochfläche. Die Altstadt entwickelte sich oberhalb einer 60–70 m hohen Steilkante auf dem östlichen Ufer des Río Manzanares. Der Ausgangspunkt lag ungefähr an der Stelle des heutigen Königspalastes.

Orographisch wird die Südmeseta im Norden, Nord-Westen und Westen deutlich begrenzt von der bis 2.430 m aufragenden Sierra de Guadarrama, dem nördlichen Hauptkamm des Kastilischen Scheidegebirges, wo in den höchsten Lagen durchaus 200 Schneetage pro Jahr zu verzeichnen sind. Weit weniger markant bilden im Süden und Süd-Westen die Montes de Toledo (bis 530 m) die Grenze der Südmeseta, während nach Osten die zum Teil tief eingeschnittenen Tajo-Zuflüße bis in die jüngste Zeit deutliche Begrenzungslinien darstellen.

Siedlungsstruktur und Siedlungsentwicklung

Deutlich zeichnet sich der siedlungsstrukturelle Gegensatz ab zwischen den Bereichen dichter Bebauung (flächenmäßig-zusammenhängend fast in der gesamten Kerngemeinde – größere „Dichte-Inseln" vor allem im Süden, Süd-Westen, Osten und Nord-Osten der Metropolitanregion, über gut ausgebaute Nationalstraßen und Schnellbahnlinien mit dem Zentrum verbunden) sowie den Bereichen lockerer Bebauung, überwiegend im Norden und Nord-Westen der Metropolitanregion.

Das bis Ende des 19. Jahrhunderts (geringe) räumliche Wachstum Madrids vollzog sich in gewissen Phasen, die sich noch heute deutlich im Straßensystem und in der Bausubstanz widerspiegeln. Erst ab 1860 kam es – nach Abriß

Hell leuchten in der Kombination dreier ERS-Radaraufnahmen das Stadtgebiet und die es umgebenden Satellitenstädte aus dem Bild. Das durch Erosion entstandene Kleinrelief der Meseta wird gut erkennbar.

◁
Nordwestlich von Madrid erhebt sich die Sierra de Guadarrama. Sie geht in die trockene Meseta über, an deren Rand Madrid liegt. Grüne, gut bewässerte Felder begleiten die Seitenarme des Rio Tajo. Die im 19. Jahrhundert erweiterte Stadt umfängt mit ihrem Gittermuster den mittelalterlichen Kern. Bemerkenswert ist der Ansatz zu einem doppelten Ring von Satellitenstädten, der im Südwesten von Madrid entstand.

Don Quichote und Sancho Pansa bewachen das Cervantes Denkmal. Im Hintergrund das Edificiò de España.

Blick über das Zentrum von Madrid.

der 1625–1635 erbauten Stadtmauer zur Ausbildung des Ringstraßensystems und zur ersten größeren Stadterweiterung („ensanches" im Norden, Osten und Süden).

Das Bevölkerungswachstum von Madrid (und damit die bauliche Verdichtung bzw. die siedlungsmäßige Ausdehnung) nahm zwar bereits von ca. 1910 bis in die 30er Jahre, d.h. bis zum Beginn des Bürgerkrieges, überproportional zu, erfuhr aber nach 1945 durch die immensen Zuwanderungsströme bisher ungekannte Ausmaße, um allerdings nach 1970 sehr deutlich und rasch abzunehmen. Die chaotische, von Bodenspekulationen angetriebene Bautätigkeit macht eine geordnete Bebauungsplanung unmöglich.

Das exzessive Wachstum Madrids hat an der Gemeindegrenze nicht haltgemacht. Leitlinien für die kontinuierliche Urbanisierung ins Umland sind die großen Ausfallstraßen. Ansatzpunkte für den enormen Suburbanisierungsprozeß stellen alte, 15–25/30 km entfernte Dorfkerne dar (z.B. Alcorón, Mostoles, Leganés und Getafe im SW), die zwar noch erkennbar sind, aber durch uniforme, recht einfache Hochhauskomplexe für untere Einkommensgruppen „erdrückt" werden. Diese Gemeinden hatten 1950 größtenteils weniger als 10.000 Ew., stiegen aber bis 1991 auf 145.000 bis 195.000 Ew. an, um allerdings danach zu stagnieren.

Demgegenüber entstand, hauptsächlich nach Nord-Westen und Norden, in Richtung auf die Sierra de Guadarrama, ein Flickenteppich von Siedlungen mit lockerer Bebauung: überwiegend Einfamilienhaus- bzw. Villenviertel („urbanizaciones") der oberen Einkommensgruppen, zum Teil – und ständig zunehmend – als „gated communities".

Neue Nutzungsformen

Gerade im begünstigten Nord-West-Sektor bilden sich derzeit neue Nutzungs- und Siedlungsformen aus, die typisch für die Peripherie von „Global Citys" sind. Bereits Dimensionen einer kleinen „edge city" nimmt die Entwicklung in Las Rosas an, ca. 20 km nordwestlich vom Zentrum Madrids gelegen: auf 226 ha entsteht ein kombiniertes Wohn-, Freizeit- und Gewerbegebiet, vor allem mit Verwaltungszentralen internationaler Firmen, einem Einkaufszentrum, einem Entertainment- und zwei Factory Outlet-Centers.

Der funktionale Umschwung

Jahrhunderte lang war Madrids Rolle die der Hauptstadt eines zentralistisch organisierten Staates, praktisch bis nach Francos Tod (1975). Das Fehlen von Industrie und Gewerbe verschaffte Madrid allerdings das Attribut einer „künstlichen Stadt". Der gezielte Ausbau Madrids zu einer blühenden Industriestadt begann erst mit dem nationalen Stabilisierungsplan von 1959. In diesem Zusammenhang entwickelten sich die Industriekorridore entlang der Nationalstraßen II und I nach Osten bzw. Nord-Osten. Heute stellt der Großraum Madrid die bedeutendste Wirtschaftsregion Spaniens dar.

Günter Mertins

MOSKAU

Eine der stärksten Ironien von städtischer Existenz ist die große Kluft zwischen dem Versprechen von Modernität, der Vision von Überfluß und Gleichheit und der Erfüllung dieses Versprechens durch die Städte.

H.J. Dyos, Urbanity and Suburbanity, 1973

Moskau wurde in der Mitte des 12. Jahrhunderts gegründet. Seine Lage an den Ufern des Moskwa Flusses im zentralen europäischen Rußland, gab den Bewohnern über ein ausgedehntes Flußsystem Zugang zum Baltischen und Schwarzen Meer und von hier nach Europa. Drei unterschiedliche kulturelle, wirtschaftliche und politische Epochen haben Moskaus Rolle als Weltstadt geprägt. Seine frühe Geschichte war zuerst bestimmt durch seine Rolle als militärischer Außenposten; Reste der alten Befestigung sind im Satellitenbild zu erkennen: die zwei inneren Ringstraßen um den Kreml (die erste befestigte Siedlung oder Burg) im Stadtzentrum folgen dem ursprünglichen äußeren Verteidigungswall. In der Mitte des 15. Jahrhunderts wurde Moskau zum Zentrum der russischen Orthodoxie, was es bis heute geblieben ist. Obwohl Handel und Gewerbe über lange Zeit in Moskau die wirtschaftliche Basis bildeten, verlor es seine Verwaltungsfunktion zwischen 1712 und 1918, als St. Petersburg die Hauptstadt von Rußland war. Fertigungsindustrien im Zentrum der Stadt stammen sowohl aus der ersten, imperialen Epoche als auch aus der folgenden – der Sowjet Ära.

Die Sowjet Ära

Als Hauptstadt der Sowjetunion wurde Moskau bald zur Heimat einer anwachsenden, aufgeblasenen, administrativen Bürokratie und auch die Industrialisierung hat Moskaus wirtschaftliche Bedeutung stark verändert, gleichzeitig wuchs die Zahl der Einwohner. Aufgrund des Planes zur Rekonstruktion von Moskau im Jahr 1935, der die Prinzipien der Stadtplanung in der Sowjet Ära widerspiegelt, sollte die Gesamteinwohnerzahl auf 5 Mio.

Wie die meisten Großstädte Europas entstand auch Moskau an einem Fluß, hier die Moskwa, als Lebensader. Kanalsysteme verbinden Moskau sowohl mit der Ostsee wie auch mit dem Kaspischen und Schwarzen Meer. Radial angelegte Hauptstraßen führen quer durch waldreiches Gebiet in die weiten Teile Rußlands. Die Aufnahmen stammen aus den Jahren 1985 (links) und 2001 (rechts). Verglichen mit anderen Großstädten ist das Wachstum Moskaus eher bescheiden.

begrenzt werden. Damals betrug sie 3,5 Mio., aber am Ende der Sowjet-Ära waren es bereits 8,5. Im Einzugsbereich von zwei Stunden lebten noch einige Millionen Menschen, was die wirtschaftliche Bedeutung von Moskau verdeutlicht.

Die äußere Ringstraße, sichtbar im Satellitenbild, grenzt das offizielle Stadtterritorium in etwa ab.

Innerhalb dieses Bereiches wurde jede Entwicklung, inklusive Immigration von Moskauer Verwaltungsbeamten kontrolliert. Außerhalb des Ringes stand die Entwicklung unter der wesentlich schwächeren regionalen Aufsicht von Moskau Oblast. Diese städtisch-industrielle Umbildung außerhalb der Ringstraße veränderte viele kleine existierende Siedlungen und ließ neue entstehen. So wurde im Laufe der Zeit der ausgedehnte Grüngürtel stetig reduziert. Veränderungen traten deswegen außerhalb der Stadtgrenzen Moskaus auf, weil der Ausbau innerhalb verboten war. Dieses periphere Siedlungswachstum erscheint deutlich im Satellitenbild. Innerhalb der Ringstraße trägt die verbaute Umwelt stummes Zeugnis von mehr als fünf Jahrzehnten sozialistischen Planens. Die offenen Flächen und die offensichtlich lockere Verbauung im Stadtzentrum (siehe Satellitenbild) reflektieren die Prinzipien des sozialistischen Planens. Dazu gehörten: limitierte Stadtgröße durch strikte Zuwanderungskontrollen; eine ideologische Rolle des Stadtzentrums, Staatskontrolle und Zuteilung von Häusern, räumliche Gleichheit in der Verteilung von Konsumenten und kulturellen Einrichtungen und ein begrenzter Arbeitsweg. Das Zentrum der Stadt sollte nicht von kommerziellen Aktivitäten dominiert sein und war daher deutlich differenziert von den westlichen kapitalistischen Städten. Es mußte im Stadtzentrum Platz geben für groß angelegte, öffentliche Veranstaltungen. Folglich gibt es eine große Anzahl von Hauptverkehrsstraßen die am Roten Platz zusammenlaufen. Außerdem sollte das Kerngebiet einen großen Teil der ansässigen Bevölkerung beheimaten und weitläufigen Platz für ihre Unterhaltung bieten. Häuser und Wohnanlagen wurden standardisiert.

Ein typischer Versuch war eine Drei-Stufen-Hierarchie in der Siedlungsplanung, in welcher der Mikrorayon die organisatorische Einheit bildete. Jeder Mikrorayon nahm 8.000 – 12.000 Menschen auf und hatte einen Radius von ca. 300 bis 400 Metern. Innerhalb jedes Mikrorayon waren mehrere kleinere Wohneinheiten: Kvartali, Superblocks oder Wohnkomplexe – jede mit einer Bewohnerzahl von 1.000 – 1.500 Menschen und einem Radius von ungefähr 50 bis 100 Metern. Das höchste Ordnungselement in der Hierarchie war der Residential Komplex. Dieser enthielt mehrere Mikrorayons mit einer Gesamtbewohnerzahl von ungefähr 50.000 bis 60.000. Die Idee war, einen standardisierten Häuserblock mit einem repräsentativen Querschnitt aus sozioökonomischen und ethnischen Menschengruppen, freie Grünflächen, Durchfahrtsstraßen mit öffentlichen Verkehrsmitteln, Kinderbetreuung sowie Bildungs- und Gesundheitsservice zu haben. Alle Einrichtungen für den täglichen Bedarf waren so angesiedelt, daß sie zu Fuß erreicht werden konnten.

Spezielle Dienstleistungen und Fachgeschäfte wurden innerhalb der Mikrorayons und den Residential Komplexen strategisch positioniert. Fahrten in das Stadtzentrum sollten nur unregelmäßig und eher zu kulturellen Veranstaltungen als für persönliche Einkäufe unternommen werden. In den späten 80er-Jahren lebte etwa die Hälfte der sowjetischen Bevölkerung in solchen Mikrorayons, in standardisierten und wenig differenzierten Appartementkomplexen.

Die Post-Sowjet Ära

Der Kollaps des Sowjetsystems im Jahre 1991 hat zu einer völlig neuen Volkswirtschaft geführt. Moskau ist als Hauptstadt der Mittelpunkt von Rußlands neuer Wirtschaft, der Ort, an dem politische Entscheidungen, die den Handel fördern, getroffen werden.

Der Abbau der Planwirtschaft und die Einführung einer russischen Form der Marktwirtschaft wirkten sich mächtig aus. Die Zahl der Beschäftigten bewegt sich noch

Die Radaraufnahme zeigt deutlich besser als jedes andere Satellitenbild die Dichte des städtischen Raumes von Moskau, wobei besonders Siedlungsachsen entlang der Hauptausfallstraßen deutlich werden. Die zahlreichen Wälder wurden im Bild grün eingefärbt, die gerodeten Ackerflächen zeigen mit ihren Farben unterschiedlichen Bewuchs an.

Die neuen Wohngegenden im Südwesten Moskaus.

△
Im Südwesten Moskaus liegt auf den bis zu 200 m Hohen „Lenin Bergen" die Lomonossow Universität. Im Hintergrund die Stadt.

△△
Blick über die Moskwa auf den Kreml.

immer bei 5 Mio., aber der Verwaltungssektor, der 1991 beinahe 75% aller Arbeitnehmer beschäftigt hat, wurde nahezu auf die Hälfte reduziert. Privatfirmen haben sich mehr als verdoppelt und beschäftigen heute an die 60% aller Arbeitskräfte. Nicht nur Moskaus hoch differenzierte Industriestruktur (von der Erzeugung von Nahrungsmitteln über Bekleidung bis zu Maschinen und Automobilen, bis zur modernsten Militärausrüstung) hat auf dem Weg zur Marktwirtschaft Wesentliches beigetragen, auch das Vordringen der Privatisierung in den höheren Bildungssektor, in dem Moskau immer eine herausragende Stellung hatte, verhalf dazu.

Eine Beschäftigung im Bereich der Wissenschaft, wo der Staat den Angestellten in der vorangegangenen Ära großzügige Privilegien und Sozialleistungen zugestanden hatte, war nach 1991 nicht mehr aussichtsreich. Die Beschäftigungszahl in Wissenschaft und verwandten Gebieten hat sich von 1 Mio. auf weniger als die Hälfte reduziert. Die klügsten Köpfe fanden sofort Anstellung und gute Bezahlung in der Privatwirtschaft.

Die auffälligsten sichtbaren Änderungen im Stadtzentrum waren Geschäftssanierungen und neue Wohnbauprojekte in der Vorstadt, außerhalb der Ringstraße, der Stadtgrenze in Moskau Oblast. Für die meisten Menschen war wahrscheinlich der größte Einschnitt die Privatisierung des Wohnens. Viele Stadtteile Moskaus, besonders der stark industrialisierte Südosten, leiden an ernsten Umweltbeeinträchtigungen. Durch die steigende Nachfrage am Markt kommt es im Zuge der Verbauung des Landes zu einem Raubbau ökologisch bedeutsamer Flächen, auch durch die Errichtung von Privathäusern für die Neureichen. Der hohe Wert des Zentrums Moskaus für Geschäftslokale brachte viele Veränderungen. Im Laufe der letzten zehn Jahre wurden bis zu 200.000 Menschen aus dem Bereich um den Kern abgesiedelt, um die Häuser für kommerzielle Zwecke verwenden zu können. Die in die Peripherie ausgesiedelten Menschen sind hinsichtlich der Räumlichkeiten dort besser dran, jedoch nicht in Sachen Arbeitsplatz und natürlich auch nicht im Bereich der Versorgung und der kulturellen Möglichkeiten. Weil viele gelernte und ungelernte Arbeiter abgesiedelt wurden, sind die Häuser im Zentrum für die Wohlhabenden frei, die sich am Wettbewerb um die teuren Immobilien beteiligen können. Daraus folgt, daß die Bedeutung dieser sozialen Schicht in der Post-Sowjet Ära im Stadtzentrum signifikant zugenommen hat.

Durch einen Erlaß im Juli 1991 wurde die Privatisierung staatlicher Gebäude genehmigt und ein freier Markt für Immobilien geschaffen. Heute sind fast alle Appartements in der Stadt in Privatbesitz. Landverkäufe sind allerdings noch immer eingeschränkt. Langzeitliche Landnutzungsverträge für Perioden von fünfzig Jahren sind die Norm. Zu anderen Städten Rußlands gibt es keinen Unterschied. Es herrscht ein großer Mangel an Wohnungen. Im Jahr 2001 steht mehr als eine halbe Million Menschen auf der Warteliste für eine bessere Wohnung. Es gibt beträchtliche Unterschiede bei den Appartements hinsichtlich der Anzahl der Räume, Gesamtfläche, Qualität, Alter des Gebäudes und der Lage. Es ist nicht überraschend, daß es zwischen den einzelnen Bezirken soziale Unterschiede gibt. In der Innenstadt ist der hohe soziale Status deutlich zu erkennen. Jenseits der äußeren Ringstraße hinaus entstehen heute viele private Häuser, was bei genauerer Betrachtung der Satellitenbilder gesehen werden kann. Es muß erwähnt werden, daß nur eine kleine Gruppe ein privates Prestigehaus besitzt, es liegt dann meist außerhalb der Stadtgrenzen Moskaus. Ca. 2,5 Mio. Moskauer besitzen einfache, wenn nicht sogar primitive Sommerhäuser, Datschas oder einfache Gartenhäuser, die höchstens im Sommer bewohnt werden können; die Kaufpreise sind dementsprechend. Ihre Ausstattung und Versorgung ist bescheiden.

James H. Bater

PARIS

„Falls man das Glück hat, als junger Mensch in Paris gelebt zu haben, bleibt es einem erhalten, egal, wohin man in späteren Jahren auch geht, denn Paris ist ein Fest fürs Leben.“

Ernest Hemingway

Die Pariser Agglomeration mit fast 11 Mio. Einwohnern gilt als eine der wichtigsten wirtschaftlichen und kulturellen Metropolen Europas. Gleichzeitig beherrscht die Primate City als unumstrittenes Zentrum eines immer noch zentralistisch organisierten Flächenstaates auch das nationale Städtesystem.

Die Stadt liegt im Zentrum der Ile-de-France, dem Kernland Frankreichs, das durch die Pariser Agglomeration, zahlreiche in die landwirtschaftlich genutzten Plateaus eingeschnittene Täler und ausgedehnte Wälder charakterisiert wird. Den Untergrund bilden mesozoische Kreide und tertiäre Sedimente, auf die nach Rückzug des Meeres alluviale Sande abgelagert wurden. Im Seine-Tal legte der gleichnamige Fluß durch Erosion den Kreideuntergrund frei, sodaß die Stadt mit Ausnahme von Erhebungen wie dem Butte Montmartre (129 m) auf diesem Grundgestein errichtet wurde.

Das ozeanische Klima wird durch die Größe der Agglomeration und die damit verbundene Wärmeentwicklung massiv beeinflußt. Der Temperaturanstieg von der Peripherie der Stadt zum Zentrum beträgt durchschnittlich 9°C, und der vorherrschende Südwestwind hat einen Wärmestau in der Innenstadt zur Folge.

Im Rahmen eines Wachstumsprozeßes, der bereits in der Zwischenkriegszeit große Flächen jenseits des nur 105 km^2 großen administrativen Stadtgebietes belegt hat, dehnt sich der dicht verbaute Gürtel der Vororte („Banlieues“) und die suburbane Zone heute auf einer Fläche von 2.500 km^2 über das Gebiet von sieben weiteren Départements aus.

Dabei verläuft weder die demographische noch die ökonomische Entwicklung homogen. Während die Kernstadt Paris seit Jahrzehnten vom Bevölkerungsrückgang

▷
Die Peripherie mit Blick auf den Verkehrsknotenpunkt Porte Maillot und das Kongreßhaus. Von hier aus führt die Avenue Charles de Gaulle in das Dienstleistungszentrum La Défense im Westen der Stadt.

▷▷
Blick über die Dachlandschaft von Les Toits und die typischen reich gegliederten Hausfassaden.

◁
In weiten Bögen durchfließt die Seine die fruchtbare Beckenlandschaft von Paris, dem politischen und wirtschaftlichen Zentrum Frankreichs. Die großzügige Anlage der Stadt erfolgte in der zweiten Hälfte des 19. Jahrhunderts unter Napoleon III. Vielfach wurden die Strukturen durch alte Verteidigungsanlagen, die mehrfach erweitert wurden, vorgegeben. Stadtautobahnen und radiale Ausfallstraßen versuchen den Massenverkehr zu bewältigen.

geprägt ist, verzeichnet die Peripherie des Verdichtungsraumes im selben Zeitraum steigende Einwohnerzahlen durch die Zuwanderung aus der Kernstadt und den anderen französischen Regionen. Die Einwohnerzahl der Gesamt-Agglomeration stieg zwischen 1982 und 1999 von 10 auf 11 Mio.

Aus dem Bevölkerungswachstum außerhalb der Kernstadt resultieren auch die drängendsten Probleme der Agglomeration. Obwohl seit den 80er-Jahren von der staatlichen Raumplanungsbehörde versucht wird, auch außerhalb von Paris Arbeitsplatzzentren zu schaffen, zählt der Pendlerstrom aus den suburbanen Wohnvierteln in die Innenstadt zu den Hauptverursachern der täglichen Verkehrsstaus.

Städtebauliche und wirtschaftliche Dynamik

Die Pariser Stadtentwicklung war und ist eng mit Demonstration von Staatsmacht verknüpft. Ihre Repräsentativbauten prägen das Bild der Kernstadt und sind wesentliches Element der Stadtstruktur an der historischen West-Ost-Achse.

In einem zum Ende der 50er-Jahre vorgestellten Stadtentwicklungsplan war die Sicherung der Stellung von Paris als Weltmetropole durch die Errichtung von Repräsentativbauten ebenso festgeschrieben worden wie Maßnahmen zur Stadterneuerung und die Entlastung der Kernstadt durch die Gründung neuer Städte (Villes Nouvelles). Das Dienstleistungszentrum La Défense im Westen der Stadt, der neu gestaltete Louvre, das Centre Pompidou oder die neue Nationalbibliothek in Bercy entwickelten sich zu Hauptattraktionen des internationalen Städtetourismus.

Fünf neue Zentren – Cergy-Pontoise, St.-Quentin-en-Yvelines, Evry, Mélun-Senart und Marne-la-Vallée – sollten für 2 Mio. Menschen Arbeitsplätze und Wohnstätten außerhalb des dicht verbauten Stadtgebietes bieten und im Gegensatz zur Trabantensiedlung Sarcelles nicht als reine Schlafstädte dienen. Heute weisen die Villes Nouvelles zwar für 10 ansässige Berufstätige 9 Arbeitsplätze auf, doch beträgt die Einwohnerzahl nur knapp über eine Million. Ihre geringe räumliche Distanz zur Kernstadt – die Maximalentfernung beträgt 30 km – begünstigt das „Auffüllen" der Freiflächen, sodaß sich eine Mega-Agglomeration entwickelt, in die die Villes Nouvelles als Siedlungsteile bereits integriert sind. Auch die wirtschaftliche Dynamik beginnt sich von der Kernstadt in die umliegenden Départements zu verlagern, wobei eine räumliche Diversifikation der einzelnen Dienstleistungsbereiche zu beobachten ist. Finanzen, Verwaltungsfunktionen und Zentralen von internationalen Großkonzernen zeigen Standortpräferenzen, die sich vom „Golden Triangle" zwischen der alten Oper, der Prachtstraße Champs Elysèes und La Défense nach Westen in Richtung St.Germain-en-Laye und Versailles verlagern und Hauts-de-Seine zum reichsten Département Frankreichs gemacht haben. Im Südwesten expandiert auf dem Plateau von Saclay ein Wissenschafts- und Technologiezentrum, während die Nord-Süd-Verkehrsachse die beiden Großflughäfen Orly und Roissy als neue Wachstumspole verbindet.

Das Wahrzeichen von Paris, der für die Weltausstellung 1889 erbaute Eiffelturm.

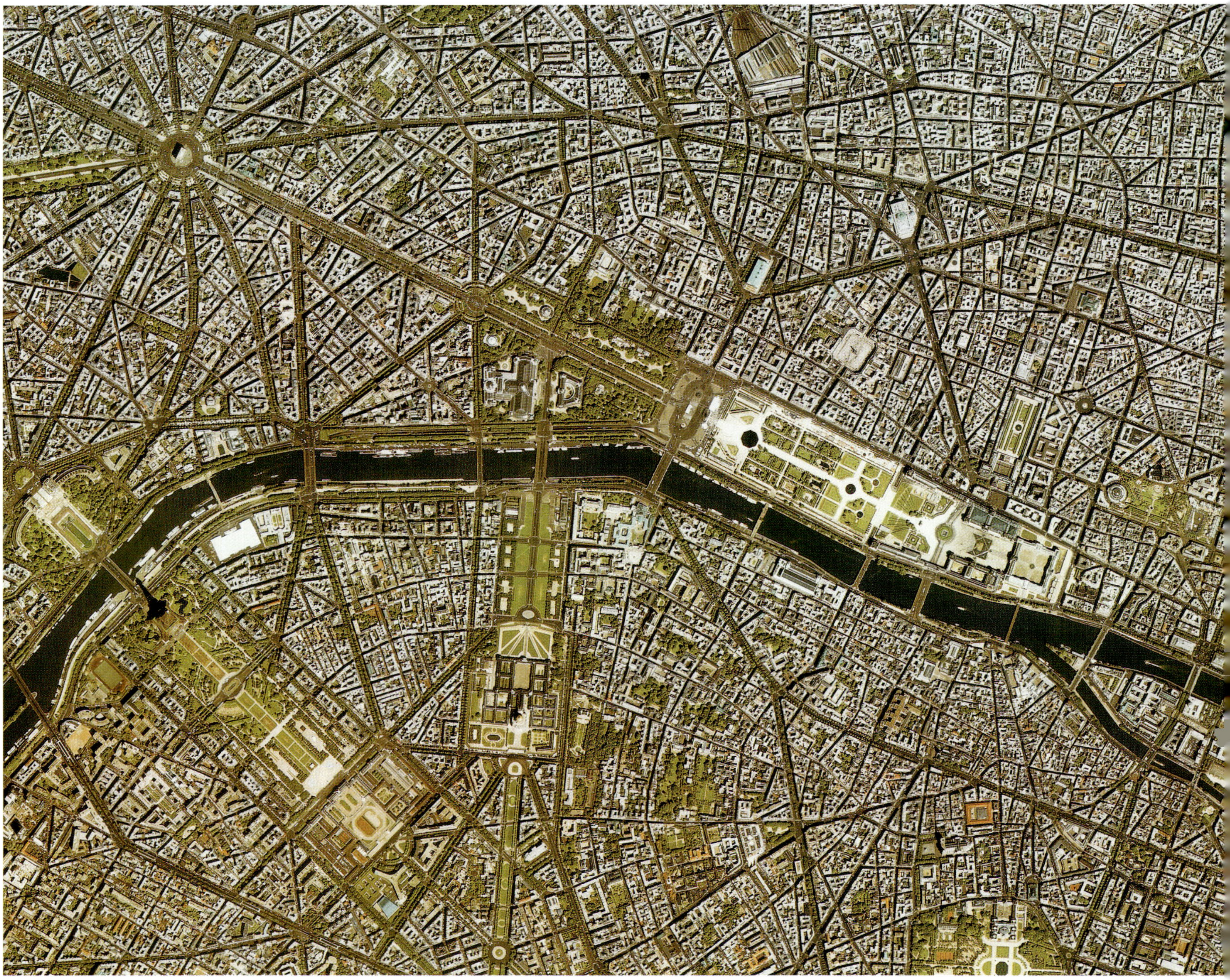

△
Der Ausschnitt aus einer IKONOS-Szene zeigt den historischen Teil der Metropole. Eine der 12 sternförmig vom Place Charles de Gaulle wegführenden Boulevards ist die berühmte Avenue des Champs Elysées. Sie schafft eine direkte Verbindung vom Triumphbogen zum Palais du Louvre. Die prachtvollen Gärten vom Parc du Champ de Mars, rund um den Place des Invalides und vom Jardin des Tuileries gliedern den Kernstadtbereich.

Unterschiedliche Grau- bis Weißtöne geben in dieser ERS-Radaraufnahme Aufschluß über die Verbauungsdichte von Paris. Das Bild entstand durch die Kombination dreier Nachtaufnahmen, die im Mai 1997 und im Dezember 1997 und 1998 aufgenommen wurden.

Sozialräumliche Strukturen

Gleichzeitig befindet sich auch der Kernstadtbereich abseits der großen Prestigebauten im Umbruch. Von Haussmann in den 60er-Jahren des 19. Jahrhunderts in weiten Teilen radikal umgestaltet, ist der Stadtkörper sowohl hinsichtlich seiner Baustruktur als auch in seiner sozialräumlichen Differenzierung in zwei Hälften geteilt. Während im Westen rund um den Arc de Triomphe und in den inneren Bezirken bis zum revitalisierten Adelsviertel des Marais Spitzenpreise auf dem Immobilienmarkt erzielt werden, gilt der Ostteil als traditioneller Ungunstraum der Stadt. Von den 1,322.500 Pariser Wohnungen weisen 58% nur einen oder zwei Räume auf - ein Erbe aus der spekulativen Bautätigkeit der 2. Hälfte des 19. Jahrhunderts, als im Zuge der Industrialisierung in den östlichen Pariser Arrondissements Miethäuser für die Arbeitskräfte entstanden sind. In Anknüpfung an die Methode der Abbruchsanierung unter Haussmann hatte man ab den 60er-Jahren in den Arbeitervierteln begonnen, ganze Straßenzüge zu beseitigen und durch Hochhausbauten zu ersetzen.

Ergebnis dieser Reorganisation der inneren Stadt war die Absiedelung der weniger privilegierten Bevölkerungsschichten. Mit Fortschreiten der Sanierungstätigkeit, die in der Regel mit einer kompletten Auswechslung der Sozialstruktur verbunden ist, treten auch sie den Weg in die Großwohnsiedlungen der Banlieues an, wo die Jugendarbeitslosigkeit mittlerweile dramatische Ausmaße erreicht hat und die Bereitschaft zu Gewalttätigkeiten zunimmt.

Das Quartier Latin mit seinen Universitäten, Elite-Gymnasien, Fachhochschulen, Instituten und Bibliotheken gilt als das geistige Zentrum Frankreich. An der Spitze der angesehensten Bildungseinrichtungen steht allerdings nicht mehr die Sorbonne als eine der ältesten Universitäten Europas, sondern die „Grandes Ecoles", Hochschulen mit rigiden Selektionskriterien, welche die administrative, technische und wirtschaftliche Elite des Landes ausbilden (z.B. Ecole Normale Supérieure, Ecole National d'Administration – ENA, Ecole Nationale des Ponts et Chaussées). Doch auch im Bildungsbereich machen sich Dekonzentrationserscheinungen bemerkbar. Die Sorbonne mit ihren zahlreichen Teiluniversitäten sowie selbständige Universitäten rund um die Kernstadt (z.B. Nanterre, Creteil) bilden ein dichtes Netz von Hochschulstandorten, die durch einen neuen Wissenschaftspark auf dem Plateau von Saclay im Südwesten der Agglomeration Konkurrenz erhalten.

△▷
Überblick über Paris entlang der Seine Richtung Nordosten, im Hintergrund der Eiffelturm.

Perspektiven der Stadtentwicklung

Die Zukunft der Pariser Kernstadt scheint in der Reduktion ihrer Funktionen auf die kulturelle Repräsentation zu liegen, während sich die Dynamik der international handelbaren Dienstleistungen in die Wachstumspole außerhalb von Paris verlagert. Die Flughäfen, besonders Roissy im Norden, entwickeln sich zu neuen Wirtschaftszentren, die sich vom Funktionsangebot der Innenstadt zunehmend abkoppeln. Das 1994 verabschiedete Planungsinstrument Schéma directeur de la région Ile-de-France definiert zwar klare Ziele für die in den einzelnen Départements erforderlichen Wohn- und Arbeitsstätten, doch bleibt das Problem der zunehmenden Konkurrenz bzw. der Aufgabenteilung zwischen Paris und den neuen Entwicklungszentren des Agglomerationsraumes ungelöst.

Michaela Paal

Ein zentraler Punkt in Paris ist der Place Charles de Gaulle (auch als „Étoile" – „Stern" bezeichnet) mit dem Arc de Triomphe. Von ihm gehen 12 radiale Straßen und Boulevards aus, die von Haussmann angelegt wurden.

ROM

„Rom ist eine Welt, und es würde Jahre dauern, ein echter Bürger der Stadt zu werden. Glücklich die Reisenden, die einen Blick auf Rom werfen und wieder abreisen.“

Johann Wolfgang von Goethe

Unter allen Hauptstädten der Erde nimmt Rom als Sitz zweier voneinander komplett unabhängiger Residenzen eine Sonderstellung ein. So residiert auf dem Vatikan der Papst als Oberhaupt des römisch-katholischen Christentums, der Präsident der Republik Italien hat seine Residenz auf dem Quirinal.

Rom ist die Hauptstadt Italiens und der Provinz Latium. Die Campagna Romana, die hügelige, aus den vulkanischen Tuffen und Lavadecken der benachbarten Albanerberge Monte Cimini sowie des Bracciano-Kraters aufgebaute Umgebung Roms zwischen dem Tyrrhenischen Meer und dem Apennin, wird von Tiber und Aniene durchzogen.

Stadtentwicklung im Wandel der Geschichte

2.500 Jahre Geschichte erweisen sich für Rom vielfach als eine schwere Erblast und haben in sehr vielen Fällen Ansätze einer modernen Stadtplanung und Stadtentwicklung blockiert.

Zur Zeit der Römischen Republik (200 v.Chr.) lebten cirka 500.000 Menschen in Rom. Während der Kaiserzeit (100 v.Chr.) expandierte Rom zur prachtvollsten Stadt der Welt (roma caput mundi). Im Mittelalter (10.–12. Jhd.) zählte Rom hingegen nur wenige tausend Einwohner. Fortgesetzte Kämpfe zwischen Papst und Kaiser, Kriege mit Eindringlingen und ständige Fehden zwischen den Adelsgeschlechtern vernichteten die letzten Überreste des einstigen Weltzentrums. Rom versank in Elend und Armut. Im Kampf um die Einheit und Freiheit wurde Rom 1871 plötzlich zur Hauptstadt ganz Italiens, eines bisher nur geographisch und als Kulturgemeinschaft faßbaren, nicht aber

Rom beherrscht eine weite Aufschüttungsebene, die sich zum Mittelmeer hin absenkt. Im Osten wird sie von den Bergen des Apennins umgeben, südlich von Rom erhebt sich die prähistorische Vulkanlandschaft der Albaner Berge. Die Stadt entstand beiderseits des Tiber Flusses.

△
Die Satellitenaufnahme erlaubt einen faszinierenden Blick auf die bedeutendsten Bauten und Plätze Roms: die Vatikanstadt, die am Tiber gelegene, befestigte Engelsburg, das historische Zentrum mit dem anschließenden Park Villa Borghese und dem Forum Romanum.

politisch geeinten Raumes. Die Stadt glich aber mit nicht einmal 220.000 Einwohnern eher einer Kleinstadt mit ländlichem Charakter. Roms eigentliche Expansion begann erst nach 1945. Zunächst war die Landflucht nach dem II. Weltkrieg das auslösende Moment, später zogen die Vorbereitungen auf die Olympischen Spiele im Jahr 1960, die einsetzende Industrialisierung im Norden, vor allem aber die öffentliche Hand als Arbeitgeber (cirka 50% der Erwerbstätigen) die Menschen an. Seit 1950 griff die Bebauung – den Konsularstraßen folgend – in alle Richtungen aus. Da einige von ihnen bevorzugt wurden, entstand die Gestalt eines X mit den Armen nach Nordosten, Südwesten, Südosten und Nordwesten. Seit Kriegsende hat sich der Radius des Stadtgebietes von 10 auf über 20 km verdoppelt und die bebaute Fläche mehr als vervierfacht. Viele sprachen in diesem Zusammenhang von einer „chaotischen Expansion" oder von Rom als „città diffusa".

Die funktionale Gliederung im Zentrum

Rom gilt allgemein als die Stadt der Regierung, der Verwaltung, des Tourismus und der Kultur. Mehr als ein Drittel aller Erwerbstätigen arbeitet im öffentlichen Dienst, bei staatlichen oder städtischen Organisationen, beim Vatikan oder bei den UN-Behörden FAO (Food and Agriculture Organization), WFP (World Food Programme) und IFAD (International Fund for Agricultural Development). Eine funktionale Gliederung des Zentrums von Rom vorzunehmen ist nur nach historischen Gesichtspunkten sinnvoll. Eine funktionale Gliederung der Stadt beziehungsweise der Stadtregion zu erstellen ist und bleibt eine Illusion.

▷
Das Kolosseum wurde im Jahr 80 n. Chr. fertiggestellt. Durch seine ergonomische und effiziente Bauweise konnten 50.000 Menschen in weniger als 15 Min. das Stadium füllen.

St. Peter – Zentrum des Vatikanstaates und seit 2000 Jahren Mittelpunkt der Katholischen Kirche.

Südlich des Kapitols befindet sich die archäologische Zone, die bis zur Porta San Sebastiano reicht. Dieser Distrikt zieht nicht nur die Touristen sondern vor allem den Verkehr magisch an. Extrem hohe Luftverschmutzung und täglicher Smogalarm in den Sommermonaten sind die Folge.

Das kulturelle Spektrum der Stadt verdeutlichen die staatliche Universität (Città Universitaria), die Katholische Universität für Medizin (Università Cattolica del Sacro Cuore), die Internationale Universität für Sozialstudien „Pro Deo" und die päpstlichen Universitäten mit der Jesuitenhochschule Gregoriana an der Spitze. Daneben gibt es eine Reihe von Hoch- und Fachschulen, Akademien, Gesellschaften sowie eine Reihe ausländischer wissenschaftlicher Institute. Fachbibliotheken – darunter die Nationalbibliothek mit etwa 2,3 Millionen Büchern – rund 30 Theater, Orchester und Oper komplettieren das kulturelle Angebot dieser Stadt.

Der „römischste" Teil der Stadt ist der Renaissancebereich im Tiberbogen, lebt vor allem durch seine typischen Märkte, Trattorien und Plätze. Als die „dritte Stadt in der Stadt" ist die City zu nennen. Sie gilt als das hauptstädtische oder symbolische, auf jeden Fall aber überlastete Zentrum des 21. Jahrhunderts mit Behörden, Banken, Direktionssitzen der Unternehmen, Kaufhäusern, Boutiquen und Hotels zwischen Corso, Porto Pia und Termini.

So befinden sich die meisten Zentralbehörden östlich des Corso und nördlich von San Maria Maggiore. Dieser Distrikt ist in jeder Hinsicht überlastet, was sich fast alltäglich durch das Verkehrschaos und die hohe Luftverschmutzung in den engen Straßen äußert.

Das Arbeiter- und Studentenviertel San Lorenzo, das zentral in der Nähe des Hauptbahnhofs liegt, hat in den letzten Jahren eine positive Wandlung durchgemacht. Dank Universität und Künstler-Zuzug erwachte es zu neuem Leben, entwickelte sich unbeeindruckt vom Glanz und Touristenrummel im „centro storico" und gilt nun als ein "Greenwich village alla romana" mit Studentenlokalen, Museen und Nachtclubs.

Das E. U. R. (Esposizione Universale di Roma) – Viertel

Die Errichtung des E.U.R.-Viertels war der Versuch einer Dezentralisierung zwischen historischem Kern und Meer. Um im Rahmen der geplanten, jedoch durch den II. Weltkrieg vereitelten Weltausstellung im Jahre 1942 das moderne Italien zu präsentieren, ließ Mussolini zahlreiche Kirchen und mittelalterliche Häuser abreißen, um ein „drittes Rom" zu erschaffen.

Wirft man einen Blick auf den heutigen Stadtplan, so sieht man folgendes Bild: eine Verschmelzung antiker Elemente mit moderner, zukunftsweisender Architektur in Form eines Rechteckgrundrisses mit senkrecht zueinander verlaufenden Prachtstraßen, an deren Ende imponierende Gebäude stehen. Der Krieg ließ nicht viel davon übrig. 1951 begann der Wiederaufbau dieses Viertels. Inzwischen ist die Flächennutzung mannigfaltig: mit öffentlichen, politischen und kulturellen Einrichtungen, mit Hotels, Schulen und mit Sportstätten aus der Zeit der Olympischen Spiele.

Eindrucksvoll sind der künstliche See und das Vorherrschen von Grünflächen. Die Platanen-bestandene Viale Europa lädt zum Bummeln, Shopping oder Verweilen in gemütlichen Restaurants ein. Heute gilt dieses Viertel als ein angenehmes und von den Römern beliebtes Wohn- und Arbeitsviertel.

Es gab immer wieder Pläne für eine „Reorganisation" von Rom. Viele wurden aber niemals mit Erfolg realisiert. Aber immerhin ist der im Abstand von 10 km vom Stadtzentrum verlaufende Autobahnring seit Jahren vollendet, der Flughafen Fiumicino ist an das Auto- und Eisenbahnnetz angeschlossen und eine Umfahrungsautobahn im Osten der Stadt gebaut worden. Für das „Heilige Jahr" 2000 fand eine umfassende Erneuerung der historischen Bausubstanz statt.

Laut Erhebungen der römischen Stadtverwaltung besuchen alljährlich an die 6 Mio. Besucher die Stadt Rom, etwa zwei Drittel davon aus dem Ausland. Amerikaner, Japaner und Deutsche führen die Statistik an. Im Jahr 2000 waren es über 30 Mio. Gäste, die der Stadt einen Übernachtungsrekord beschert haben.

Die Hauptstadt erscheint noch immer als isolierter Fremdkörper innerhalb des räumlichen Zusammenhanges. Rom besitzt kein wirtschaftlich aktives Umland und Hinterland und keinen Ballungsraum, der mit Mailand oder Neapel vergleichbar wäre.

Die heutige Diskussion um Global Cities betont die Bedeutung der Weltstädte für die globale Wirtschaft. Weltstädte werden als die Gravitationszentren ländergreifender Wirtschaftsräume verstanden. Zieht man zur Bewertung die Zahl der Zentralen der 100 größten Unternehmen der Welt heran, liegt Mailand (mit 30 Unternehmen) klar vor Rom.

Gerhard Popp

In ERS-Radaraufnahmen prägen sich, obwohl durch die Aufnahmetechnologie geometrisch verzerrt, geologische und morphologische Strukturen besonders gut aus. Südlich von Rom – in der Bildmitte – erhebt sich die Vulkanlandschaft der Albaner Berge mit ihrem 20 km weiten Ringwall, zwei Kraterseen und dem 956 Meter hohen zentralen Kegel des Mte. Faete. Besiedlungsdichte und landwirtschaftliche Nutzung sind deutlich interpretierbar.

RUHRGEBIET

„Motor des Wiederaufbaus", „ein starkes Stück Deutschland" oder „Krisenregion"? Das Bild vom Ruhrgebiet ist so widersprüchlich wie bei kaum einem anderen Ballungsraum.

Mit einer Ost-West-Ausdehnung von ca. 100 km und ca. 60 km in Nord-Süd-Richtung erstreckt sich das Ruhrgebiet über drei große Naturlandschaften: im Süden reicht es bis ins Rheinische Schiefergebirge, im Westen reicht es weit in das durch die Aufschüttungen des Rheins geprägte niederrheinische Tiefland und im Norden in die durch eiszeitliche Ablagerungen geprägte Westfälische Tieflandsbucht.

Das Ruhrgebiet ist mit seinen etwa 5,4 Mio. Einwohnern noch vor Berlin (4,4 Mio.) der größte Agglomerationsraum in Deutschland. Doch das Ruhrgebiet hat keine einheitliche Verwaltung mit fest umrissenen Zuständigkeiten, es besteht aus 11 kreisfreien Städten und 4 Kreisen mit 53 Kommunen, die auf der übergeordneten Verwaltungsebene drei verschiedenen Regierungsbezirken zugeordnet sind. Das Ruhrgebiet ist damit eine Stadtregion, die im Unterschied zu vielen anderen Verdichtungsräumen nicht von einem einzigen metropolitanen Kern dominiert, sondern durch mehrere in etwa gleich große Städte geprägt wird, von denen lediglich Essen (600.000 Ew.), Dortmund (590.000 Ew.) und Duisburg (520.000 Ew.) mehr als eine halbe Mio. Einwohner haben.

Kohle als Grundlage des Wachstums

Die Grundlage für die Entwicklung des Ruhrgebiets zu einem industriellen Ballungsraum bildeten die riesigen Kohlevorkommen der Region. Der Urbanisierungsprozeß setzte in der Mitte des 19. Jahrhunderts ein, und durch den enormen Arbeitskräftebedarf, der nur durch Zuwanderungen gedeckt werden konnte, kam es in der 2. Hälfte des 19. Jahrhunderts zu einem rasanten Bevölkerungs-

▷
Eines der neugebauten großen Einkaufs- und Freizeitzentren im Ruhrgebiet („Zentro" bei Oberhausen).

wachstum: während 1858 erst 474.000 Menschen im Ruhrgebiet lebten, wurden im Jahr 1905 bereits 2,6 Mio. gezählt. Die städtebauliche Entwicklung wurde allein von den Interessen der Industrie bestimmt. Dadurch entstand insbesondere im bis dahin noch durch kleine Dörfer und Landwirtschaft geprägten nördlichen Teil die auch heute noch charakteristische Siedlungsstruktur, die durch eine dichte Gemengelage von Bergwerken, Industrieanlagen, Wohngebieten und Verkehrswegen sowie das Fehlen von Freiflächen geprägt ist.

Nach dem II. Weltkrieg führten der Wiederaufbau und das „Wirtschaftswunder" kurzfristig erneut zu einer hohen Nachfrage von Kohle, Eisen und Stahl, sodaß in den 50er-Jahren sowohl die dominierenden Industriezweige als auch die Bevölkerung erneut stark wuchsen. Doch bereits Ende des Jahrzehnts zeigten sich die ersten Symptome einer regionalen Krise, als die Nachfrage von Ruhrkohle infolge der zunehmenden Substitution durch Öl und billigere Importkohle deutlich zurückging. Die Situation verschärfte sich dann Mitte der 70er-Jahre, als mit der Stahlindustrie die zweite Säule der Ruhrwirtschaft in eine Krise geriet, die durch globale Restrukturierung dieses Industriezweiges ausgelöst wurde. Bis heute gingen allein im Bergbau und in der Eisen- und Stahlindustrie etwa 500.000 Arbeitsplätze verloren. Die Wirtschafts- und Beschäftigtenentwicklung des Ruhrgebietes koppelte sich in zunehmendem Maße von der allgemeinen Entwicklung in Westdeutschland ab: während Mitte der 60er-Jahre noch 10% der Bruttowertschöpfung und 8,8% der Beschäftigten in Westdeutschland auf das Ruhrgebiet entfielen, beliefen sich diese Anteile Anfang der 90er-Jahre jeweils nur noch auf 7,3%.

◁
Das Ruhrgebiet, Deutschlands dichtestes Industriegebiet, besteht aus einer Vielzahl ineinander übergehender Städte, die zur „Megalopolis" zusammengewachsen sind. Im Bild von rechts oben nach links unten die Städte Gelsenkirchen, Bottrop, Essen, Oberhausen, Duisburg, Krefeld, Düsseldorf und Neuss.

Strukturwandel 1961–2001

Die Zahl der Einwohner des Ruhrgebietes ist seit 1961 von 5,7 Mio. auf 5,4 Mio. im Jahre 1999 zurückgegangen, wobei es gleichzeitig innerhalb des Ruhrgebietes zu einer starken Bevölkerungsverlagerung von großen Städten im Kern (minus 570.000 Ew.) in die suburbane Randzone - (plus 295.000 Ew.) gekommen ist. Während dieser Suburbanisierungsprozeß vor allem von der Abwanderung der deutschen Bevölkerung getragen war, nahm insbesondere in den Kernstädten der Anteil der ausländischen Bevölkerung durch Zuwanderungen und höhere Geburtenraten deutlich zu. Insgesamt erhöhte sich der Anteil der ausländischen Bevölkerung an den Einwohnern des Ruhrgebietes von 1980 bis zum Ende der 90er-Jahre von 8% auf 11,5% und liegt damit deutlich niedriger als in vielen anderen westdeutschen Ballungsräumen.

Insgesamt hat der wirtschaftliche Strukturwandel der vergangenen Jahrzehnte zu einer zunehmenden Polarisierung innerhalb des Ruhrgebietes geführt: Im südlichen Teil wurden bereits in den 60er-Jahren zahlreiche Zechen geschlossen, und es gelang damals teilweise noch, auf den vom Bergbau aufgegebenen Flächen neue industrielle Großbetriebe anzusiedeln. Auch sind hier in dieser Zeit insgesamt fünf neue Universitäten errichtet worden, in deren Umfeld dann ab Mitte der 80er-Jahre zahlreiche Technologiezentren und Unternehmen der High-Tech-Industrie entstanden. Gleichzeitig konzentrierte sich die Expansion des Dienstleistungssektors im Ruhrgebiet vor allem auf die im südlichen Teil gelegenen städtischen Zentren.

Im nördlichen Teil, der sogenannten Emscherzone, führte die weitreichende De-Industrialisierung aufgrund der für das Ruhrgebiet typischen engen Kopplung von Wohnung und Arbeitsplatz durch Werkswohnungen dazu, daß insbesondere die in der Nähe der Industrieanlagen liegenden Stadtteile durch hohe Arbeitslosenraten und damit einhergehende Kaufkraftverluste in eine Abwärtsspirale gerieten. Niedergang stadtteilbezogener Einzelhandelseinrichtungen, der Verfall der Bausubstanz, die selektive Abwanderung und die zunehmenden sozialen Probleme waren die Folge. Da die betroffenen Städte aufgrund ihrer prekären Finanzsituation oftmals nicht in der Lage sind, diesen Verfallsprozessen entgegen zu steuern, werden sie seit Mitte der 90er-Jahre vom Land Nordrhein-Westfalen durch ein spezielles Förderprogramm dabei unterstützt, die ökonomische und städtebauliche Situation in solchen ‚Stadtteilen mit besonderem Erneuerungsbedarf' wieder zu verbessern. *Benedikt Deilmann*

Industrieanlagen in Bottrop, Nordrhein Westfalen, mit der Stadt Essen im Hintergrund

WIEN

Über Jahrhunderte das Zentrum eines Weltreiches, zählt die Stadt heute nicht zu den Megacities dieser Welt. Vielmehr ist Wien eine „Stadt für die Welt" in einer weitgefaßten Bedeutung.

Mit der Entstehung des römischen Legionslagers Vindobona ist der Grundstein für die heutige Stadt Wien gelegt worden. Im Mittelalter wurde die Stadt Drehscheibe des europäischen Verkehrs, begünstigt durch seine geographische Lage an der Donau, die aus den Alpen kommend weit in die pannonische Tiefebene hineinreichte. Transkontinentale Fernhandelsrouten kreuzten sich in Wien, die das nördliche Europa mit der Adria sowie den mitteleuropäischen Raum mit dem südöstlichen Europa bis hin zum Schwarzen Meer verbunden haben. Salz, Wein, Holz, Getreide, Bernstein, Gewürze und Textilien wurden durch Wien transportiert und auch dort gehandelt.

Nach dem I. Weltkrieg erlebte Wien eine markante Zäsur. Es war nicht mehr die Reichs- und Residenzhauptstadt einer europäischen Großmacht, sondern Hauptstadt eines auf 6 Mio. reduzierten Kleinstaates. Arbeitslosigkeit, soziale Desorganisation und Wohnungsnot regierten in der Stadt. Die Einwohnerzahl ging von über 2,2 Mio. im Jahr 1914 auf 1,7 Mio. im Jahr 1939 zurück.

Die Errichtung des Eisernen Vorhanges und die politische Zweiteilung Europas drängte Wien an den Rand der westlichen Welt, eine Euro-Metropole im östlichen Europa, mit einem begrenzten Hinterland und ungünstigen Entwicklungsperspektiven. Erst mit der Wende 1989/90 veränderten sich die geopolitischen Lagebedingungen für Wien tiefgreifend. Die Stadt rückte wieder näher in das Zentrum des europäischen Städtesystems und die traditionell ungünstigen Faktoren für den Wirtschaftsstandort Wien, wie die Lage an der „toten" Grenze und das Fehlen von größeren Absatzmärkten, wurden in positive Entwicklungschancen verwandelt.

Funktionale Struktur und städtische Lebensqualität

Wien ist eine einigermaßen symmetrisch gewachsene Stadt, mit einem historischen Kern und konzentrischen Wachstumsringen. Der Kern, die Innere Stadt, wird von einer Ringstraße abgeschlossen, welche einen breiten Boulevard und eines der prächtigsten Ensembles von klassizistischen Kunstdenkmälern Europas darstellt. Die Innere Stadt bildet den Central Business District (CBD). Viele Ministerien, die Arbeitsräume des Bundespräsidenten, ungezählte Zentralverwaltungen von Industrie- und Dienstleistungsunternehmen, die Universität, die Akademie der Wissenschaften, das Burgtheater, die Oper, viele Museen, schlicht alles, was Macht und Prestige in der Republik besitzt, ist im CBD vertreten. Die Innere Stadt bildet noch immer – trotz der Versuche, eine polyzentrische Stadtstruktur zu erreichen – den herausragenden Mittelpunkt. Dazu trägt auch das gut entwickelte öffentliche Transportsystem bei, welches sternförmig auf den CBD ausgerichtet ist und damit die Erreichbarkeit der Inneren Stadt stark fördert.

Der zweite Ring um die Stadt, der Gürtel, ab 1870 als Boulevard des Proletariats konzipiert, zählt heute zu den planerischen Problemgebieten. Eine extrem hohe Verkehrsbelastung, gepaart mit der Abwanderung der sozialen Mittelschicht und der Zuwanderung von ausländischer Wohnbevölkerung hat zu einem Mangel an notwendigen Investitionen in den gründerzeitlichen Baubestand geführt. Der Verfall der baulichen Struktur und ein sozialer Abwertungsprozeß waren und sind die Folgen.

Zwischen der Ringstrasse und dem Gürtel dominieren Wohnfunktion und gemischte Funktionen (Wohnen, Gewerbe, Einzelhandel). Die Bezirke zwischen der Ringstraße und dem Gürtel gelten als gute, teilweise sogar als sehr gute Wohnbezirke, wobei ein zentral-peripherer Gradient auffällig ist: Wer nahe der Ringstraße wohnt, der genießt ein höheres Sozialprestige als der, der in der Nähe des Gürtels eine Wohnung gemietet oder gekauft hat (außerhalb des Gürtels ist es umgekehrt: je weiter am Stadtrand, desto „nobler"). Die Bezirke außerhalb des Gürtels sind baulich, funktionell und sozial sehr viel heterogener als die Bezirke innerhalb des Gürtels. In den westlichen äußeren Bezirken dominiert die Wohnfunktion. Die Verbauung stammt größtenteils aus dem 19. Jahrhundert, der Anteil der Bauten aus der Zwischen- oder Nachkriegszeit ist relativ gering. Die Bezirke im Osten und Südosten der Stadt weisen dagegen eine deutlich jüngere Verbauung auf. Der mit

Wien liegt am östlichen Ende der Alpen direkt an der Donau, am Schnittpunkt großer Verkehrswege. Hier entsteht in den Köpfen der Planer zur Zeit die nächste Megalopolis: die Entwicklungsachse Wien – Preßburg.
Die Innenstadt von Wien aus 681 km Höhe gesehen.

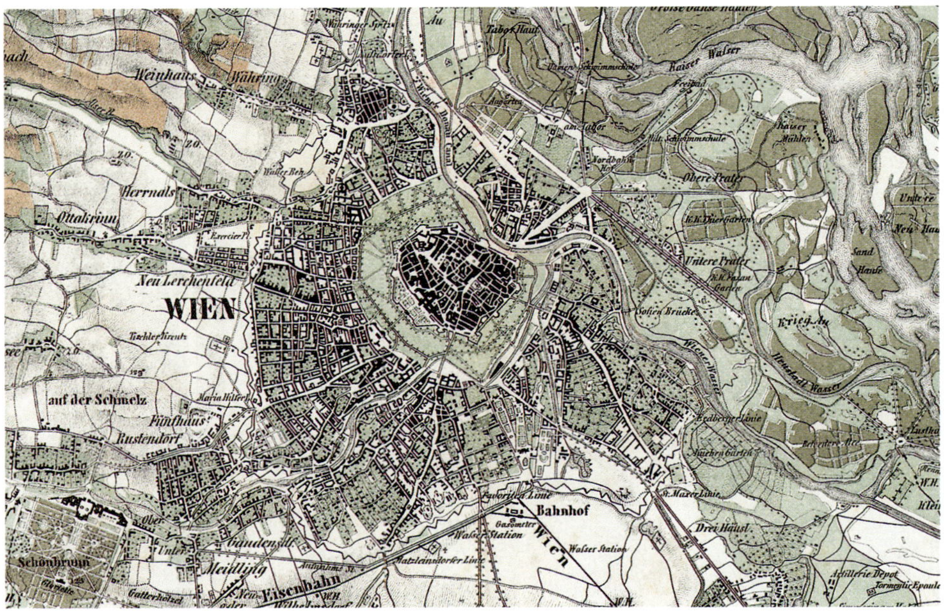

Wien um 1847, die Innenstadt ist noch von der Stadtmauer umgrenzt.

Die in der Karte aus dem 19. Jahrhundert noch in ihrem natürlichen Überschwemmungssgebiet mäandrierende Donau wurde zwischen 1869 und 1875 kanalisiert. Die „zweite" Donau, das Donauentlastungsgerinne, entstand in den 70er und 80er Jahren des 20. Jahrhunderts.

öffentlichen Geldern unterstützte Wohnungsbau dominiert. Dazu kommen die städtebaulichen Prestigeprojekte (z.B. die Donaucity), die nicht nur aufgrund des wachsenden Wohn- und Büroflächenbedarfs notwendig sind, sondern auch Wien als moderne Metropole inszenieren sollen.

Um die äußeren Bezirke und damit auch schon außerhalb des Stadtgebietes schließt sich als dritter Kranz eine „Zone of urban growth". Suburbanisierung kennzeichnet auch die Stadtentwicklung Wiens. Sie hat zu einem rapiden Wandel der ehemals landwirtschaftlich geprägten Dörfer im Umland von Wien geführt. Shopping Centers, Wohnhausanlagen und Einfamilienhäuser wurden am Stadtrand errichtet, Industrie- und Dienstleistungsunternehmen auf die ehemals agrarisch genutzten Flächen verlagert. Die Stadt wächst über ihre Grenzen hinaus in das Umland, und besonders im Süden der Stadt läßt sich eine ausgeprägte „ribbon development" entlang des Alpenostrandes feststellen.

Chancen und Risiken

Die bevorstehende EU-Erweiterung wird den politischen und ökonomischen Raum der Union bis an die Grenze zu Ukraine und Weißrußland ausdehnen. Das östliche Europa wird als Absatzmarkt und Produktionsstandort an Bedeutung gewinnen. Wien hat dabei gute Chancen, jene Unternehmen und Unternehmensteile aufzunehmen, die grenzüberschreitende Handels- und Produktionssysteme kontrollieren und verwalten. Dafür sprechen die Nähe zu den Märkten, die Qualität der Infrastruktur, die gute Erreichbarkeit der Stadt mit Bahn, Auto und Flugzeug, ein qualifiziertes Arbeitskräfteangebot sowie „weiche" Standortfaktoren. Wien ist eine sichere Stadt, die Kriminalität ist gering, die Qualität der schulischen und medizinischen Versorgung ist hoch, und die Möglichkeiten der Freizeitgestaltung in der Stadt und im Stadtumland sind vielfältig. *Heinz Fassmann*

▷
In den 80er Jahren des 20. Jahrhunderts versuchte der Wiener Künstler und Architekt Friedensreich Hundertwasser, das Stadtbild fröhlicher zu gestalten. Es blieb bei einigen Versuchen.

▷▷
Der strenge Stil geometrischer Büro- und Wohnhäuser im Erweiterungsring um Wien setzte sich durch. Hier der Wohnpark Alt-Erlaa von Harry Glück

CAIRO

Vom Weltraum aus gesehen konzentriert sich das Auge des Betrachters viel eher auf den großen Kontrast zwischen dem fruchtbaren Delta und der kargen Wüste als auf Cairo mit seinen 12–14 Millionen Einwohnern. Eine Zahl, die stetig wächst...

Die ägyptische Hauptstadt Cairo liegt am Übergang des engen Niltals zum sich vor ihr ausbreitenden Nildelta, unterhalb Cairos teilt sich der Fluß in zwei Arme. An dieser strategisch wichtigen Stelle errichteten altägyptische Herrscher ihre Hauptstadt Memphis, oberhalb des Niltals am Gizeh Plateau die zugehörige Totenstadt. Unter römischer Herrschaft entstand südlich des heutigen Cairos die Festung Babylon, die 641 BC durch arabische Heere zerstört wurde. Sie errichteten eigene Städte, u.a. Cairo, auch als „Mutter der Welt" bezeichnet, das sich zur größten Stadt des mittleren Ostens und Afrikas entwickelte. Die Stadt vereint die ruhmreiche Vergangenheit einer arabischen Hauptstadt mit dem gegenwärtigen raschen, ohne wesentliche wirtschaftliche Ressourcen erfolgenden Wachstum. Die letzten tausend Jahre hing das Schicksal Cairos von wirtschaftlichen und politischen Kräften auf lokaler und globaler Ebene ab.

Ursprünglich als ein fatimidisches Militärlager gegründet, wuchs Al Qahira (arabisch: „die Siegreiche") im - 13. Jahrhundert zu einem bedeutendem Welthandelsplatz und einer der größten Weltstädte heran. Im 18. Jahrhundert verlor die Stadt ihre wirtschaftliche Position und blieb in ihrer technologischen Entwicklung zurück. Erst 1952 wurde Ägypten mit dem Sturz des Königs ein unabhängiges Land, das sozialistische Wirtschaftsmethoden übernahm, um so die Situation der armen Bevölkerung zu verbessern. In den letzten Jahrzehnten strebte Ägypten die freie Marktwirtschaft an. Als politische und ökonomische Hauptstadt Ägyptens steht Cairo im Mittelpunkt dieser Veränderungen. Bei einer eingehenden Betrachtung der Stadtlandschaft zeigt sich der Stempel der geschichtlichen Entwicklung.

Wachstum und räumliche Ausdehnung

Die Medina von Cairo mit dem traditionellen islamischen Stadtbild wurde durch die Armee der Fatimiden gegründet. Das fatimidische Cairo, ursprünglich als Heerlager gebaut, zeigt die typischen Strukturen einer islamischen Stadt, mit einer großen Moschee Al Azhar, der die älteste Universität der Welt angegliedert ist. 970 AD gegründet, ist sie weltweit eines der einflußreichsten Zentren für islamische Studien.

Ursprünglich mit einer Mauer mit 32 Toren, von denen nur drei erhalten sind, umgeben, lag Cairo am Schnittpunkt der großen Handelswege zwischen Afrika, Europa und Zentralasien. Der Wohlstand der Stadt wuchs. Paläste und große Häuser spiegelten die politische und wirtschaftliche Kraft seiner Oberschicht wieder. Wikhalas, mächtige Gebäude mit großen Warenspeichern und Herbergen, empfingen die Händler und Kaufleute. In seiner Blütezeit war Cairo eine der meistbevölkerten Städte, nur von chinesischen Städten übertroffen. Heute nimmt der klassisch islamische bzw. fatimidische Stadtteil nur einen kleinen Teil der Metropole ein. Lange vor dem 19. Jahrhundert hatte die Stadt ihre Mauern schon gesprengt und sich über Acker- und Marschland zwischen Medina und

Auf der Höhe der Altstadt von Cairo teilt sich der Nil in zwei Arme. Auf der dazwischen liegenden Insel Gezire wurden Ende des 19. Jahrhunderts ein Park und Luxushotels eingerichtet.

▷
Ziegel für den Aufbau der rasch wachsenden Stadt werden industriell aus Nilschlamm gebrannt. Fellachen verkaufen ihren Boden.

▷▷
Um die Pyramiden entwickelten sich über lange Jahre wilde Siedlungen. Sie wurden beseitigt, das Land wird geplant erschlossen.

Nil über den Fluß in Richtung Gizeh nach Westen ausgedehnt. Das moderne Cairo entspricht einer europäischen Stadt, deren Erweiterung Villen, Barockpaläste und breite Boulevards à la Haussmann bestimmten. Private Architekten bauten Residenzen mit Gartenanlagen nach europäischem Vorbild, ein Opernhaus und Theater wurden errichtet, Hotels für europäische und amerikanische Touristen beherrschten das Stadtbild von Cairo im 19. und frühen 20. Jahrhundert. Schließlich wurde Cairo, wie viele Kolonialstädte, zu einer Stadt mit zwei Gesichtern, mit traditionellen und modernen Vierteln.

Als Ägypten 1652 ein selbständiger Staat wurde, war Cairo mit weniger als 2,5 Mio. Einwohnern noch klein. Am Westufer des Nils wurde hauptsächlich Landwirtschaft betrieben, es gab nur vereinzelt kleinere Siedlungen. Während der nächsten Jahrzehnte überschwemmten jedoch Zuwanderer aus ländlichen Gebieten die Stadt, gleichzeitig nahm die ursprüngliche Stadtbevölkerung rapide zu. 1976 lebten bereits 5 Mio. Menschen in Cairo. Die gerade unabhängig gewordene sozialistische Regierung errichtete überall riesige Gebäudekomplexe, um der Wohnungsnot Herr zu werden. Selbst auf freien Plätzen und Grünflächen wurden in der eigentlichen Stadt Hochhauswohnblocks errichtet, ebenso an der Peripherie, wo z.B. die Nasser Stadt errichtet wurde.

Zwei Haupttransportwege gaben die Richtung für die Stadtentwicklung an. Die Pyramidenstraße nach Gizeh in Richtung Westen und die Straße zum internationalen Flughafen nach Osten. Trotzdem war die periphere Entwicklung in dieser Zeit eher begrenzt, da das um-

Zahlreiche Hochhäuser und die Minarette der etwa 500 Moscheen prägen heute die charakteristische Silhouette der Megacity am Nil.

schließende, der Regierung gehörende Wüstenland meist für militärische Zwecke genutzt wurde. So engte ein „khaki belt“ (sog. gelber Gürtel) die räumliche Ausdehnung der Stadt ein. Das Stadtgefüge hingegen wurde immer dichter. Trotz der Bemühungen der Regierung Cairo zu dezentralisieren, gelang es bis in die späten 90er-Jahre nur zu einem geringen Teil, in der Wüste Siedlungsflächen anzulegen. In den 70er-Jahren gab es einen Regierungserlaß zum Bau von Satellitenstädten bzw. neuer Städte in der Wüste, um die Menschen aus der übervölkerten Stadt umzusiedeln. So gab es Pläne zur Errichtung solcher Satellitenstädte mit 500.000 bis 1 Mio. Einwohner. Aufgrund schlechter Zubringerdienste und hoher Wohnungspreise konnten diese Städte trotz wirtschaftlicher Erfolge aber nicht genügend Menschen anziehen. Die unmittelbar neben Cairo liegenden Städte „6. Oktober“ und „10. Ramadan“ waren am erfolgreichsten. Im Rahmen eines Wirtschaftsreformplanes wurde in den 90er-Jahren die Bauaktivität verringert, durch Privatisierungen übernahmen Privatfirmen die Aufgabe das Wachstum von Cairo zu steuern. Sie nutzten die bereits bestehende Infrastruktur wie Straßen, um die ehemals „neuen“ Städte zu Knotenpunkten einer „high end“ Vorstadtentwicklung zu machen. Exklusivste Vereine, erschwinglich nur für die Reichsten von Ägypten (etwa 1% der Bevölkerung) bieten Golfplätze, errichtet auf bewässertem Wüstenland. Seit der Abschaffung des „gelben Gürtels“ wird überall in Cairos Wüstenumgebung gebaut. Auf diese Weise kündigt sich eine Verlagerung von Cairos eigentlichem Wirtschaftsmittelpunkt an, so ist z.B. die American University of Cairo bereits an die Peripherie übersiedelt.

Transportfragen

Cairo sieht sich Myriaden verschiedenster Probleme ausgesetzt. In der Stadt leiden alle – gleichgültig ob Fußgänger, Autofahrer, veraltete öffentliche Transportmittel oder von Eseln gezogene Fuhrwerke – an der Verkehrsüberlastung. Trotzdem funktioniert das System, zweispurige Straßen fungieren als dreispurige, schnell fahrende Autos lassen nur wenige Zentimeter zwischen sich, in der nicht für Fahrzeuge angelegten Altstadt ist das Umfahren historischer Gebäude schwierig. Es wurden große Tunnel gebaut, um den Verkehr unter der Fatimidenstadt durchzuleiten. Immerhin besitzt Cairo Afrikas einzige U-Bahn mit gerade fertiggestellten zusätzliche Linien, die mehr Stadtteile in das Verkehrswegenetz einbinden. Eine 72 km lange Umfahrungsstraße um Cairo trägt dazu bei, durch die Reduzierung der Lastwagen die Verkehrssituation in der Stadt zu entschärfen. Obwohl die Straße die räumliche Ausdehnung der Stadt eingrenzen sollte, führte sie zu weiteren Expansionen. In einst rein landwirtschaftlichen Gebieten wachsen großteils noch unvollendete Appartementblöcke empor.

Obwohl Cairo nicht den für die Städte in Entwicklungsländern typischen Ring von Slums hat, gibt es viele wilde Siedlungen, einige geordnete Siedlungen sind stark heruntergekommen. Die bekannteste wilde Siedlung von Cairo ist wahrscheinlich die „City of the Dead“, ein großer Friedhof, der 2 Mio. Menschen Obdach gibt, welche die Mausoleen als Unterkunft nutzen. Eine weitere Million wohnt auf den Dächern.

In vielen Fällen entwickelten sich daraus dauerhafte wilde Siedlungen mit Elektrizität und öffentlichen Einrichtungen. In anderen Gebieten der Stadt hat die Infrastruktur aufgrund jahrzehntelanger schwacher wirtschaftlicher Situation gelitten. Einstmals gepflasterte Straßen gibt es nicht mehr, zu Zeiten des Sozialismus rasch und billig errichtete Gebäude zerfallen. Manchmal

Die Pyramiden sind die eindrucksvollsten Zeugen der langen ägyptischen Geschichte. Das Stadtgebiet Cairos beginnt sich auch in dieser Region auszubreiten.

◁
Die zwei Corona-Aufnahmen (oben und Mitte) von 1968 verdeutlichen die unterschiedlichen Stadtstrukturen des alten islamischen Cairos und der europäischen Stadtteile der Kolonialzeit. Westlich der Pyramiden Aufschließungsarbeiten für die Stadterweiterung.

gesellt sich zu dieser Armut noch eine die Umwelt zerstörende übelriechende industrielle Aktivität.

Cairo als Ganzes sieht sich einer Anzahl erdrückender Umweltprobleme gegenüber, speziell der Luftverschmutzung. Obwohl der Verkauf von verbleitem Kraftstoff kürzlich verboten wurde, ist die Luftqualität in dieser Stadt eine der weltweit schlechtesten. Große Industrieanlagen im Süden produzieren eine Smogwolke, alte Autotypen und Flotten antiquierter Autobusse verstärken das Problem. Inversionswetterlagen halten besonders im Sommer die verschmutze Luft tagelang über der Stadt fest. Atemwegsbeschwerden zählen zu den häufigsten Leiden in Cairo.

Auch andere für die unterentwickelten Länder typischen Umweltprobleme plagen diese Stadt. Mülldeponien fließen seit der Einführung neuer moderner Verpackungen über, da sie nicht, wie früher üblich, wieder verwendet oder als Tierfutter bzw. Kompost verwertet werden können. Die Wasserqualität und Zugang zu sauberem Wasser ist in weiten Teilen der Stadt weiterhin problematisch, Rohrbrüche im Wasserleitungssystem gehören zum Alltag.

Herausforderungen und Chancen

Die wohl größte Herausforderung für Cairo ist es die großen innerstädtischen Unterschiede zu reduzieren und der jungen Generation neue Lebensmöglichkeiten zu bieten. Dazu kann eine Verbesserung der Infrastruktur in den armen Stadtteilen wesentlich beitragen. Viele andere Probleme können nur durch eine nachhaltige Wirtschaftsentwicklung gelöst werden, welche das breite Spektrum wirtschaftlich und sozial unterschiedlicher Bevölkerungsgruppen Kairos berücksichtigt, obwohl es schwierig ist für den permanenten Bevölkerungszuwachs passende Arbeitsplätze bereitzustellen. Gemessen am Afrikanischen Standard ist Cairo eine wohlhabende Stadt. Im Vergleich mit anderen Großstädten der weniger gut entwickelten Länder Asiens und Lateinamerikas hinsichtlich des Wirtschafts- und Marktpotentials sowie der verfügbaren Arbeitskräfte, ist Cairo jedoch eher schwach. Um bessere Verdienstmöglichkeiten in Cairo und ganz Ägypten zu schaffen, ist es notwendig, ausländische Investoren in das Land zu bringen und das eigene Unternehmertum zu fördern.

Dona J. Stewart

JOHANNESBURG PRETORIA

Der politische Wandel in Südafrika hatte einschneidende Konsequenzen für die Stadtentwicklung im größten südafrikanischen Ballungsraum Johannesburg-Pretoria. Welche Strukturen prägen die Post-Apartheid-Stadt? In welcher Weise sind Persistenz und Wandel miteinander verknüpft?

Das Gebiet zwischen den Städten Pretoria im Norden und Johannesburg im Süden stellt heute einen zusammenhängenden Ballungsraum dar, der noch über den Bildausschnitt hinausreicht. Seit 1994 wird er in der südafrikanischen Statistik als eigenständige Provinz Gauteng ausgewiesen (Fläche: 17.010 km²), in der fast 8 Mio. Menschen leben. Davon zählen 70% zur Bevölkerungsgruppe der Schwarzen. Der Anteil der weißen Bewohner ist mit 23% deutlich höher als im südafrikanischen Durchschnitt (11%). Damit konzentrieren sich auf nur 1,5% der Fläche Südafrikas ca. 18% der Bevölkerung, die 42% des Bruttoinlandsproduktes erwirtschaften.

Geschichtliche Entwicklung

Historisch gesehen sind die Ansatzpunkte der Stadtentwicklung innerhalb des Verdichtungsraumes sehr verschieden. Zwar gab es auch in voreuropäischer Zeit auf dem südafrikanischen „highveld" gewisse Bevölkerungskonzentrationen. Von Städten im modernen Sinne kann damals aber nicht gesprochen werden. Erst der sogenannte „Große Trek", der burische Siedler seit den 30er Jahren des 19. Jhs. von den Küstenräumen in die inneren Hochländer führte, hatte zahlreiche Stadtgründungen zur Folge. Die bekannteste Voortrekker-Gründung ist Pretoria (1855), das 1860 zur Hauptstadt der Republik Transvaal aufstieg und nach dem Burenkrieg (1899–1902) zum Sitz der Regierung der „Union von Südafrika" erhoben wurde. Diese Funktion hat die Stadt noch heute. Pretoria ist aber keine reine Verwaltungsstadt. Seit den 1930er Jahren erhielt sie durch gezielte Ansiedlungen von Großbetrieben auch eine industrielle Basis. Bis Mitte der 1960er Jahre stellte die weiße Bevölkerung die Mehrheit in Pretoria.

Blick nach Südosten vom Carlton Zentrum, einem großen Einkaufszentrum in Johannesburg.

◁
Johannesburg, in Bildmitte, wuchs mit seinen Nachbarstädten im Norden und Süden zu einer Bandstadt von rund 100 km zusammen. In der West-Ost-Achse um das Zentrum beherrschen neben der ausgedehnten Siedlung zahlreiche Bergbauhalden das Landschaftsbild.

Anders war die Grundlage der Stadtentwicklung im gut 50 km südlich gelegenen Johannesburg. Die Ursprünge von Johannesburg gehen auf drei im Jahre 1886 eingerichtete Goldgräbercamps zurück. Die auffällige Zweiteilung der Stadt in einen nördlichen und südlichen Sektor und die Grundzüge der sozialräumlichen Struktur sind schon in der Entstehungszeit angelegt worden. Abraumhalden und Fördertürme ziehen sich als breites Band mitten durch die Stadt; nördlich davon entwickelten sich die City und daran anschließend die Wohngebiete der Ober- und Mittelschicht, während die Arbeitersiedlungen der weißen Unterschicht wie auch der schwarzen Arbeiterschaft im westlichen und südlichen Teil in der Nähe der Minenfelder lagen. Die Schwerpunkte des Bergbaus haben sich im Laufe der Zeit nach Westen (West Rand) und Osten (Far East Rand) verlagert. Dem Bergbau folgte die Industrie, die sich zunächst vorwiegend im aufgegebenen Bergbaugürtel ansiedelte. Von den 100 größten südafrikanischen Firmen haben heute zwei Drittel ihr Headquarter in Johannesburg. Sichtbarster Ausdruck der Bedeutung als Wirtschaftszentrum ist die Hochhausüberbauung der City, die in den 1960er Jahren einsetzte.

Seit seiner Gründung bildete Johannesburg ein attraktives Wanderungsziel. Bis in die 1960er Jahre lag die jährliche Wachstumsrate bei über 4%; zwischen 1932 und 1960 hat sich die Einwohnerzahl der Stadt ungefähr verdreifacht, und die Millionengrenze wurde überschritten. Während zu Beginn des 20. Jhs. zunächst eine weiße, Afrikaans sprechende Landbevölkerung (poor whites) in die Stadt strömte, wurde die Zuwanderung später vorwiegend von der schwarzen Bevölkerungsgruppe getragen, da das weiße Arbeitskräftepotenzial weitgehend ausgeschöpft war. Schon in den 1940er Jahren wurde die weiße Bevölkerung zu einer Minderheit.

▷
Reihenhäuser in Soweto.

▷▷
Mit zunehmender Ausdehnung der Randsiedlungen um Johannesburg durch arme Bevölkerungsschichten wachsen die Umweltprobleme der Stadt stark an.

Der Einfluß der Apartheid auf Stadtentwicklung und -struktur

Die extensive Bebauung des Ballungsraumes Gauteng und die vergleichsweise geringe Bevölkerungsdichte von weniger als 500 Ew./km² sind ein Erbe der Apartheid-Politik, die 1948 zur Staatsdoktrin wurde. Seitdem wurde die Stadtentwicklung gemäß den Apartheid-Prinzipien auf Grundlage des Group Areas Act von 1950, der die Trennung der Wohngebiete nach ethnisch-rassischen Gesichtspunkten festschrieb, weitreichend reglementiert. Zwar waren teilweise auch schon vorher getrennte Wohnviertel für die schwarze Bevölkerung ausgewiesen worden, jedoch stimmten die gewachsenen Strukturen der Städte nicht vollständig mit den festgelegten „group areas" überein. Durch Zwangsumsiedelungen (forced removals) wurde die Stadt neu geordnet, betroffen waren fast ausschließlich nicht-weiße Bewohner. Ihnen wurde entweder in den Townships eine Unterkunft zugewiesen, oder sie wurden in die Homelands abgeschoben.

In der „idealen Apartheid-Stadt" sollte nicht nur eine Trennung der Wohngebiete nach Rassen durchgesetzt, sondern auch rassen-spezifische Sektoren mittels Pufferzonen voneinander getrennt werden. Während der Apartheid-Zeit ist im Johannesburger Raum insbesondere Soweto (South Western Townships) ausgebaut worden. Für die Bevölkerungsgruppen der Coloureds und Inder entstanden die Townships Eldorado Park und Lenasia. Sie waren lange Zeit von einfachen Siedlungshäusern, sogenannten „matchbox houses", und „hostels", einfachste Sammelunterkünfte für vorwiegend männliche Wanderarbeiter, geprägt. Innerhalb kurzer Zeit wuchs Soweto zur größten Schwarzensiedlung im Südlichen Afrika an. Heute leben hier ca. 2 Mio. Menschen. Alle Townships waren reine „Schlafstädte", mit wenig Arbeitsplätzen und nur rudimentärer Versorgungsinfrastruktur, was von den Apartheid-Ideologen beabsichtigt war, da die schwarze Bevölkerung nur als „temporary sojourners" in der „weißen" Stadt angesehen wurde. Zum Pendeln zwischen Wohnung und Arbeitsstätte mußte ein aufwendiges und hochsubventioniertes Transportsystem installiert werden.

Ungeregelte Landnutzung beherrscht das Landschaftsbild der Wirtschaftsregion um Johannesburg. Der Bildausschnitt zeigt das westliche Randgebiet der Stadt, wo sich Wohnviertel mit Gewerbe- und Industrievierteln, Bergbaulandschaften, wiederbegrünte und noch genutzte Halden, Abwasserteiche, aber auch Freizeit- und Sportanlagen ungeregelt mischen.

Im Gegensatz zur zwangsweisen Verlagerung der Wohnstandorte der nicht-weißen Bevölkerung an den Stadtrand ist die durch den Wunsch nach einem Eigenheim im Grünen ausgelöste Suburbanisierung der Weißen freiwillig. Durch Ausbaus des Stadtautobahnsystems seit den 1950er Jahren verbesserte sich besonders die Anbindung der nördlichen Stadtteile Johannesburgs an die City.

Stadtentwicklung in der Nach-Apartheid-Zeit

Auch nach Aufhebung der wichtigsten Apartheid-Gesetze im Jahre 1991 änderte sich am „urban sprawl" nur wenig. Nach Abschaffung aller Zuzugskontrollen stieg die Zuwanderung vieler jüngerer Menschen, die sich bessere Lebensperspektiven versprechen, stark an, sowohl aus anderen Städten, aus Farmgebieten und den Homelands als auch aus dem Ausland. Trotz seiner hohen Arbeitslosigkeit, wirkt Südafrika für Arbeitssuchende aus anderen afrikanischen Staaten noch immer als Magnet; insbesondere gilt dies für den wirtschaftlichen Kernraum, die Provinz Gauteng. Schätzungen gehen von 2,5-9 Mio. (vorwiegend männlichen) Ausländern aus, davon lebt ungefähr die Hälfte in Gauteng. Der öffentliche Druck ist mittlerweile so groß, daß in den Städten verstärkt Kontrollen durchgeführt und Personen ohne Aufenthaltserlaubnis abgeschoben werden.

Für die Stadtentwicklung hatte der Zustrom einer überwiegend armen und schwarzen Bevölkerung entscheidende Konsequenzen. Viele können sich auch die subventionierte Miete eines Einheitshauses in den Townships nicht leisten. Deshalb bemühen sich vor allem von außen zugewanderte Einzelpersonen und Familien um eine Bleibe als Untermieter. Schon vor dem offiziellen Ende der Apartheid sind auf den Hinterhöfen formalisierter Miets- und Eigentumshäuser meist ohne Genehmigung durch die Lokalbehörden sogenennte „backyard shacks" entstanden. Für viele Familien ist diese Form der Untervermietung zu einer lebensnotwendigen Einnahmequelle geworden.

Parallel zur Verdichtung der Townships dehnt sich die bebaute Fläche – auch großteils informell – rasch aus. Auf Freiflächen innerhalb und am Rande der Townships entstanden ausgedehnte „squatter camps". Die unkontrollierte Siedlungsentwicklung hat vermehrte Auseinandersetzungen zwischen wilden Siedlern, Behörden, der Polizei wie auch den Bewohnern angrenzender formeller Siedlungen nach sich gezogen. Seit 1998 können wilde Siedler, die länger als ein Jahr auf ihrem Grundstück leben, sogar ein dauerhaftes Siedlungsrecht erhalten.

Mit der Ausweitung städtischer Flächen in Form von Armutssiedlungen sind schwerwiegende Umweltbeeinträchtigungen verbunden. Die Umweltprobleme des Ballungsraumes verstärken sich noch durch die Ausweitung von Bergbau und Industrie. Bis zum Ende der Apartheid gab es in Südafrika faktisch keine Umweltgesetze. Erst in jüngster Zeit wird der „nachhaltigen" Stadtentwicklung mehr Beachtung erwiesen.

Die Aufhebung der Apartheid hat die ethnische Stadtstruktur nur wenig verändert. Trotz Förderungsmaßnahmen und „affirmative action" ist der überwiegende Teil der schwarzen Bevölkerung arm und kann sich eine Wohnung in den ehemals „weißen" group areas nicht leisten. Nur in den Hochhäusern am Rande der City kam es zu einer umfassenden ethnischen Sukzession, teilweise von Überbelegung des Wohnraums und baulichen Abwertung gefolgt.

Auch die City selbst hat ihren Charakter entscheidend verändert. Sie ist nicht mehr länger der bevorzugte Standort hochrangiger Einrichtungen im Geschäftsleben und Dienstleistungsbereich. Viele Unternehmer haben ihren Sitz an den Stadtrand, vorwiegend in Richtung Norden zwischen Johannesburg und Pretoria verlagert. Im CBD stehen deshalb Büro- und Geschäftshochhäuser teilweise leer. Die enorme Ausdehnung des informellen Sektors beschleunigt den Abwanderungs- und Umstrukturierungsprozeß. Das relative Gewicht des CBD, gemessen an der gesamten Verkaufsfläche der Stadt, hat sich von gut 70% in den 1950er Jahren auf allenfalls noch 25% vermindert. Den größten Bedeutungsgewinn verzeichnet der Bereich von Sandton am nördlichen Rand von Johannesburg, auf den sich mehr und mehr die hochrangigen Dienstleistungs- und Headquarter-Funktionen konzentrieren.

Ist Johannesburg schon während der Bergbau- und Industrialisierungsphase mit den Nachbarstädten des West Rand und East Rand zu einem Verdichtungsraum verschmolzen, so hat sich seit Ende der Apartheid auch in Nord-Süd-Richtung ein Städteband von fast 100 km Länge gebildet. Es ist absehbar, daß Johannesburg mit Soweto und über den Midrand mit Pretoria zusammenwächst. Der wirtschaftliche Schwerpunkt dieser Agglomeration verlagert sich immer mehr aus dem CBD Johannesburg in Richtung Midrand. Die Megalopolis Soweto-Johannesburg-Midrand-Pretoria, die bis 2010 auf wenigstens 13 Mio. Einwohner anwachsen dürfte, wird dann stärker als heute ein ausufernder Ballungsraum ohne klar erkennbare städtische Mitte sein.

Ulrich Jürgens, Jürgen Bähr

▷
Der Hindu Tempel in Lenarsia.

▷▷
Die Landnutzungsklassifizierung verdeutlicht den Ballungsraum Johannesburg – Pretoria.

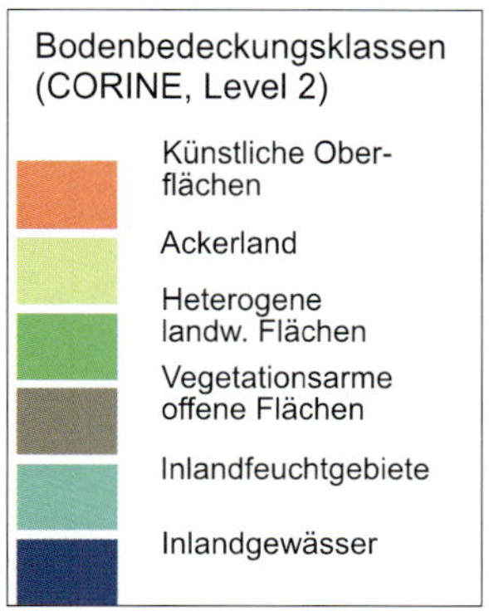

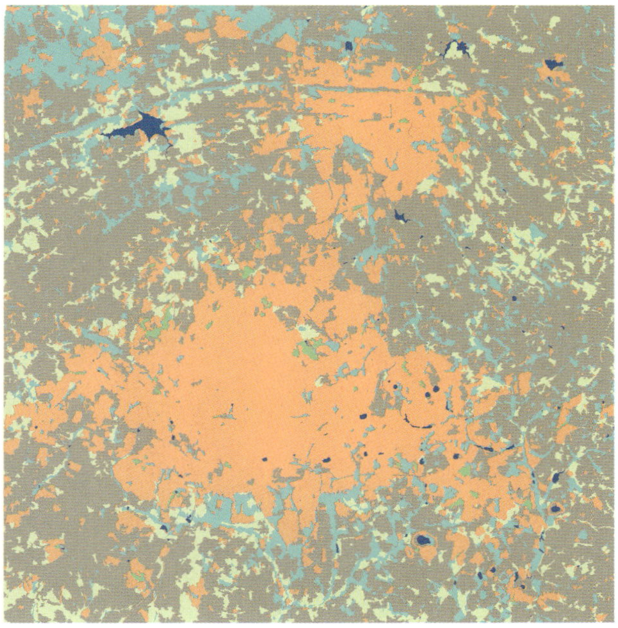

KHARTOUM

Am Zusammenfluß von Blauem und Weißem Nil, den beiden wichtigsten Strömen des nordostafrikanischen Staates Sudan, hat sich am Übergang von den Wüstenregionen des Nordens zu den Steppengebieten des Südens sein städtisches Zentrum entwickelt.

Neben der südöstlich des Mündungsgebietes gelegenen Hauptstadt Khartoum, bilden das traditionelle, sich westlich des Weißen Nil ausbreitende Omdurman und das etwas kleinere, nördlich des Blauen Nil liegende Industriezentrum Khartoum-Nord die Agglomeration Khartoum. Mit seinem Umland zur Provinz Khartoum zusammengefaßt, leben hier auf einer Fläche von 28.165 km^2 mit mittlerweile geschätzten 5 Mio. Menschen rund ein Sechstel der sudanesischen Gesamtbevölkerung.

Entstehung der Stadt, Bevölkerungsentwicklung

Erst 1821 als militärischer Außenposten des in den Jahren 1820/21 von Ägypten eroberten Landes gegründet, erlebte Khartoum bereits in den nachfolgenden Jahrzehnten eine stürmische Entwicklung. Verantwortlich dafür zeichnete einerseits die bereits 1823 erfolgte Verlegung des Regierungssitzes vom weiter flußaufwärts am Blauen Nil gelegenen Wad Medani nach Khartoum. Andererseits kreuzten sich gerade an dieser Stelle verschiedene Karawanenstraßen, und von hier aus starteten viele europäische Forscher ihre Entdeckungsreisen ins Innere Afrikas. Durch diese Entwicklungen begünstigt, erhöhte sich die Bevölkerungszahl bis 1870 auf rund 50.000, womit sich Khartoum binnen kurzer Zeit zur größten Siedlung des Ost-Sudan entwickelte.

Eine erste Zäsur erfuhr die Stadt im Januar 1885, als sie vom religiös motivierten Mahdistaat erobert wurde und sowohl ihre Hauptstadtfunktion als auch all ihre Bewohner, sofern sie nicht ermordet worden waren, an das benachbarte Omdurman verlor. Aber bereits 1898, nach dem Fall des Mahdisten-Zentrums Omdurman durch

Im Zusammenfluß von Blauem und Weißen Nil liegt die Hauptstadt des Sudan, Khartoum. Nach Süden hin erstreckt sich das weite Bewässerungsland Gezira. Zwei Drittel des Nilwassers bringt der Blaue Nil, der im Hochland von Äthiopien entspringt.

anglo-ägyptische Truppen, wurde Khartoum neu gegründet und abermals zur Hauptstadt der wiedererrichteten Provinz gemacht. Während der britisch-ägyptischen Herrschaft erlebte die Stadt einen wahren Wachstumsboom, der ihr bis 1956, dem Jahr der Unabhängigkeit des Sudan vom britischen Empire, eine mehr als Verzehnfachung der Bevölkerungszahl auf rund 93.000 Ew. brachte. Im Laufe der folgenden dreieinhalb Jahrzehnte beschleunigte sich das Wachstum zusehends, und beim bisher letzten Zensus, 1993, zählte Khartoum bereits an die 925.000 Ew., Khartoum Nord rund 880.000 Ew. und Omdurman wird mit mehr als 1,267.000 Ew. zur ersten Millionenstadt des Sudan. Bis zur Jahrtausendwende erhöht sich die Bevölkerungszahl der Agglomeration dann auf grobgeschätzte (die nächste Volkszählung ist erst für das Jahr 2003 geplant) 5,000.000 Ew., womit Groß-Khartoum nach Cairo zur bevölkerungsreichsten Siedlung des muslimischen Nordafrika angewachsen ist.

Infrastruktur (Verkehr, Industrie, Bildung)

Im Zentrum von 1.750 km schiffbarer Wasserstraßen der beiden Nilflüsse gelegen, ist Khartoum der bedeutendste Binnenhafen des Landes. Für den internationalen Anschluß im Schiffsverkehr sorgen die beiden Tiefseehäfen Suakin und Port Sudan am Roten Meer. Mit letzterem ist die Hauptstadt aber immerhin sowohl mit einer 850 km langen Erdölpipeline als auch mit einer von den drei derzeit landesweit bestehenden asphaltierten Fernstraßen verbunden.

Den einzigen internationalen Anschluß besitzt Khartoum durch seinen Anfang der 40er Jahre errichteten Flughafen, der zugleich Heimat der 1947 gegründeten Fluglinie Sudan Airways ist, die vor allem die wichtigsten Städte des In- und des nahen Auslandes anfliegt.

Wirtschaftlich nimmt die Region Khartoum einen überragenden Platz ein, konzentrieren sich hier doch immerhin rund drei Viertel der Massenproduktionsstätten des Landes, in denen primär Nahrungsmittel verarbeitet und Textilien erzeugt werden. Allerdings sorgen Engpässe bei den Rohmaterialien, der Energie und den Ersatzteilen, aber auch teilweise schlecht ausgebildete Manager und Arbeitern immer noch dafür, daß die gesetzten Produktionsziele nicht vollständig erreicht werden können.

Seit den 90er Jahren wird jedoch verstärkt in die moderne Kommunikationstechnologie investiert und so der erfolgreiche Anschluß an die industrialisierte Welt gesucht (1994: Gründung der Sudanesischen Gesellschaft für Kommunikation – Sudatel). Weiters konnte 1995 eine neue Satellitenempfangszentrale eröffnet und unter anderem auch damit begonnen werden, das Telefonnetz mit einer Kapazität für 6.000 Leitungen (eine projektierte Erweiterung sieht 100.000 Leitungen vor) zu modernisieren.

Im Bereich der Bildung besitzt Khartoum neben einer Vielzahl von anderen Ausbildungsstätten insgesamt vier Universitäten, von denen die älteste 1956 als Nachfolgerin des 1903 errichteten Gordon Memorial College gegründet wurde.

Chancen und Risiken

Abgesehen vom kolonialen Stadtzentrum, in dessen Nähe sich die wenigen mehrstöckigen Bauten (Hochhäuser fehlen angenehmerweise noch zur Gänze) finden, die primär Hotels, Banken und Regierungsstellen beherbergen, lebt der überwiegende Teil der Bewohner der Hauptstadt-Agglomeration in flachen, sich kilometerweit ausbreitenden einfachen Häusern. Sie verleihen damit Khartoum, stärker aber noch Omdurman, dem es abgesehen von seinem Markt an einem echten Zentrum fehlt, ein sehr dörflich geprägtes Erscheinungsbild. Verstärkt wird dieser Eindruck zudem durch das größtenteils noch nicht befestigte Wegenetz. Lediglich die wichtigsten Durchgangsstraßen und die beiden einzigen Brücken, je eine nach Omdurman und Khartoum Nord, sind asphaltiert.

Um die Stadt herum haben sich vor allem ab den 70er Jahren, besonders jedoch durch die Dürrekatastrophen in den 80ern und frühen 90ern sowie durch den seit 1983 wieder aufgeflammten Bürgerkrieg im Süden des Landes, tausende Flüchtlinge in einer unendlichen Ansammlung schlecht ausgestatteter, gleichförmiger Lehmhütten niedergelassen. Schätzungen zufolge machten sie 1991 ca. 750.000 und Ende der 90er Jahre bereits rund 1,5 Mio. Menschen und damit ca. 30 % der Bevölkerung Groß-Khartoums aus.

Nichtsdestotrotz bietet sich Khartoum, wenn es seine infrastrukturellen, aber auch politischen Probleme, hier sei stellvertretend nur die Aussöhnung mit dem animistischen Süden genannt, stärker in den Griff bekommt, die Chance eine echte Brückenfunktion zwischen Schwarzafrika, dem Mittelmeer-Raum und dem Nahen Osten verstärkt einzunehmen.

Herbert Tomandl

Zusammenfluß von Blauem und Weißem Nil nördlich von Khartoum.

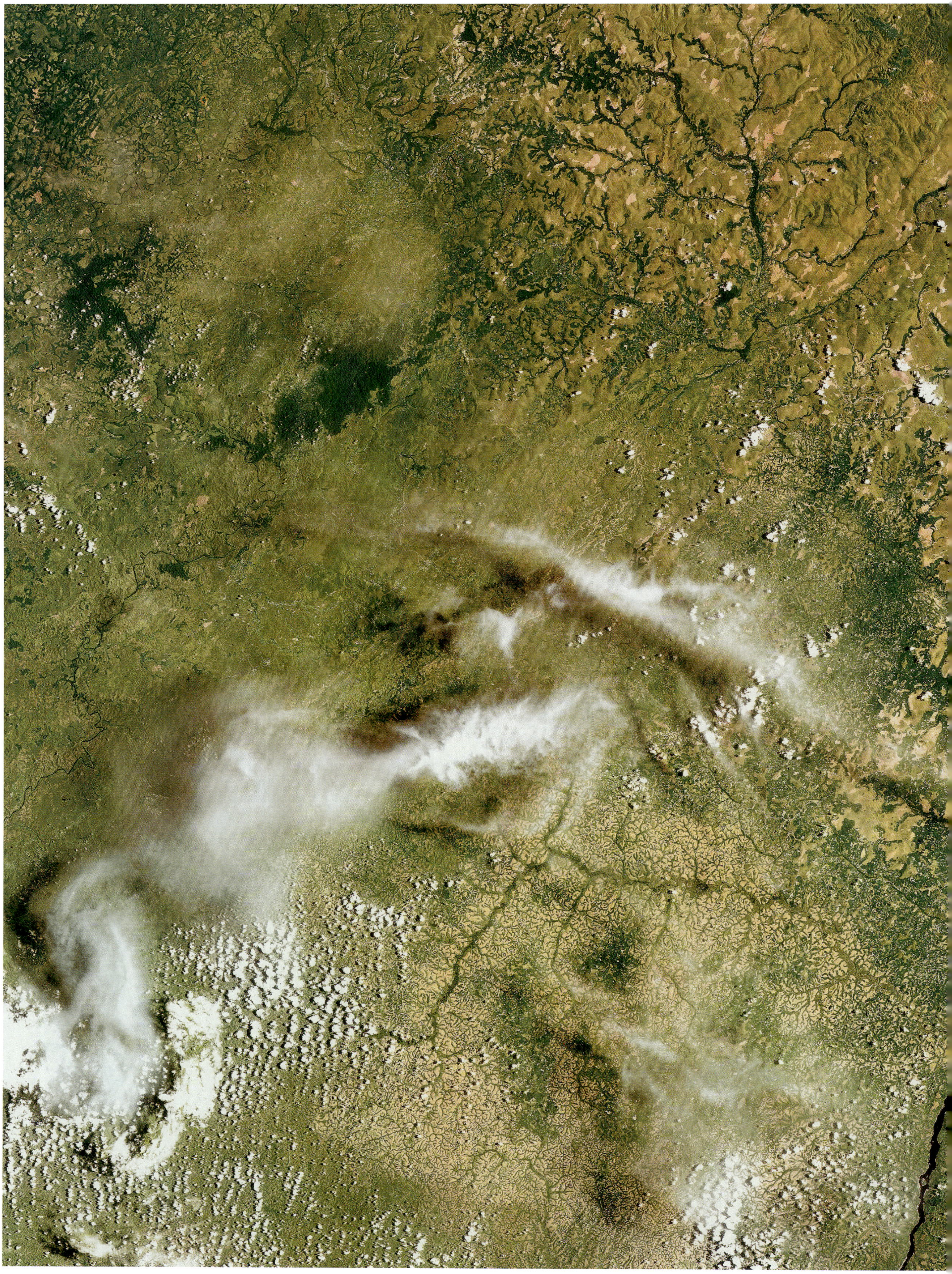

KINSHASA

Das Leben einer 5 Millionen Einwohner Metropole, gekennzeichnet von dauerndem Krieg und politischem Chaos, – ist es nicht ein tägliches Wunder, daß eine Gesellschaft alles tun kann, außer sich selbst neu zu entdecken?

Die zweitgrößte Agglomeration in Afrika südlich der Sahara verdankt ihre Bedeutung einerseits ihrer Lage an der Spitze des schiffbaren Flußnetzwerkes des Kongo, aber mehr noch ihrer Funktion als Hauptstadt eines der größten Länder des Kontinents, das ursprünglich Belgisch-Kongo, dann Kongo, dann Zaire, und heute schließlich Demokratische Republik Kongo heißt. Kinshasa befindet sich 300 km im Landesinneren, an einem der großen Flüsse Afrikas, dessen Stromschnellen das größte Wasserkraft-Potential der Welt bieten. Obwohl es weit vom Meer entfernt ist, liegt die Hauptstadt noch lange nicht im Zentrum des riesigen Landes, dessen Größe in etwa der Westeuropas entspricht.

Wie alle Städte in Zentralafrika ist die Stadt relativ jung. Als Léopoldville im Jahr 1881 offiziell gegründet, wird sie im Jahr 1923 die Hauptstadt des Kongo. 1940 beträgt die Einwohnerzahl erst 50.000. Das veranschaulicht die hohe Wachstumsrate, ausgelöst vor allem durch den Investitionsboom nach dem Krieg. Die Stadt wird als Ort mit großen Möglichkeiten gesehen, und sie spielt eine immer größere Rolle in den politischen und sozialen Belangen des Landes. Bis 1967 ist die demographische Wachstumsrate permanent um beeindruckende 10% pro Jahr angestiegen, während es zwischen 1940 und 1950 sogar 15% waren.

Urbane Strukturen

Kinshasa wurde zu Beginn der Kanalschifferei am Kongo Fluß gegündet, nahe dem ausgedehnten See „Stanley Pool", direkt gegenüber ihrer Schwesterstadt Brazzaville, der Hauptstadt des „kleineren" Kongo, der Republik Kongo. Der natürliche Platz in der Ebene war zuerst einladend, aber bald wurden die sandigen Hügel in der Nähe von den reichen Bevölkerungsschichten eingenommen, sowohl wegen des Ausblickes als auch wegen des kühlen Windes – ein äußerst attraktiver Ort in einem feuchten tropischen Klima. Die Kolonialstadt war klar getrennt in das Zentrum, begrenzt durch die europäischen Viertel entlang des Flusses, dann, jenseits einer Bufferzone, die älteren Teile der Stadt, in der die Afrikaner lebten, und hinter einer weiteren Bufferzone die „Cités planifées" – Wohnblocks, erbaut in den 50er Jahren. Gleich anschließend im Osten bestand ein Industrieviertel, welches durch die Eisenbahn mit dem Hafen von Matadi verbunden war. Diese Struktur brach nach der Unabhängigkeitserklärung (1960), die die Bevölkerung völlig unerwartet traf, komplett zusammen. Innerhalb weniger Jahre wurde die gesamte Ebene zugebaut, genauso wie die unstabilen sandigen Hänge. Keine weiteren Versuche urbaner Planung wurden unternommen, und alles, was die für die Bodenverteilung verantwortlichen Regierungsstellen tun konnten, war, die rechteckige Stadtstruktur der kolonialen Ära mehr oder weniger beizubehalten.

Kinshasa heute

Nach der letzten Volkszählung (1984) hatte Kinshasa 2,685,000 Ew. auf einer Fläche von 213 km^2, was einer Bevölkerungsdichte von durchschnittlich 126 Ew. pro Hektar entspricht, mit einem Maximum von 300 Ew. pro Hektar im alten Teil der Stadt.

Infrastruktur, sanitäre Einrichtungen, Möglichkeiten und Dienstleistungen waren sehr ungleich verteilt, mit einer Konzentration in den ursprünglichen, kolonialen Teilen der Stadt.

Die unorganisierte politische Situation, in der sich das Land befand, hat sich während den urbanen Revolten von 1991 und 1993 noch verschlechtert. Und zwischenzeitlich wurde das ganze Land zum Kampfplatz für die Feinde des Regimes und ihrer Protegés. Vom Staat ist – außer Armut und der miserablen Herrschaft – nicht sehr viel mehr geblieben als der Name. Was ist heute übrig vom schönen „Kin la Belle" („Kinshasa, die Schöne")? Was ist geblieben von den großen urbanen Projekten und den gefälligen Vierteln aus der Kolonialzeit?

Von oben betrachtet sieht Kinshasa wie eine ganz normale Stadt aus, zumindest im Zentrum. Aber in Wirklichkeit ist die Stadt immer wieder geplündert worden, die Anzahl der „Bruchbuden" nahm stark zu, und die Infrastruktur ist heute komplett überholt. Das Gesetz heißt Überleben. Auf allen Flächen zwischen Gebäuden wird Gemüse angepflanzt. Auch AIDS beherrscht den Alltag, und der größte Teil der Bevölkerung leidet an Unterernährung.

Unter diesen Umständen hat die urbane Gesellschaft signifikante Wandlungen erlebt. Eine der wichtigsten: in einer Gesellschaft, welche hohen Wert auf Familie und Kinder legt, kommt es zu einem vermehrten Auftauchen von Straßenkindern. In Kinshasa muß heute jeder danach trachten, irgendwie zurecht zu kommen.

Die politischen Probleme haben sich auch auf das Wachstum der Stadt ausgewirkt. Kinshasa dürfte heute ca. 5 Mio. Ew. haben, aber es gibt keine verläßlichen Studien. Die Sterberate ist dramatisch angestiegen, aber das demographische Wachstum ist ebenfalls hoch (ca. 4% pro Jahr). Es ist unmöglich, Wanderungsbewegungen exakt zu beschreiben. Um 1984 wurden 61% der Ew. Kinshasas dort geboren, 25% kamen aus den zwei benachbarten Regionen, nur einige wenige aus anderen Regionen des enorm großen Landes. Für die Nahrungsversorgung der Stadt galt die gleiche Verteilung.

Kinshasa ist abgeschnitten von seinem Hinterland. Der Schiffsverkehr hat für die Kontakte mit den Regionen stromaufwärts als auch mit Brazzaville immer mehr an Bedeutung gewonnen, während die Verbindung Richtung Matadi nur durch Privatisierung sichergestellt werden konnte.

Und die Zukunft?

Wie kann eine Stadt unter solchen Umständen existieren? Kinshasa ist noch immer der symbolische Sitz von Macht und das Zentrum der wichtigen politischen Netzwerke des Landes. Doch die Bevölkerung, der bis vor einem Jahrhundert „Stadtleben" völlig fremd war, glaubt weiterhin an die Attraktivität des städtischen Lebens.

Kinshasa ist natürlich nicht mehr das große Zentrum populärer Kultur und Musik, das es vor 20 Jahren war. Aber während die Strukturen des Staates immer schwächer werden, entsteht eine Vielzahl anderer Akteure, z.B. kleine Unternehmen, Kirchen, Sekten und Bezirksvereinigungen. Die Dynamik der Stadt ist heute stärker spürbar als je zuvor, und dieses „Wollen" erlaubt es, Lösungen für das tägliche Leben zu finden – die einzige Hoffnung in dieser Situation.

Jean Luc Piermay

Die Insel Mbamou teilt den Kongofluß in zwei Arme und bildet so den Pool Malebo. Hier beginnt die Flußschiffahrt auf dem Kongo.

Straßenmarkt in Kinshasa.

Luftbild vom Hafen der Stadt. Hier beginnt und endet die Flußschiffahrt auf dem Kongo. Zwischen dem Hafen und Matadi, 220 km flußabwärts, werden Lasten nur auf Schienen und Straßen transportiert, da die Livingstone-Fälle den Kongo unschiffbar machen.

LAGOS

Diese Metropole, die sich über weite Lagunen erstreckt, präsentiert sich als geschäftiger Industriestandort, als Schmelztiegel der diversen Völker Westafrikas und als das größte Handelszentrum eines Staates mit 108 Millionen Einwohnern.

Das westafrikanische Nigeria blickt auf eine Jahrhunderte alte städtische Siedlungsgeschichte zurück. Das im Südwesten gelegene Lagos ist keineswegs die älteste Stadt des Landes und hat auch seine Funktionen als Verwaltungshauptstadt abgeben müssen, doch es ist um ein Vielfaches größer als die anderen führenden Städte Nigerias – es ist die größte Stadt in Zentralafrika. Es liegen keine zuverläßigen Einwohnerzahlen vor, doch nach UN-Schätzungen kann davon ausgegangen werden, daß im Jahr 2000 ca. 13,4 Mio. Menschen im Großraum Lagos wohnten. Darüber hinaus belegen die Angaben der UNO, daß es weltweit die Metropole mit der höchsten Wachstumsrate ist: 1990 stand es mit 7,7 Mio. Einwohnern noch an 21. Stelle; aber bereits im Jahr 2010 soll es mit über 20 Mio. Einwohnern den dritten Platz der Weltstädte belegen. Diese UN-Schätzungen und die daraus resultierende jährliche Wachstumsrate von 6% in den 90er Jahren ist vielleicht etwas zu hoch gegriffen. Bei der Volkszählung von 1991 wurden nur 5,3 Mio. Einwohner in dem gemeinhin als Großraum Lagos definierten Gebiet erfaßt, und andere Schätzungen gingen für das Jahr 2000 von 9 bis 14 Mio. Einwohnern aus.

Die Kernstadt liegt auf einer kleinen Insel an einem Kanal, der die großflächigen Lagunen mit dem Atlantischen Ozean verbindet, doch erstreckt sich das gesamte Stadtgebiet über eine Fläche von ca. 800 km^2 in die angrenzende Tiefebene des Festlands. In einigen Kernbereichen beläuft sich die Bevölkerungsdichte mittlerweile auf über 200.000 Einwohner pro km^2. Die öffentlichen Grünflächen sind äußerst beschränkt, und auch die innerstädtische Landwirtschaft, die viele afrikanische Städte charakterisiert, ist hier nur in geringem Maß vorhanden.

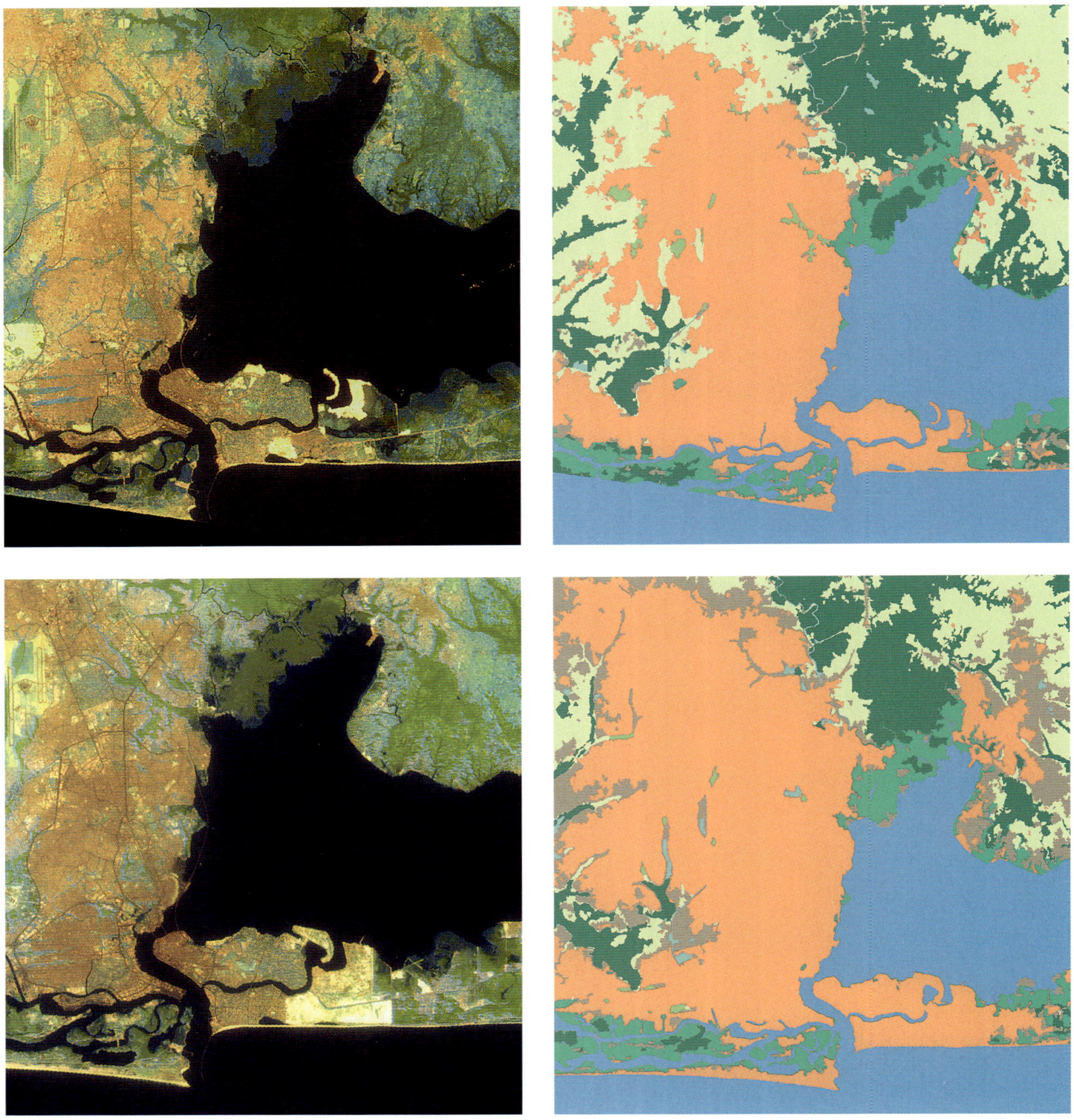

Die zwei LANDSAT Szenen (links), bzw. die Landnutzungsklassifikationen (rechts) zeigen die Ausbreitung von Lagos zwischen 1984 (oben) und 2000 (unten). Die Hauptentwicklungsachsen liegen um den Murtala Muhammed International Airport, bzw. entlang der Autobahn nach Ibadan und entlang der Küsten.

Ursprünge und Wachstum

Lagos entstand im 17. Jahrhundert als Bauern- und Fischersiedlung und entwickelte sich als Hafen, Handelsknoten und Zufluchtsort vor Bürgerkriegen. Als es 1861 unter britische Kolonialherrschaft kam, hatte es bereits ca. 20.000 Einwohner 1914 wurde es zur Hauptstadt Nigerias, und 1960, als das Land unabhängig wurde, war die Stadt auf 600.000 bis 700.000 angewachsen. Danach wirkten erweiterte Verwaltungs- und Handelsfunktionen, die Entwicklung des industriellen Sektors und das Aufkommen der Ölindustrie als Stimulation für schnelles Wachstum. Während der letzten - 40 Jahre betrug das natürliche Bevölkerungswachstum in Lagos jährlich ca. 3% und lag somit knapp unter dem nationalen Durchschnitt, wobei zumindest bis zu den 90er Jahren kein Rückgang der Geburtenraten bemerkbar war. Zuwanderung aus anderen Teilen Nigerias machte während dieser Zeit ebenfalls einen Bevölkerungszuwachs von ca. 3% aus, mit Zuwachsspitzen von möglicherweise 6% bis 7% während der Hauptwachstumsphase in den 70er-Jahren.

Damals kamen auch viele Immigranten aus Ghana und anderen Ländern, von denen die meisten allerdings später (ob freiwillig oder nicht) in ihre Heimatländer zurückkehrten. Heute ist die Bevölkerung von Lagos zu mindestens 99% nigerianisch.

Bevölkerungsstruktur und Kultur

Der Anteil junger Erwachsener an der Stadtbevölkerung ist außergewöhnlich hoch. Beinahe 20% der Bevölkerung sind Kinder unter fünf Jahren, weitere 20% sind 5–15 Jahre alt, und nur etwa 10% der Bevölkerung sind über 40.

Es liegen keine Zahlen über die ethnische Zusammensetzung der Bevölkerung von Lagos vor, doch kann davon ausgegangen werden, daß ca. 75% der Gruppe der Yoruba angehören und die Ibo die zweitgrößte Gruppe darstellen, wobei aber über 200 andere Gruppen ebenfalls vertreten sind. In vielerlei Hinsicht ist daher die Kultur der Yoruba in der Stadt vorherrschend, doch sind auch zahlreiche kulturelle Auswirkungen der Kolonialzeit bemerkbar. So ist zwar Yoruba die am meisten verwendete Sprache, doch Englisch ist nach wie vor die offizielle Landessprache. Religion spielt im städtischen Leben eine zentrale Rolle, wobei Islam und Christentum etwa gleich stark vertreten sind und beide mit zahlreichen Elementen einheimischer afrikanischer Religionen durchsetzt sind.

Stadtfunktionen

Lagos mußte seine Funktionen als Verwaltungshauptstadt Nigerias aus verschiedenen Gründen abgeben: zum Teil aufgrund der schweren Verkehrsüberlastung des räumlich begrenzten Stadtkerns, jedoch auch, da es in der

Heimatregion nur einer der größten ethnischen Gruppen des Landes liegt. Auch wurde seine Lage im äußersten Südwesten des Landes, durch die es sich zur Kolonialzeit als Tor zum Landesinneren eignete, für eine Landeshauptstadt als ungünstig erachtet. So wurde Lagos durch eine neue Stadt, Abuja, abgelöst, die nahe der Landesmitte in einem bis dahin weitgehend ungenutzten Gebiet erbaut wurde und die zwischen den Heimatregionen der drei größten ethnischen Gruppen des Landes liegt.

Lagos ist jedoch nach wie vor das Handels- und Finanzzentrum von Nigeria, und es behält seine Führungsrolle selbst in der Ölindustrie, obwohl es räumlich von den Ölfeldern entfernt liegt. Der formelle und der informelle Sektor sind in Lagos nicht klar abgegrenzt: es gibt Unternehmen in allen Größen, wobei selbst in den größten Firmen (sogar in staatlichen Unternehmen) gewisse informelle Elemente anzutreffen sind – bis hin zu offener Korruption. Landesweite Umfragen haben ergeben, daß beinahe die Hälfte aller nigerianischen Arbeitsplätze bei großen Produktionsunternehmen in Lagos angesiedelt sind, und der meiste Überseehandel, von der Ölindustrie abgesehen, wird über seinen Hafen abgewickelt.

Armut

Ein Aspekt, dem in der Literatur über Lagos häufig nicht genug Aufmerksamkeit geschenkt wird, ist die bittere Armut der meisten seiner Bewohner. Nigerias Ölexporte, besonders im Zusammenhang mit den rapide angestiegenen Preisen während der 70er-Jahre, brachte einen Wirtschaftsaufschwung, der einigen wenigen zu großem Reichtum verhalf, und vielleicht einem Viertel der Haushalte zu einigem Wohlstand, der jedoch die große Mehrheit der Bevölkerung nicht erreichte. Große Mengen an Kapital wurden auch ins Ausland transferiert. In den späten 80er- und den 90er-Jahren erlitten beinahe alle Einwohner Einkommenseinbußen; viele unterschritten die Armutsgrenze.

Im Jahr 1999 erreichte das Pro-Kopf-Bruttosozialprodukt in Nigeria mit 750 USD den 193. Rang unter den 206 von der Weltbank aufgeführten Ländern. Die Sterblichkeitsrate bei Kindern unter 5 Jahren lag bei 12%, und die Lebenserwartung betrug zum Zeitpunkt der Geburt nur 53 Jahre. Zwar mögen die wenigen sehr wohlhabenden nigerianischen und ausländischen Haushalte ebenso wie der umfangreichere Mittelstand in Lagos selbst diese Statistiken etwas verbessern, doch ist die Armut hier mit Sicherheit ein wesentlich ernsteres Problem als in den meisten Städten Lateinamerikas und Ostasiens. Eine zusätzliche Notlage erwuchs für viele Stadtbewohner unter anderem aus den strukturellen Anpassungsmaßnahmen, welche die hoch verschuldete nigerianische Regierung in den 80er-Jahren ergreifen mußte. Reallöhne und Realgehälter sanken, und viele Arbeitnehmer wurden arbeitslos, während andererseits Gebühren für Schulbildung und Gesundheitsversorgung eingeführt wurden. Oft wird die Situation so geschildert, daß die Arbeitslosenzahlen enorm anstiegen; eine realistischere Einschätzung ist jedoch, daß der Bevölkerungsanteil der (angemeldeten oder schwarz arbeitenden) Selbständigen stark angewachsen ist, denn wo es keine Sozialversicherung gibt, kann kaum jemand ohne Einkommen in irgendeiner Form überleben.

Wohnungssituation und Infrastruktur

Die Armut sowohl der Bürger als auch des Staates spiegelt sich in der allgemeinen Wohnungslage wider. Zwar existieren einige bessere Wohnviertel wie auf den

Die Landnutzungsklassifikation zeigt deutlich die funktionelle Einteilung von Lagos (im Bild Lagos Island im Norden, Victoria Island im Süden). Dem aus einer Kombination von LANDSAT ETM 7 (6.2.2000) – mit SPOT-Daten (21.3.2000) entstandenen Bild sind das Straßennetz und die Landnutzungsklassifikation überlagert.

△
Der Anflug auf Lagos führt über die stark verbauten Vororte der Stadt.

△△
Alltag in Ajegunle, einem der dichtest besiedelten Stadtteile. Durchschnittlich leben hier fünf Menschen in einem Raum, viele Aktivitäten spielen sich auf der Straße ab.

Die Siedlungsstruktur läßt die Lebensbedingungen am Rande von Lagos erahnen. Zunehmend dehnt sich die Stadt in Sumpfgebiete aus.

Inseln Ikoyi und Victoria zwischen dem Stadtzentrum und dem offenen Meer, doch drei Viertel der Bevölkerung leben in Gegenden mit dichter Bebauung und sehr niedriger Wohnqualität. Die meisten Familien wohnen in einem einzigen Zimmer (wobei viele Zimmer kleiner als $8m^2$ sind) und teilen sich Kochgelegenheit und sanitäre Anlagen mit anderen Bewohnern. Die Regierung ist außerstande, auch nur halbwegs angemessene Unterkünfte zu einem Preis zur Verfügung zu stellen, den sich die Betroffenen leisten können. Sie war bisher noch nicht einmal in der Lage, grundlegende Dienste wie eine allgemeine Wasserversorgung oder sanitäre Infrastruktur zu gewährleisten, was angesichts des schnellen Siedlungswachstums und des damit zusammenhängenden Gesundheitsrisikos von äußerster Dringlichkeit wäre.

„Stetig wachsend" ist ein Begriff, der oft zur Beschreibung aller Probleme in Lagos verwendet wird, doch ist er nicht immer zutreffend. Die Situation der 70er-Jahre, als zahllose Schiffe vor Lagos auf einen Liegeplatz im Hafen warten mußten, hat sich nicht wiederholt. Zwar behalten viele Gäste aus dem Ausland vor allem die endlosen Staus zwischen dem Flughafen und der Innenstadt im Gedächtnis, doch hat hier ein Netz neuer Entlastungsstraßen dafür gesorgt, daß sich die Situation zumindest nicht verschlimmert. Es wird oft behauptet, daß Gewaltverbrechen zunehmend ein typisches Merkmal der Stadt Lagos werden, doch

△
Der Business Distrikt der Stadt von der Lagune aus gesehen. Im Vordergrund Armensiedlungen.

△△
Typische Szene aus dem Straßenmarkt im Zentrum von Lagos Island.

Weit dehnt sich Lagos um seine Lagune und in das Hinterland aus. Drei Brücken verbinden das Zentrum auf Lagos Island mit dem übrigen Stadtgebiet und dem Hafen.

wie für die meisten Bereiche des städtischen Lebens liegen auch keine Zahlen vor, die belegen würden, daß die Kriminalitätsrate schneller steigt als die Gesamtbevölkerung. Darüber hinaus ist Lagos das Maß an Zerstörung erspart geblieben, das manche anderen afrikanischen Städte in den letzten 20 Jahren erleben mußten, und wenn AIDS auch durchaus präsent ist, so hat es in Lagos doch weniger Opfer gefordert als in vielen anderen afrikanischen Städten.

Selbst der in diesem Buch vorgestellte technische Fortschritt vermag es nicht, die Geräusche oder den Geruch, die so typisch für viele Gegenden von Lagos sind, zu vermitteln. In einigen Vierteln fungieren beinahe alle Straßen auch als offene Abwassergräben oder als farbenprächtige Märkte unter freiem Himmel, auf denen sich Tag und Nacht die Massen drängeln. Vielen Besuchern, aber auch vielen Einwohnern von Lagos erscheinen große Teile der Stadt zwischen dem Central Business District und dem Flughafen chaotisch – ein Inbegriff der Unordnung. Dadurch werden viele Europäer, Amerikaner und Japaner abgeschreckt, sodaß Lagos trotz seiner Größe häufig in Aufzählungen der großen Weltstädte übergangen wird. Trotzdem besteht auch hier natürlich eine Ordnung, wenn auch eine, die für Ausländer oft nicht erkennbar oder verständlich ist, und wenn es auch vielen seiner Bewohner materiell schlecht geht, ist Lagos dennoch zweifellos eine funktionierende Stadt.

Anthony O'Connor

NAIROBI

Ostafrikanische Megastadt der Gegensätze – Symbol der Modernität, des geistigen und wirtschaftlichen Fortschritts für die einen und der Abhängigkeit, der Armut und des unkontrollierten Wachstums für die anderen.

Die Hauptstadt des ostafrikanischen Staates Kenia liegt im hügeligen Hochland auf 1660 Meter, knapp südlich des Äquators. Nairobi zählt mit geschätzten 4 Mio. Einwohnern zu jenen Megastädten Afrikas, die derzeit noch nicht aufgrund der absoluten Größe, sondern vielmehr wegen der enormen Geschwindigkeit des demographischen und räumlichen Wachstums sowie der Konzentration aller erstrangigen politischen, ökonomischen, gesellschaftlichen und kulturellen Einrichtungen des Nationalstaates und der Integration in die Weltgesellschaft auf sich aufmerksam machen. Seit den fünfziger Jahren erfährt die Stadt enorme Bevölkerungszuwächse; in den Jahren von 1950 bis 1979 ist Nairobi um 600% gewachsen.

Die Bevölkerung Nairobis setzt sich aus sehr vielen verschiedenen ethnischen Gruppen zusammen. Bis zur Unabhängigkeit Kenias 1963 war der Anteil der afrikanischen Bevölkerung relativ gering, 1948 betrug er nur 54%, während der Anteil der asiatischen Bevölkerung 35% und der europäischen 9% betrug. Heute sind mehr als 92% der Bevölkerung kenianische Afrikaner, die sich wiederum aus rund 40 verschiedenen ethnischen Gruppen zusammensetzten.

Während der Kolonialzeit lag aufgrund der restriktiven Zuwanderungsgesetze und der städtischen Wohn- und Arbeitsmarktpolitik der Männerüberschuß bei einem Verhältnis 8:1. Im Jahr 1938 lebten und arbeiteten 25.000 Männer, aber nur 3.000 Frauen in Nairobi. Bei der Volkszählung von 1989 standen 752.597 Männer bereits 571.973 Frauen gegenüber.

Funktion der Megastadt

Nairobi ist eine junge Stadt und war noch in den ersten Jahrzehnten des 20. Jahrhunderts ein kleines

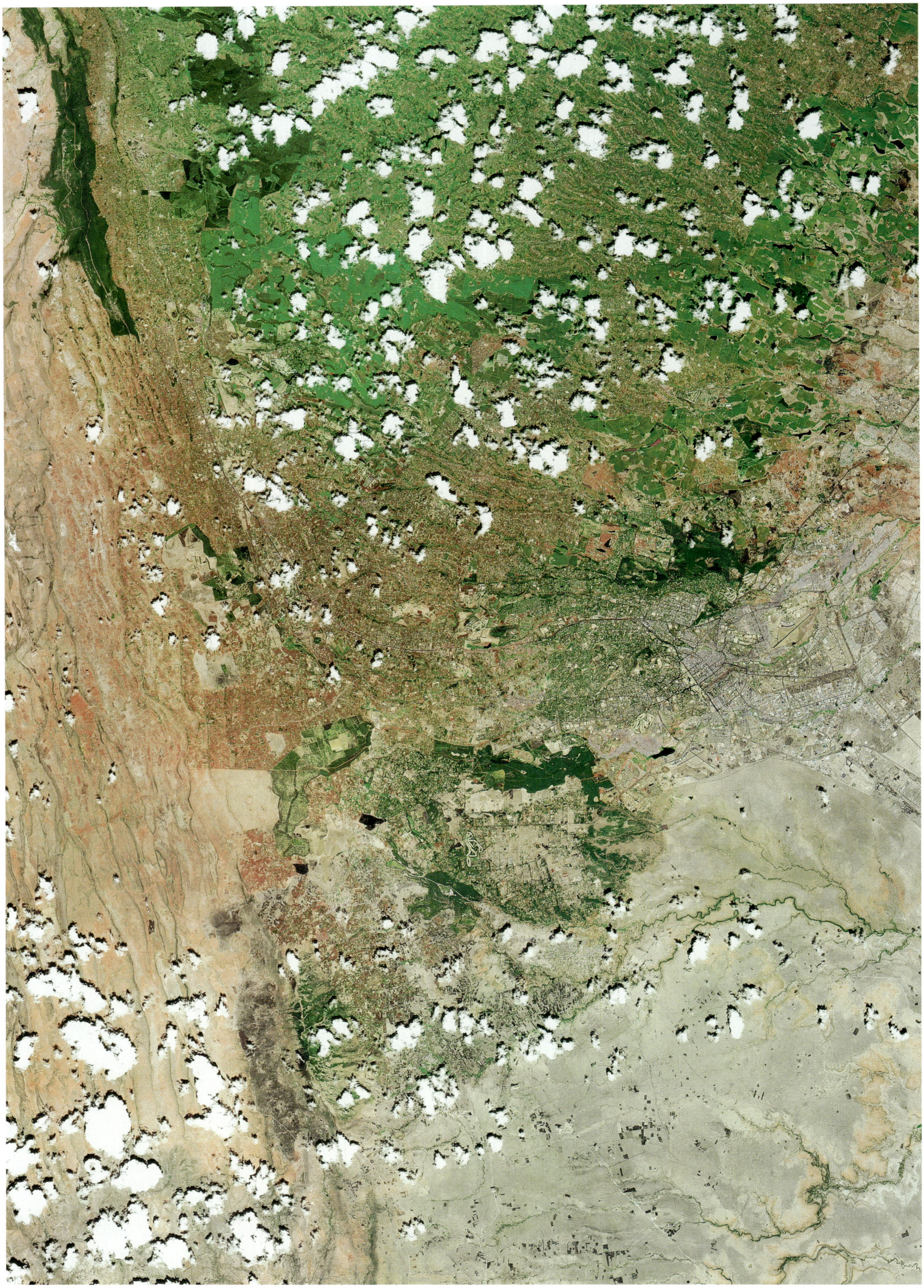

▷
Im Stadtzentrum Nairobis ältestes Hochhaus, das Keniata Konferenzzentrum, daneben das Parlament.

▷▷
Nairobi ist von weiten Landhausvierteln umgeben, die sich in den Grüngürtel ausdehnen.

△
Westlich von Nairobi sinkt das Land in Stufen in den trockenen Ostafrikanischen Grabenbruch ab.

△△
In den Büros der Stadt arbeitende Tagespendler nehmen Wartezeiten bis zu drei Stunden in Kauf, um mit einem Minibus nach Hause zu kommen.

Das Bild zeigt drei Landschaften: Im Westen die Randzone des Ostafrikanischen Grabenbruches, in der Mitte die gut befeuchteten und daher gut begrünten östlichen Grabenrandhöhen, und die östlich daran anschließende Trockensavanne. Nairobi liegt am Fuße der Grabenrandhöhe, von wo es auch sein Wasser bezieht.

koloniales Verwaltungs- und Dienstleistungszentrum für weiße Siedler mit einem wachsenden Anteil an asiatischen Händlern und Arbeitern sowie afrikanischen Dienstboten, Bau- und Eisenbahnarbeitern. Erst nach dem Zweiten Weltkrieg entwickelte sich die typische Kolonialstadt zum wichtigsten Verkehrs- und Kommunikationsknotenpunkt und bedeutendsten Standort für Industrieinvestitionen des ausländischen Kapitals in ganz Ostafrika. Heute ist Nairobi nationales Macht- und Entscheidungszentrum.

Die Stadt entwickelt sich als Sitz von Programmen der Vereinten Nationen wie dem UN Centre for Human Settlement und UNEP (Umweltprogramm) sowie anderer wichtiger internationaler Organisationen auch verstärkt zu einem afrikanischen Koordinationszentrum der Informationsflüsse und Entwicklungsaktivitäten. Nairobi ist aber gleichzeitig Anlaufstelle für Tausende von Arbeitsuchenden aus dem agrarischen Hinterland und den regionalen Krisengebieten. Nairobi wächst und stellt die Stadt vor Probleme wie Massenarbeitslosigkeit, Slumbildung, Kriminalität, Ressourcenknappheit und Verkehrschaos.

Wirtschaft

Kenias Industrie, Handel und Dienstleistungssektor konzentrieren sich um den Großraum der Hauptstadt, wo mehr als ein Drittel der gesamten Arbeitsplätze Kenias sind. Die Tourismusbranche ist der größte Devisenbringer und ein wichtiger Beschäftigungsfaktor. Die städtische Industrie produziert Gebrauchsgüter wie Textilien, Ölprodukte und Baustoffe. Auch kenianische Rohstoffe wie Kaffee, Tee, Früchte und andere landwirtschaftliche Produkte werden verarbeitet und exportiert.

Die wirtschaftliche Entwicklung Nairobis, die noch Ende der siebziger Jahre zu Hoffnungen Anlaß gab, stagnierte zwischen Mitte der 1980er- und Ende der 1990er-Jahre, bedingt vor allem durch strukturelle Faktoren, wie sinkende Weltmarktpreise für Kenias wichtigste Exportgüter, Dürrekatastrophen, die Schuldenkrise der achtziger Jahre, aber auch durch die globalen Ölkrisen und Rezessionen. Trotz der Konzentration der Arbeitsplätze im Raum Nairobi sind mindestens 50% der Beschäftigten Nairobis gezwungen, eine Arbeit oder eine Zusatzarbeit im informellen Sektor zu finden. Dieser Sektor versorgt einen großen Teil der unteren Einkommensschicht Nairobis mit billigen Gütern und Dienstleistungen. Rund 70% der im informellen Sektor Tätigen sind Frauen.

Räumliche und sozioökonomische Segregationsprozesse in Nairobi

Nairobi hat viele Facetten, eine der auffälligsten ist der räumliche und sozioökonomische Segregationsprozeß. Auf der einen Seite die internationale Großstadt, das wirtschaftliche und kulturelle Zentrum mit Niederlassungen von nationalen und transnationalen Konzernen, ausländischen Vertretungen, internationalen Organisationen, mit Universitäten, modernen Bildungs- und Kultureinrichtungen, mit mondänen Einkaufsstraßen, Luxushotels und Restaurants sowie breiten Boulevards, deren pulsierendes Leben eine Völker- und Einkommensvielfalt verrät, während auf der anderen Seite, unweit der City, die Begegnung mit den Kontrasten stattfindet. Ein Großteil der Stadtbewohner Nairobis lebt und arbeitet außerhalb des sogenannten Central Business Districts (CBD) in den angrenzenden Stadtteilen, wo andere Normen und Gesetze das Leben bestimmen.

In Nairobi geht die räumliche und gesellschaftliche Segregation und Stadtteilbildung auf koloniale Urbanisierungsmuster zurück; im hügeligen und grünen Nordwesten des Zentrums liegt das Villenviertel für die obere Einkommensschicht, auch im Nordwesten liegt das etwas dichter verbaute Viertel mit Ein- und Mehrfamilienhäusern, das mehrheitlich von Asiaten bewohnt ist und im Osten, Süden und Westen liegen die Stadtviertel der afrikanischen Bevölkerung, die sich in weniger dicht besiedelte Viertel mit mehrstöckigen Wohnbauten für die afrikanische Mittelschicht und dicht bebaute Viertel mit schlechterer Wohnsubstanz unterteilen. Mehr als ein Viertel der geschätzten vier Mio. Einwohner Nairobis lebt in Slums. In den vergangenen Jahrzehnten hat die Zuwanderung in die Stadtrandviertel im Süden und im Westen stark zugenommen. Dort entstehen meist illegale Squattersiedlungen mit einer Bevölkerungsdichte von rund 30.000 Ew./km^2.

Die Rolle Nairobis wird im Rahmen der zu erwartenden Globalisierungstendenz weiterhin an regionaler und globaler Bedeutung zunehmen, und die aufgezeigten Probleme werden neben nationalen auch internationale Lösungsansätze erfordern.

Irene Stacher

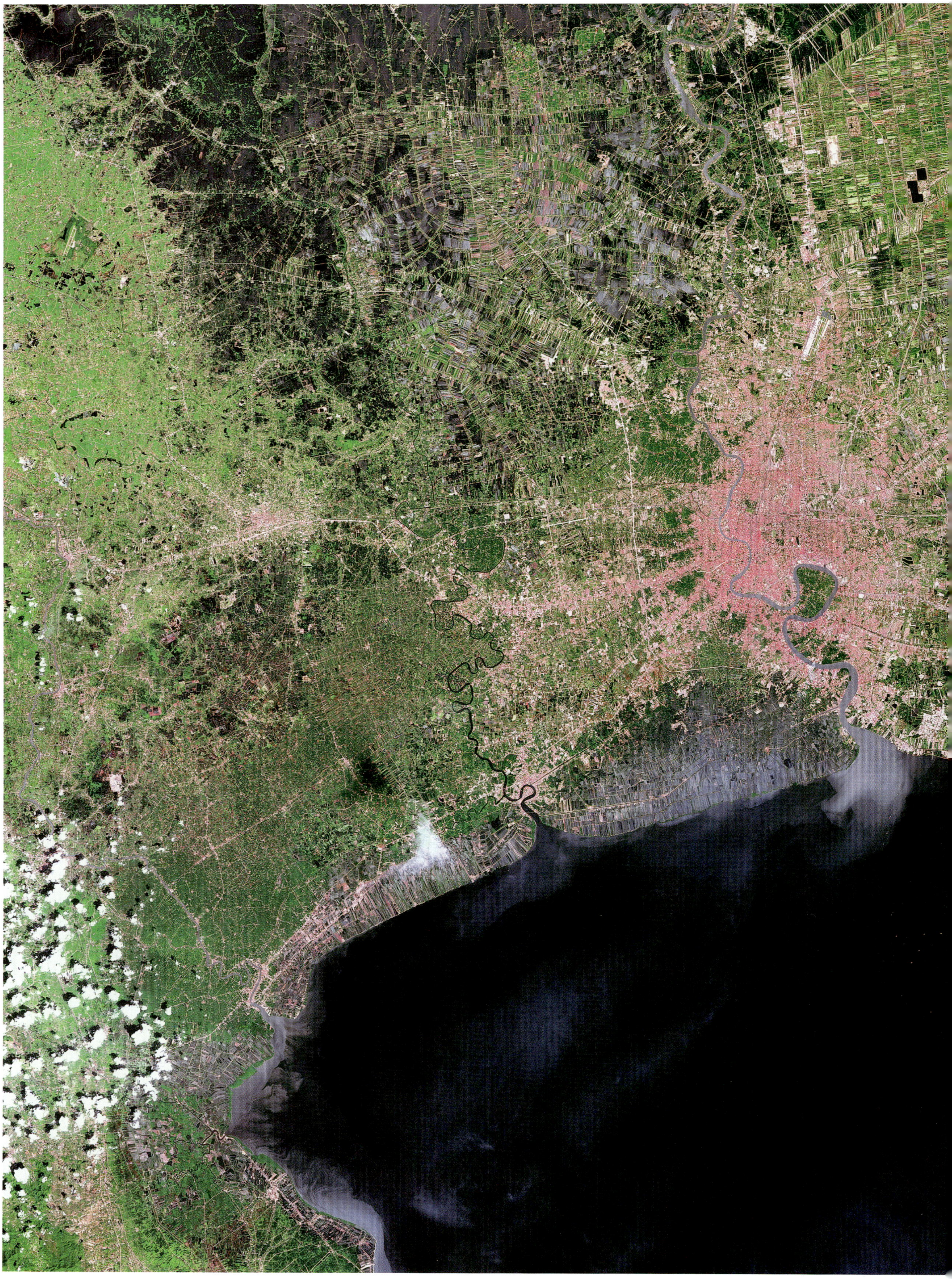

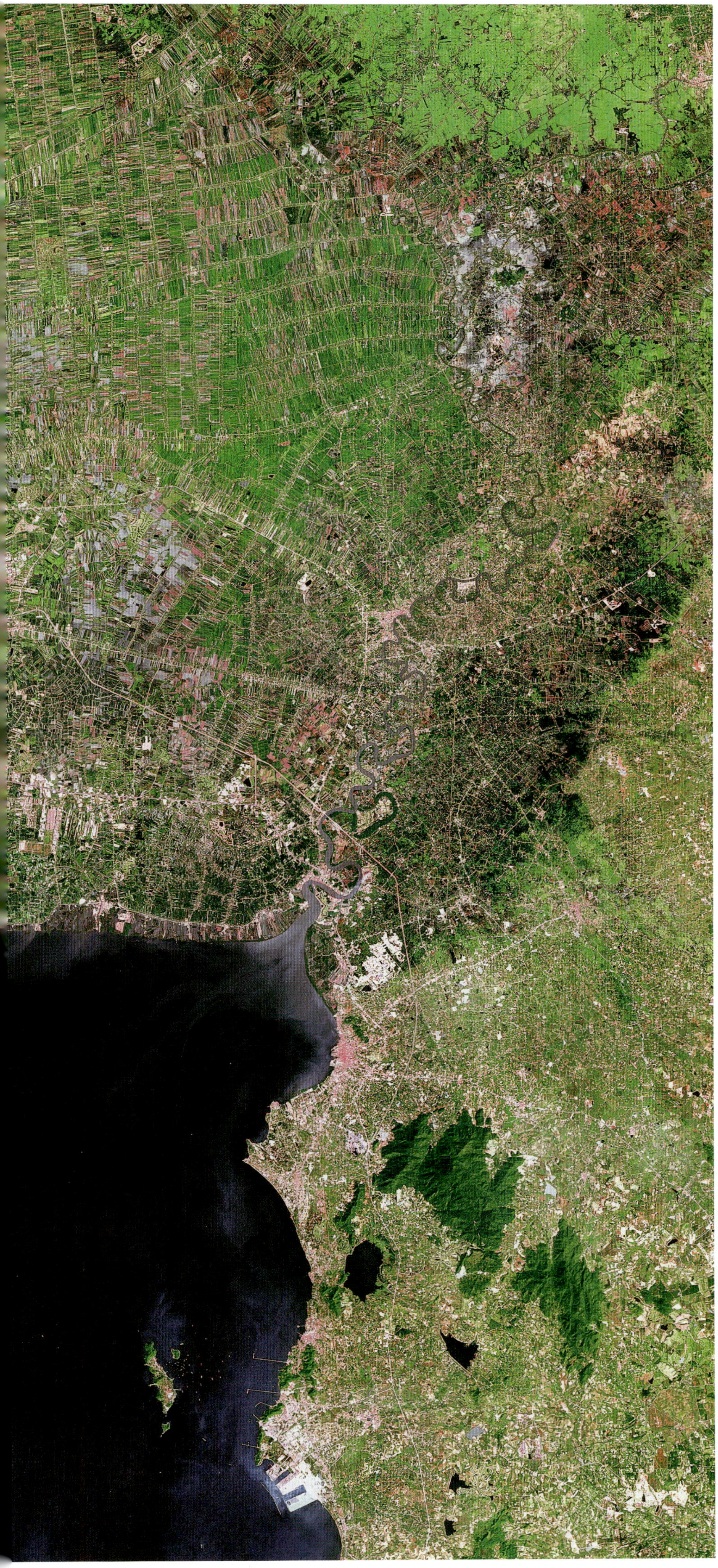

BANGKOK

Bangkoks Kapital ist seine Weltoffenheit. Diese Offenheit macht die Stadt aber auch verletzlich. Bangkok war das Epizentrum der asiatischen Finanzkrise des Jahres 1997, so dass seine Wirtschaft einen drastischen Rückgang verzeichnete. Daraus resultierende Belastungen lösen Verbesserungen aus. Aber wird sich der Wandel schnell genug vollziehen, um im sich rasch ändernden ostasiatischen Städtesystem wettbewerbsfähig zu bleiben?

Bangkok, eine der kosmopolitischsten Städte, ist ein Anziehungspunkt für Thais und Fremde gleichermaßen. Die ausgedehnte Stadtregion mit 17 Mill. Menschen, die Hälfte davon lebt im Stadtkern, ist Heimat von über 800.000 Ausland-Thais und begrüßt jährlich nahezu 10 Mill. Touristen. Noch bietet Bangkok ein einzigartiges Erlebnis – eine Verschmelzung von globalem und thailändischem Einfluß. Nirgendwo auf der Welt gibt es Tempel, postmoderne Gebäude und bunte Straßenverkäufer entlang der verstopften Verkehrswege in einer Art wie hier. Aber das ist nur die physische Dimension – die charakteristische Kultur, manifestiert in Küche, Lifestile, Unternehmertum sowie qualitativ hochwertigen Dienstleistungen verstärkt die Identität der Stadt. Die zeitliche Dimension ist gleichermaßen anregend – es ist eine 24-Stunden-Stadt. Das Ziel derer, die versuchen, die Stadt zu verbessern, ist es, ihre Dynamik, Weltoffenheit und Individualität zu bewahren und sich gleichzeitig den größten Problemen – Verkehrsstau, Luft- und Wasserverschmutzung und begrenzt verfügbarem öffentlichen Raum – zu widmen.

Bangkok wurde 1782 durch König Rama I. gegründet. Die Stadt dehnte sich rasch beiderseits des Chao Praya, Thailands wichtigstem Handels- und Kommunikationsweg, bevor der motorisierte Verkehr diese Funktion übernommen hat, aus. Bis zur ersten Hälfte des 20. Jahrhunderts war Bangkok eine Stadt mit von Bäumen gesäumten Kanälen, bekannt als „Venedig des Ostens". Seit die Kanäle aufgefüllt worden sind, um Durchgangsstraßen für den Autoverkehr zu schaffen und später hunderte Kilometer von Schnellstraßen zu bauen, wird sie oft mit Los Angeles verglichen.

▷
Der Kontrast zwischen traditionellen Tempelanlagen im klassischen Thai-Stil und moderner Hochhausarchitektur ist in Bangkok allgegenwärtig.

◁
Bangkok hat sich mittlerweile entlang des Chao Phraya bis zum Golf von Siam ausgedehnt, neue Siedlungen entstehen vor allem entlang der radial angelegten Ausfallstraßen. Auf den nicht bebauten Flächen sind Reisfelder angelegt.

▷▽
Die funktionale Gliederung einer Stadt wird durch eine Landnutzungsklassifizierung sichtbar wie sie unten dargestellt ist.

Wachstum und Entwicklung

Die Bangkok Metropolitan Region (BMR) kann in drei Teile gegliedert werden: den Stadtkern, die Vororte und das Umland. Die Bangkok Metropolitan Administration Area (BMA) umfaßt den Stadtkern. Kennzeichnend ist eine gemischte Landnutzung und eine mehrkernige Struktur. Mit der Zeit haben einige Geschäftsviertel an Bedeutung verloren, andere an Bedeutung gewonnen. Die Bevölkerung der BMA wächst langsam (0.25% jährlich), obwohl die Tagesbevölkerung auf 1 Mill. angestiegen ist. In den Vororten und im Umland erfolgt, bedingt durch die Überbevölkerung im Zentrum und eine entsprechende Politik, ein Zuwachs von über 2% im Jahr.

Die angrenzenden fünf Vorortregionen beherbergen über 3 Mill. Menschen. Zusammen mit der BMA bilden sie die BMR. Wie das Satellitenbild zeigt, entwickeln sich die Vororte primär entlang der Ausfallstraßen. Hier gibt es viel offenes Land, das Ergebnis von wenigen radialen Straßen und dem Fehlen von aufgeschlossenem Land dazwischen. Dies fördert eine sprunghafte Entwicklung des entlang der Hauptrouten 80 km und mehr von der Stadt. Da es keine Anreize gibt, näher am Stadtzentrum zu bauen, wird dieses Muster noch betont.

Jenseits der Vororte schließt Bangkok's Umland mit der Industrie an. Derzeit existieren Landwirtschaft und andere ländliche Aktivitäten noch neben der modernen Wirtschaft. Urbanisierung im großen Umfang erfolgt entlang der Ostküste des Golfes von Thailand (Eastern Seaboard) und im Gebiet um Ayutthaya im Norden. Die Landschaft wird geprägt durch ein Flickwerk aus grünen Feldern und Fabriken, unterbrochen von traditionellen Siedlungen. Das beherrschende Element sind Industrieflächen. Nahezu 90% der ausländischen Investoren in Thailand kamen in den 90er-Jahren in die EBR, überwiegend in das Umland.

Während weniger als 30% von Thailands 62 Mill. Einwohnern in der EBR wohnen, werden hier über 90% der Wertschöpfung in der Produktion und ein noch größerer Anteil bei gehobenen Tätigkeiten und Dienstleistungen verbucht.

Die innere geographische Struktur der Wirtschaft in der EBR verändert sich stark. Der Kern gilt zusehends als Wissenszentrum, während sich die Produktion im Umland ansiedelt. Die Mittelschicht bevorzugt die Vororte, aber merkliche „rust belt" (Rostgürtel)-Probleme treten auf. Die Dominanz der Produktion in den Vororten und im Umland ist eine der höchsten weltweit (> 60% des Bruttoregionalprodukts, BRP). Im Zentrum erreichen die Dienstleistungen > 50% des BRP.

Bangkok ist eine Stadt der mittleren Einkommenskategorie: 1998 betrug das Pro-Kopf-Einkommen USD 5.800 (US), wohin es in Folge der Finanzkrise in Asien, die in Bangkok begonnen hatte, von USD 9.000 gefallen ist. Die Einkommen hier sind 3.4 mal höher als im Landesdurchschnitt. Während der überhitzten Wirtschaftslage in den späten 80er- und frühen 90er-Jahren wuchs die Wirtschaft Bangkok's atemberaubend; mit 17.5% war es vermutlich das schnellste städtische Wirtschaftswachstum weltweit. Derzeitige Wachstumsraten sind mit rund 3% pro Jahr wesentlich niedriger.

Qualität der Stadt

Bangkok hat merkliche Vorschritte gemacht, sich seiner größten Probleme, u.a. Verkehrsstaus, Luftverschmutzung und Mangel an Grünflächen, anzunehmen. Die Einführung von bleifreiem Benzin hat die Bleikonzentration in der Luft auf 25% des Niveaus der späten 80er-Jahre reduziert. Neue Schnellstraßen haben den Verkehrsfluß verbessert. Ein auf 21 km ausgebautes öffentliches Verkehrsnetz bedient das mehrkernige Zentrum, wodurch eine Fahrt in den Stadtkern viel leichter gemacht und den zentrifugalen Kräften entgegengewirkt wurde. Zwei-Etagige Mautstraßen entlang der Haupt-, Nord- und Südachsen erschließen die Vororte und das Umland. Kombiniert mit neuen Ringstraßen sind diese Straßenverbesserungen vielversprechend und breiten sich weiter aus, wenn neue Gebiete für Wohn- und Industriezwecke erschlossen werden. Wenn nicht das System der stillgelegten Pendlerzüge rasch erschlossen wird, um die räumlich konzentrierte suburbane Entwicklung mehr zu fördern, wird Bangkok's Weg zur Abhängigkeit vom Auto ungehindert anhalten.

In den letzten vier Jahren hat die BMA energisch eine Politik der „grünen Stadt" verfolgt. 1997 hatte Bangkok - 0.5 m² Parkfläche pro Person – weit entfernt von Paris,

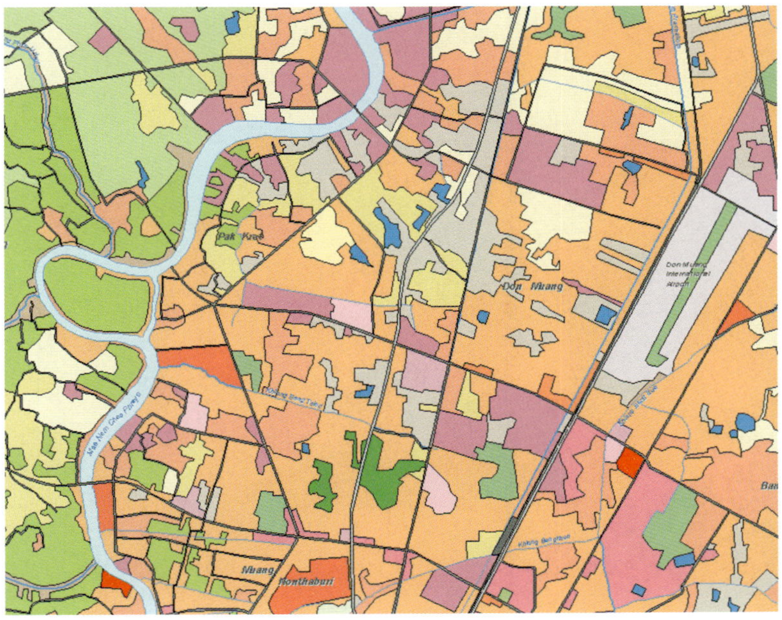

▷
Vogelmenschen, sog. Kinaree, in glänzendem Gold und reich verziert, übernehmen im Wat Phra Kaeo teilweise die Funktion der Tempelwächter.

◁
Das Ikonos-Bild zeigt das vom Chao Phraya durchflossene Zentrum von Bangkok. Einzelne Stadtviertel unterscheiden sich durch ihre Struktur, am linken Bildrand der Bahnhof, rechts unten der königliche Palast Wat Phra Kaeo.

▽
Ausbreitung der Stadtfläche von 1900 bis 1998.

das 12.2 m² pro Einwohner aufweist. Eine Reihe von „pocket parks" wurden geschaffen und zahlreiche Bäume gepflanzt. Es wird erwogen, das Bang Kachao-Gebiet jenseits des Hafens – im Satellitenbild als auffallend grüner Fleck zu sehen – offiziell als die „Lunge" von Bangkok auszuweisen. Der schlechte Zugang hat das Gebiet vor einer intensiveren Entwicklung bewahrt.

Bangkok hat einige der gewagtesten modernen Bauten Ostasiens. Sie befinden sich neben traditionellen Tempeln und Geschäftshäusern, Slums und Villen und führen zu reizvollen Nachbarschaften mit konträren Nutzungen und Einkommen. Bangkok's innerster Kern hat einige besondere Bezirke wie das historische und Regierungsviertel (Rattanakosin), den Finanzdistrikt (z.B. Silom) oder die Tourismus-/ Spitals-/ Einzelhandelszone (z.B. Sukhumvit). Ethnische Viertel tragen zur Mannigfaltigkeit der Stadt bei.

Etwa 1.3 Mill. Menschen in Bangkok leben in Elendsvierteln, welche die ausgeprägten Einkommensunterschiede widerspiegeln. Während die Zahl der Slums und die Anzahl der dort lebenden Menschen im Stadtkern abnimmt, tauchen neue Slums in den Randzonen auf, insbesondere in den Industriezonen im Osten.

Naturgefahren

Bangkok ist mit wenig Naturgefahren konfrontiert. Abgesehen von fallweiser Wasserknappheit, wenn landeinwärts Trockenheit herrscht, ist Hochwasser die einzige wirkliche Bedrohung. Die Stadt liegt auf einer Schwemmebene, umgeben von fruchtbaren Reisfeldern, sodaß das Umland häufig überschwemmt ist. Vor Mitte der 80er-Jahre stand Bangkok am Ende jeder Regenzeit regelmäßig unter Wasser. Als Folge des schweren Hochwassers von 1983 trat zum Schutz der Stadt ein umfassender Vorsorgeplan in Kraft.

Chancen und Gefahren für die Stadt

Wie erwähnt, hatte die asiatische Finanzkrise von 1997 eine starke Einschränkung der Wirtschaft zur Folge. Der größte Hemmschuh, eine höherwertige Wirtschaft zu entwickeln, um mit aufstrebenden ostasiatischen Städten – wie Shanghai – konkurrieren zu können, sind menschliche Ressourcen. Eine gesunde Wirschaft wird zukünftig von der Fähigkeit der BMA abhängen, einerseits international konkurrenzfähige und fortschrittliche Unternehmen, stabile politische Verhältnisse und Gastlichkeit bereitzustellen, andererseits von der Ansiedelung oder Weiterentwicklung höherwertiger Betriebe in den Vororten und im Umland. Obwohl Bangkok eine hohe Bildungsquote hat, gibt es einen deutlichen Mangel an Fachkräften auf den schnell wachsenden Gebieten wie Computerwissenschaften, Rechnungswesen, Ingenieurwesen, Planung und Management – genau die Fertigkeiten, um die Wachstumskurve hinaufklettern zu lassen. Zweitens beeinflußt der derzeitige Dezentralisationsprozeß in Finanz und Verwaltung Planung und Management außerhalb der BMA. Die Regionalverwaltungen in den fünf Vorort-Provinzen und im Umland bestehen aus einer Vielzahl kleiner Städte und Orte, denen es kaum möglich ist, die Komplexität der raschen Urbanisierung und Industrialisierung zu handhaben. Zum Beispiel in den drei Provinzen der Eastern Seaboard Industriezone – hier leben fast 3 Mill. Menschen – teilen sich knapp 500 Lokalverwaltungen mit großteils wenig Kapazität die Regierungsverantwortung. Nur die BMA hat die Voraussetzung, die umfassende Urbanisierung zu handhaben. In den nächsten 15 Jahren wird die Bevölkerung außerhalb der BMA schneller wachsen als im Zentrum von Bangkok.

Ungeachtet dieser Schwierigkeiten hat Bangkok eine glänzende Zukunft. Offenheit, Mannigfaltigkeit, Anpassungsfähigkeit und Kreativität sind wichtige Kräfte in einer sich schnell wandelnden Welt mit zunehmender Globalisierung.

Douglas Webster, Larissa Muller

BEIJING

Beijing ist die Hauptstadt der Volksrepublik China und mit einer Bevölkerung von 12,5 Mio. eine der großen Megacities dieser Welt. Die Stadt erstreckt sich über eine Fläche von 16.800 km² – drei Viertel davon sind ländliche Peripherie.

Beijing liegt am nordwestlichen Rand der Nordchinesischen Ebene. Diese vorteilhafte Lage in der reichsten, fruchtbaren und sehr dicht besiedelten Region Chinas wird nach Norden hin durch die Hügelkette Jundu Shan und nach Westen durch den Berg Xi Shan sowie durch die Chinesische Mauer zusätzlich abgeschirmt. Die Hügelketten sind von mittlerer Höhe, d.h. über 800 m hoch. 14% des Stadtgebiets liegen in diesen Hügeln, sowie weitere 35% auf niedrigerem Hügelland (200–800 m). Das restliche Gebiet besteht aus sanften Hügeln unter 200 m, Terrassen und breiten Tälern, die sich für die Landwirtschaft ebenso wie zur städtischen Bebauung eignen.

Klimatisch betrachtet liegt Beijing im Westwindgürtel. Obgleich es nur 150 km vom Meer entfernt liegt, bieten die Halbinseln Korea und Shangdong merklichen Schutz vor dem maritimen Klima, sodaß die typischen Merkmale des Monsunklimas stärker zur Geltung kommen: es gibt vier deutlich unterschiedliche Jahreszeiten, wobei die jährliche Durchschnittstemperatur 11,5° C beträgt. 70% des durchschnittlichen jährlichen Niederschlags von 630 mm fallen im Juli und August. Die Stadt ist sehr anfällig für Naturkatastrophen – Aufzeichnungen belegen, daß von zehn Jahren im Schnitt eines eine Dürreperiode und eines Überschwemmungen bringt; nur durchschnittlich 3 von 10 Jahren sind „normal". In den letzten 1600 Jahren kam es 12x zu Erdbeben der Stärke 5,5 und darüber.

Kultur und historische Bedeutung

Beijing blickt auf eine sehr lange, beinahe ununterbrochene Geschichte als Hauptstadt Chinas zurück (seit 1271). Die heutige Stadt liegt auf einer kleinen Ebene, die vor 2–3 Millionen Jahren eine flache Bucht gewesen und nach

und nach von den angeschwemmten Sedimenten der Flüsse Yongding und Chaobai aufgefüllt worden ist. Als vor über 3000 Jahren die Stadt Ji gegründet wurde, war die Ebene noch sumpfig. Um von der Nordchinesischen Ebene in die Beijing-Ebene zu gelangen, boten sich nur die fächerförmig angeschwemmten höheren Böden an, die das Sumpfland durchzogen. Das Schwemmland am Yongding entwickelte sich zu einem strategisch wichtigen Knoten, an dem langsam die Stadt Beijing entstand; unter der Yuan-Dynastie (1271-1368) wurde sie schließlich zur "Da Du" (große Hauptstadt) von China. Mit Ausnahme der ersten Jahrzehnte der Ming-Dynastie behielt es den Rang der Hauptstadt bis zum Ende der Ching-Dynastie (1911). Danach wurde die Hauptstadt mehrfach verlegt. Doch seit der Gründung der Volksrepublik China im Jahr 1949 hat Beijing diesen Status wieder inne.

Das größte kulturelle Kleinod Beijings sind die Verbotene Stadt und mehrere architektonisch wertvolle zeremonielle Bauten darin. Ihre Anordnung und Funktionen entsprechen den wesentlichen Prinzipien der chinesischen Zivilisation. Sie ist streng nach der Vorlage von Li Ji angelegt, einem der herausragendsten konfuzianistischen Meister und symbolisiert die Rollen des Kaisers und seiner Beamten, seine Beziehung zur Natur und zu den Vorfahren. Der Grundriß und das Design, die Bezeichnungen und Funktionen dieser Gebäude sowie die Durchführung von Ritualen in ihnen symbolisiert für die Chinesen ihren grundliegenden Glauben an die gegenseitige Beeinflussung der menschlichen Welt und der Natur und die Grundregeln menschlichen Verhaltens. Im kommunistischen China blieb die Verbotene Stadt erhalten und wurde als Denkmal geschützt; heute ist sie ein riesiges Kulturmuseum.

Bevölkerung, Bildung, Gesundheit

Von den 12,48 Mio. Einwohnern im Jahr 1998 waren 2,3 Millionen Inhaber von befristeten Aufenthaltsgenehmigungen, da es schwierig ist, permanentes Wohnrecht in Beijing zu erhalten. Laut einer Erhebung von 1997 waren 18% der Gesamtbevölkerung 1-15 Jahre alt, die erwerbsfähige Bevölkerung (Männer: 15-59 Jahre; Frauen: 15-54 Jahre) stellte 65%. Weitere 16% waren älter, rund ein Drittel in dieser Altersgruppe war pflegebedürftig. Im Durchschnitt ist die Bevölkerung also jung und produktiv. Das Bevölkerungswachstum ist erst vor kurzem von seinem historischen Höchststand von 9,7‰ auf 1,9‰ zurückgegangen. Bei den jüngsten Erhebungen lag die Geburtenrate bei 1,9‰ und die Sterberate bei 6,02‰.

Der Bevölkerungszuwachs durch Zuwanderung ist zur Zeit dreimal höher als das natürliche Wachstum. 78% arbeiten im Baugewerbe, in der Industrie und im Handel. Größtenteils handelt es sich hier um Menschen mit geringerer Schulbildung, die Beijings Baugewerbe und Dienstleistungssektor als billige Arbeitskräfte zur Verfügung stehen.

Die Stadtbevölkerung hat im Gegensatz zum Rest des Landes ein recht hohes Bildungsniveau. Auf 10.000 Einwohner kommen 181 Studenten, etwa 7x so viel wie im Landesdurchschnitt, und 46% mehr Schüler als im Landesdurchschnitt besuchen weiterführende Schulen. Obwohl nur 1% der nationalen Gesamtbevölkerung in Beijing lebt,

Die verbotene Stadt - kaiserlicher Palast in den Ming- und Qing-Dynastien bis zur Vertreibung des „letzten Kaisers“ im Jahr 1924 – ist sie mit 74 ha immer noch der größte Palastkomplex weltweit. Von der UNESCO wurde sie 1987 in die Liste der Weltkulturerben aufgenommen.

Bejing liegt im Nordosten Chinas. Gegen Norden und Westen wird die Entwicklung von den Bergen begrenzt, nach Südosten hin ist eine ungehinderte Ausdehnung in die Ebene möglich.

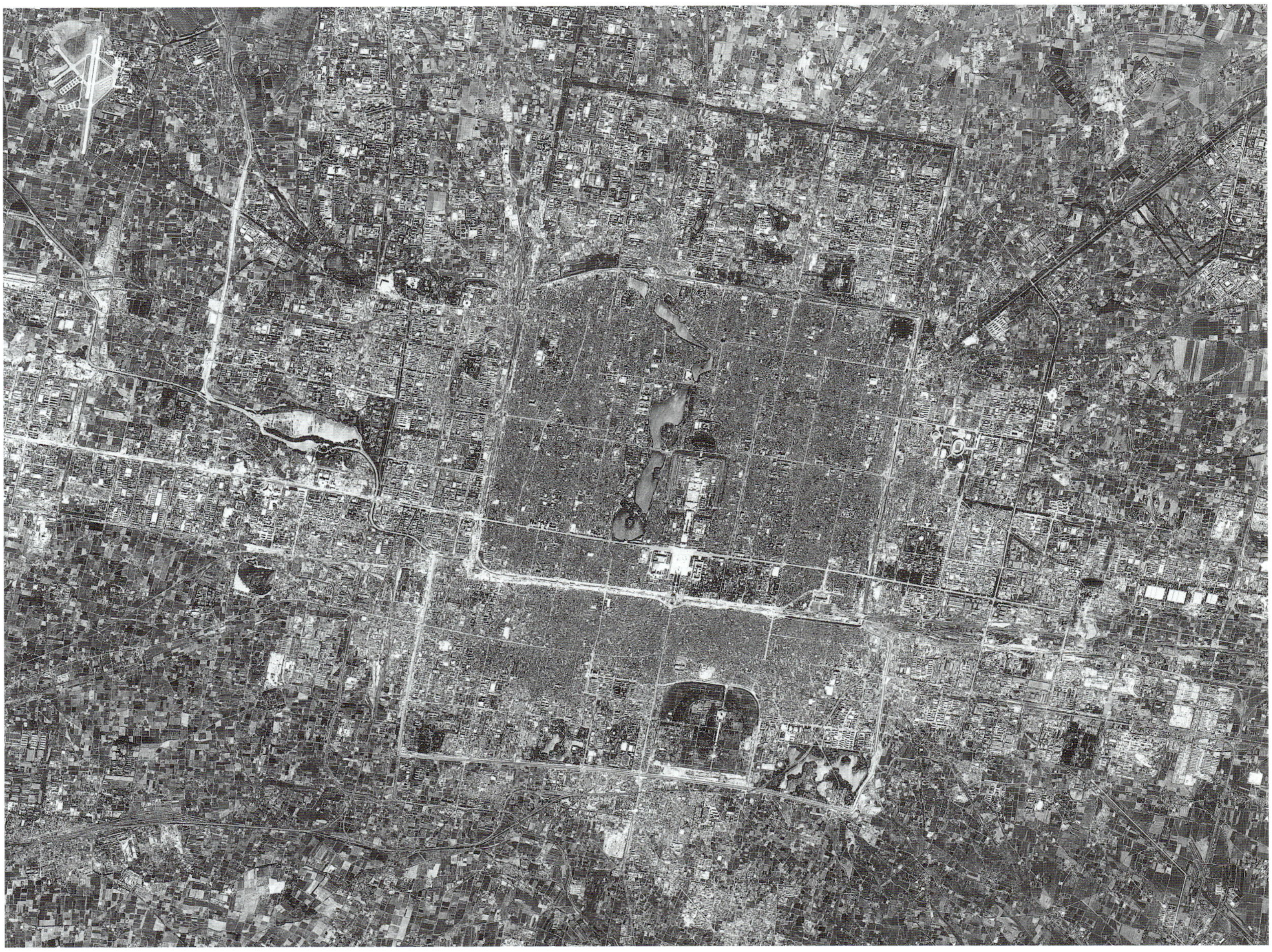

Die Corona-Aufnahme von 1967 zeigt das Stadtzentrum: in der Mitte die Verbotene Stadt mit der Seenlandschaft, darunter der Tianéanmen Platz. Auffallend ist die meist schachbrettartige Straßenführung. Historische Satellitenaufnahmen eignen sich vorzüglich, Strukturänderungen und das Wachstum von Städten zu erfassen.

gibt es hier auch hohe Prozentsätze an Hochschulabsolventen, gut ausgebildeten Ingenieuren, Forschungsinstituten und erteilten Patenten, was die nationale Führungsposition Beijings belegt. Darüber hinaus bietet Beijing auch eine bessere Gesundheitsversorgung. Pro 1000 Einwohner stehen 5,06 Ärzte und 6,06 Krankenhausbetten zur Verfügung, während der Landesdurchschnitt bei 1,60 beziehungsweise 2,33 liegt. Sowohl Beijing als auch Shanghai dienen für die jeweils umliegenden Regionen als Anlaufzentrum für die medizinische Versorgung.

Wirtschaft

Im Jahr 1998 betrug Beijings Bruttoinlandsprodukt 201 Mrd. Yen, was einer Wachstumsrate von 9,7% entsprach und 35% über dem nationalen Durchschnitt lag. Bei der Betrachtung der Anteile der drei Wirtschaftssektoren (primär: 4,3%, sekundär: 39,3%, tertiär: 56,4%) wird deutlich, daß seit 1978 eine Verlagerung stattgefunden hat: Der Schwerpunkt, der einst auf der Produktion lag, spiegelt nun Beijings Rolle als politisches und kulturelles Zentrum des Landes wider.

Obwohl in der Landwirtschaft ein deutlicher Rückgang zu verzeichnen ist, gehört nach wie vor eine landwirtschaftlich genutzte Fläche von 155.706 ha zur Stadt. Davon werden 113.787 ha für Getreide und 13.901 ha für den Gemüseanbau verwendet.

Während der Zentralplan-Wirtschaft wurden Industrieanlagen mit hohem Energieverbrauch und hohem Schadstoffausstoß zu einem großen Problem in Beijing. Seit 1981 findet eine Verlagerung des Schwerpunktes weg von den entsprechenden Industriezweigen statt. Wenn die Stadt auch in der chinesischen Stahlproduktion noch immer den fünften Rang inne hat, so zeigen doch auch Ansätze, stattdessen technologieintensive Industrien zu fördern, bereits Erfolge. In der Produktion von PCs liegt Beijing landesweit an erster Stelle.

Beijings Wirtschaft hat sich rasch und erfolgreich auf Führungs- und Schlüsselpositionen in der Kommunikation verlagert, wie anhand mehrerer Fakten ersichtlich wird: In Beijing sind 75 der 500 größten chinesischen

Mao Tse Tung (1883–1976) gründete im Jahr 1949 die Volksrepublik China. Er war der Anführer der Proletarischen Kulturrevolution, die ihren Höhepunkte zwischen 1966–1969 hatte. Gemeinsam mit den Gründern der Han- und Ming Dynastien war er in der Geschichte Chinas einer von lediglich drei Bauern, die den Sprung an die Staatsspitze schafften.

Beijing – Stadt der Radfahrer: sowohl der motorisierte als auch der Radverkehr können gigantische Ausmaße annehmen. Die Hauptverkehrsadern verfügen über separate großzügige Fahrbahnen für Radfahrer.

Import- und Exportgesellschaften ansässig (in Shanghai sind es nur 44), und ebenso hat es die meisten Niederlassungen von ausländischen Telekommunikationsunternehmen, Computerfirmen und Finanzinstituten. Zwar ist Beijing gemessen am Im- und Export kein sehr wichtiger Umschlagplatz von Rohmaterialien und Gütern, doch sitzt hier ein Großteil der Entscheidungsträger und der Finanzen der modernen Wirtschaft des gesamten Landes. Nur 1% der chinesischen Gesamtbevölkerung wohnt in Beijing, doch finden sich hier die meisten Telefonleitungen, Mobiltelefone und – bei 361 internationalen Flügen pro Woche – die meisten ausländischen Touristen. Bisher ist Beijing nur innerhalb Chinas von größter Wichtigkeit, doch mit zunehmender Beteiligung Chinas als große Nation an der globalen Weltwirtschaft wird es rasch an internationaler Bedeutung gewinnen.

Ausländische Akteure spielen in Beijings Wirtschaft eine große Rolle. Wenn China der World Trade Organisation beitritt und das Land sich internationalen wirtschaftlichen Aktivitäten weiter öffnet, werden auch zunehmend ausländische Direktinvestitionen nach Beijing fließen und die Rolle der Stadt als Koordinationszentrum in China weiter stärken. Bisher sind jedoch die Auswirkungen der Planwirtschaft noch deutlich zu spüren. In der Industrie und auf dem Arbeitsmarkt dominiert noch immer der staatliche Sektor, bei dem noch 1998 71% der gesamten Erwerbstätigen angestellt waren und der einen ebenso großen Anteil (gemessen am Bruttowert) an der industriellen Produktion gehabt hatte.

Das Gesamteinkommen der Stadt im Jahr 1998 betrug 22,9 Mrd. Yen, doch flossen 6,3 Milliarden Yen als Subventionen an defizitäre Staatsunternehmen. Mit 28 Mrd. Yen waren die Ausgaben der Stadtverwaltung höher als die Einnahmen. Daher war ein Kapitaltransfer von der Zentralregierung nötig, um Ausgleich zu schaffen. Der größte Ausgabenfaktor ist die Bildung, danach kommen Sozialhilfe, Justiz und das Gesundheitswesen.

Im Süden an die Verbotene Stadt angrenzend liegt der Tianëanmen Platz (Platz des Himmlischen Friedens), der größte Innenstadtplatz der Welt. Mit 500x800 m faßt er mehr als eine Million Menschen. Chinas imperiale Vergangenheit, seine Revolutionen und politsche Gegenwart spiegeln sich hier wider.

Eine saubere Stadt ist eine schöne Stadt

Mitte der 90er-Jahre galt Beijing als eine der Städte mit der höchsten Umweltverschmutzung der Welt. Die Hauptursache der Verschmutzung waren die Abgase der 1,4 Mio. Kraftfahrzeuge, die Emissionen von über 5000 Fabriken und die Verwendung von Kohle zum Kochen und Heizen in Privathaushalten. Für die Jahre 1998-2002 hat die Stadtverwaltung einen umfassenden Plan zur Verbesserung der Umwelt angesetzt. Ziel ist es, bereits im Jahr 2002 die meiste Zeit die Luftgütestufe 2 zu erreichen. Bereits im Oktober 1999 war Kohle als hauptsächlich verwendetes Brennmaterial in Privathaushalten von Erdgas abgelöst worden. Seit 1998 wurden darüber hinaus 67 Großprojekte in der Stadt ins Leben gerufen, um den 50. Jahrestag der Gründung der Volksrepublik China im Jahr 1999 zu feiern. Die wichtigsten waren der Bau der neuen, 6,8 km langen Ost-West-Verbindungsstraße Ping An Avenue und der 200 km langen Umfahrungsautobahn.

Die Ausrichtung der Olympischen Sommerspiele im Jahr 2008 wird nicht nur eine Vielzahl an Besuchern aus aller Welt, sondern auch weitere große bauliche Veränderungen für Beijing mit sich bringen. *Victor F.S. Sit*

CALCUTTA

Calcutta wurde weltweit zum Synonym für Armut und menschenunwürdige Lebensbedingungen. Doch war und ist Calcutta auch Indiens Kulturhauptstadt voll intellektueller Vitalität und beginnt sich nun nach jahrzehntelangem Niedergang zu konsolidieren.

Als Job Charnock, Agent der East India Company, 1690 eine kleine Faktorei beim Dorf Kalikata gründete, deutete nichts darauf hin, daß dies die Keimzelle der später wichtigsten und schönsten Metropole des British Empire nach London sein sollte. Calcutta, eine der größten Megacities der Welt (Schätzung 2001: 12,5 Mio.) ist heute Hauptstadt des Bundesstaates West-Bengalen. Auch für die Himalayastaaten Nepal und Bhutan ist sie das Tor zur Welt. Die Kernstadt liegt am Hoogly, einem Nebenarm des Ganges, etwa 155 km stromaufwärts der Mündung in den Golf von Bengalen. Das feuchtheiße Monsunklima wie malariaverseuchtes Sumpf- und Marschengelände zu beiden Ufern ließen durch lange Zeit eine Besiedlung nur in schmalen Streifen entlang des Flusses zu. Trotzdem erfolgte der Aufschwung der Stadt so rasch, daß sie bereits 1772 zur Hauptstadt Britisch Indiens erhoben wurde und diese führende Position bis 1912 (Verlagerung nach Delhi) innehatte. Nach der Urbarmachung des Landes durch die Briten entwickelte sich zunächst eine zweigeteilte Stadt, in welcher Europäer und Inder räumlich getrennt lebten, doch von Beginn an wurde Calcutta zum wichtigsten Mittler zwischen Ost und West. Ab Mitte des 19. Jahrhundert kam es in der Hochblüte der Kolonialzeit zur Durchdringung des Subkontinents und zur Öffnung eines weiten Hinterlandes, was sich auch im Aufbau einer kosmopolitischen Bevölkerung, in der Anlage von Prachtstraßen und Palästen widerspiegelte. Im 20. Jahrhundert führten eine Reihe von Gründen (Teilung Bengalens, Verlust der Hauptstadtfunktion, mehrfache Flüchtlingswellen aus Ostpakistan /Bangladesh, politische Lähmung) zum steten Niedergang, wobei die Bevölkerung trotzdem von 1,5 Mio. im Jahr 1901 auf 11 Mio. im Jahr 1991 wuchs.

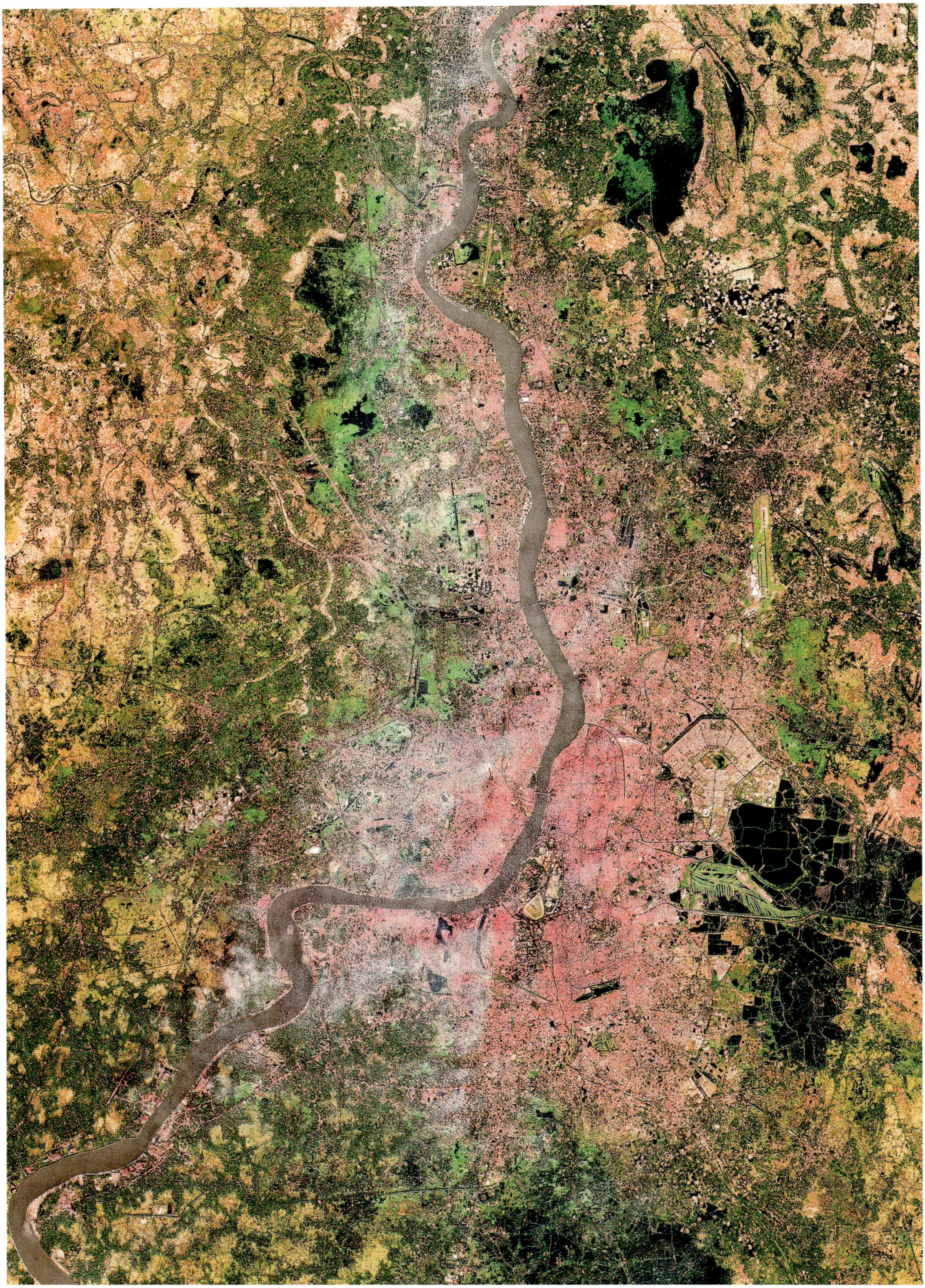

Kalkutta, die dichtest besiedelte Stadt Indiens, 155 km nördlich des Golfes von Bengalen. Diese Stadt dehnt sich stromaufwärts entlang des Flusses Hougli aus.

Calcutta (Kolkata) heute

Noch immer bestimmt in der Altstadt das koloniale Erbe die Physiognomie. Die wichtigsten Bauten repräsentieren Mischstile klassischer westlicher Einflüsse und der Mogul-Architektur. In weiten Teilen Calcuttas sind Parks Mangelware, nur der zentral gelegene Maidan mit 500 ha fungiert als grüne Lunge und dient sowohl sportlichen Aktivitäten als auch für die fast täglich stattfindenden politischen Massenversammlungen. Die Altstadtgebiete wirken heute heruntergekommen, weisen oft kaum vorstellbare Wohndichten auf, wobei die Bevölkerung überwiegend nach Sprach- und Religionsgruppen sowie Kasten getrennt ist. Die Mehrzahl der Bewohner muß aber in den ca. 3.000 Slums zu überleben versuchen, den sogenannten „bustees". Slumbeseitigungsprogramme sind längst „Verbesserungs"-Programmen gewichen, wobei verschiedenste Behörden, internationale Organisationen und Nicht-Regierungs-Organisationen gerade im letzten Jahrzehnt vieles bewirkten. Damit sollen die Alltagsprobleme nicht geleugnet werden: die gesamte Infrastruktur ist veraltet und bedarf dringender Überholung: Strom- und Wasserversorgung, Straßennetz, öffentlicher Verkehr, Wohnungsbau usw., wobei der Hoogly traditionell die größte Barriere in der Stadtplanung und -erweiterung darstellt. Trotz immenser Probleme gibt es deutliche Zeichen des Aufschwungs: Indiens erste und bisher einzige Metro von Dum Dum nach Tollygunge (17 km), die größte Science City des Landes, neue Satellitenstädte wie Salt Lake City oder Rajarhat sowie Info-Tech-Zentren (Infinity Complex, Saltlec, FEPZ).

△
Typisch für das alte Kalkutta sind mehrgeschossige Geschäfts- und Wohnhäuser, die dem Klima entsprechend vor den Balkonen kunstvolle schattenspendende Holzfassaden besitzen.

△△
Badevergnügen einer Ringergruppe am Hougli.

Wirtschaft

Eine Serie von Ereignissen lähmte nach der Unabhängigkeit die ökonomische Entfaltung: der Niedergang der Jute-Industrie und die Versandung des Hafens, häufige Streiks und die Herrschaft der links-orientierten United Front (1976–2000). Kapitalflucht, Verlust von Jobs und Auszug tausender Unternehmer waren die Folge. Eine Analyse der Globalisierungseinflüsse auf das städtische System Indiens beweist, wie sehr Calcutta und der Osten Indiens seit der Wirtschaftsliberalisierung 1991 sowohl von internationalen Kapitalzuflüssen als auch nationalen Investments benachteiligt werden. Trotz allem bleibt Calcutta die Wirtschaftsmetropole des östlichen Indien. Es existiert eine breite Palette der Schwer- und Leichtindustrie, vom Maschinen- und Schiffsbau über alle Branchen der Konsumgüterindustrie bis hin zum noch immer bedeutenden Teehandel und dem Management der großen Bergbauvorkommen in Bihar und Orissa. In der High-Tech-Entwicklung liegt die Metropole weit hinter Bangalore, Pune oder Hyderabad, unternimmt jedoch große Anstrengungen aufzuholen. Während die Headquarters wichtiger Banken, Versicherungen und Firmen weitgehend in andere Metropolen Indiens verlagert worden sind, verblieben in Calcutta zumeist nur regionale Produktions- oder Operationszentren. Investitionen tätigten Konzerne wie Unilever, Siemens, ABB, Dunlop oder Philips. Auch führende indische Häuser sind präsent: Tata, Birla, Goenka, Modi, Jindal. Die Börse nimmt immer noch die zweite Position hinter Mumbai ein.

Die Menschen und ihre Kultur

Wie jede indische Metropole besteht auch Calcutta aus einem bunten Mosaik von Sprach- und Religionsgruppen. Ein Viertel der Immigranten kommt aus Bangladesh, aber in der Stadt leben Bevölkerungsgruppen aus allen Teilen Indiens. Eine führende Rolle im Wirtschaftsleben spielen Marwaris aus Rajasthan, die früher bedeutenden Anglo Inder und Chinesen verlieren zunehmend an Bedeutung. Die führende Religion ist der Hinduismus, stärkste Minorität der Islam, daneben auch Christen, Sikhs, Jains und Buddhisten. Mit einigem Recht kann Calcutta immer noch als intellektuelle Hochburg Indiens bezeichnet werden. Es ist die Stadt der Philosophen und Poeten, der Filmemacher, der Wissenschafter und nicht zuletzt von Mutter Theresa. Drei Universitäten – University of Calcutta (1857), Jadapur University (1955) und Rabindra Bharati University (1962), ehrwürdige Institutionen wie die Asiatic Society (1784) oder prestigereiche jüngere wie das Indian Institute of Management Studies, eine große Anzahl von Colleges, Bibliotheken, Museen und Forschungseinrichtungen belegen es. Besser illustriert wird dies vielleicht noch durch ca. 700 Literaturmagazine, 1.200 Theatergruppen oder 55 Filmclubs. In welcher anderen Stadt strömen 10.000 Besucher zu einem open-air Poesie-Festival? Es scheint, als ob das Stillen des kulturellen Hungers für viele noch wichtiger ist als das tägliche Brot.

Heinz Nissel

Erinnerungen an die Zeit des Commonwealth: das Victoria Memorial in Kalkutta.

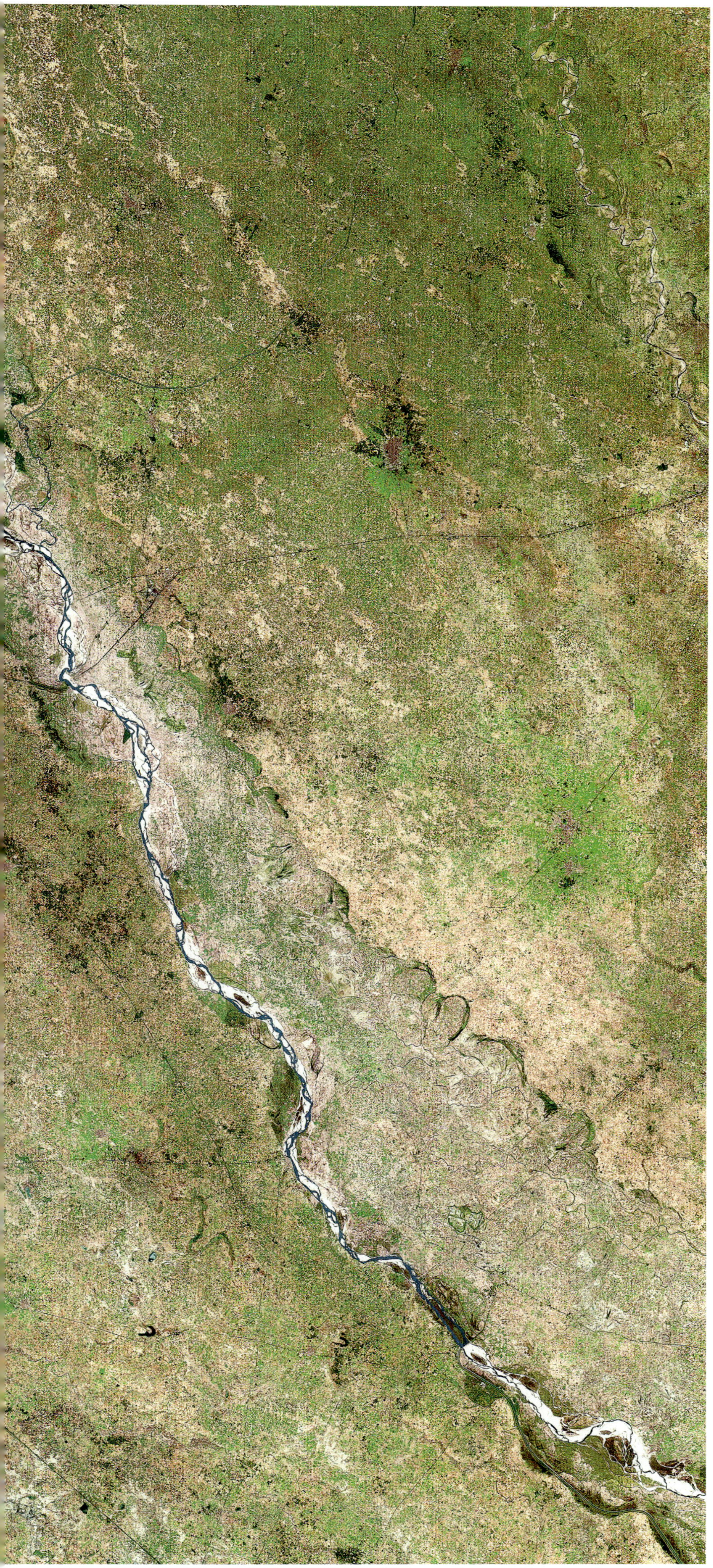

DELHI

Delhi – New Delhi gilt mit einer mehr als drei Jahrtausende umfassenden Siedlungsgeschichte als Symbol für Einheit und Kontinuität des indischen Subkontinents.
Wechselnde Dynastien und immer neue Führungseliten haben über die Jahrhunderte versucht ihren politischen und kulturellen Führungsanspruch durch die Um- und Neugestaltung der Stadt zum Ausdruck zu bringen.

Die symbolische Bedeutung Delhis als Machtzentrum, die aus einer mehr als drei Jahrtausende umfassenden Siedlungsgeschichte gewachsen ist, wirkt bis heute nach: Hinduismus und Islam, Kolonialismus und Unabhängigkeitskampf sowie schließlich der Aufbau des demokratischen unabhängigen Indiens haben jeweils entscheidenden Einfluß auf die Stadtentwicklung gehabt und damit Delhi zum Symbol für Vielschichtigkeit und Variationsbreite der kulturellen Tradition des Subkontinents gemacht. Allerdings verlief diese Entwicklung nicht einheitlich sondern ist immer wieder von historischen Brüchen und Stagnationsphasen gekennzeichnet, die der Stadt den Beinamen „Friedhof der Dynastien" eingebracht hat.

Die ersten Hinweise auf eine Siedlung im Gebiet des heutigen Delhi finden sich im indischen Nationalepos Mahabharata. Das dort erwähnte Indraprastha, lag wahrscheinlich südlich des heutigen Old Delhi an der Jamuna. Die Ausläufer der Aravalli-Hügelkette westlich der Wüste Thar reichen hier beinahe bis an die Ufer der Jamuna und bilden so einen schmalen Zugang vom Nordwesten zur Ganges-Ebene bzw. dem Doab (Land zwischen den zwei Strömen Jamuna und Ganges), durch das die legendäre Grand Trunk Road als traditionelle Verkehrsachse verläuft. Delhi war dadurch prädestiniert für die Beherrschung Nordindiens. Nachdem das Sultanat von Delhi errichtet wurde, kam es zu einem jahrhundertlangen islamischen Kultureinfluß, der im 17. Jahrhundert unter der Herrschaft der Mogulen ihren Höhepunkt findet. Shahjahanabad (das heutige Old Delhi) markiert den Höhepunkt islamischer Städtebaukunst in Indien und gilt als nahezu idealtypisches Modell für die indo-islamische Stadt. Mit dem raschen Verfall der Mogul-

Am rechten Steilufer der Jamuna liegt Delhi die Hauptstadt Indiens. Von dieser erhöhten Lage aus beherrscht sie den Zugang vom Indusland zum Ganges. Seit einigen Jahren dehnt sie sich stark in das Umland aus.

Herrschaft im 18. Jh. sinkt die Einwohnerzahl und Wirtschaftskraft der Stadt und Delhi verliert an überregionaler Bedeutung.

Apotheose Kolonialer Stadtinszenierung – New Delhi

Bis weit in die erste Hälfte des 20. Jahrhunderts. blieb Delhi, trotz des Ausbaus zu einem der bedeutendsten Eisenbahnknotenpunkte in Nordindien, eine Provinzstadt mit nur regionaler Bedeutung an der Nordwestgrenze der britischen Einflusssphäre, während die von den Briten ausgebauten drei kolonialen Verwaltungs- und Handelsmetropolen Calcutta, Bombay und Madras rasch wuchsen. Erst mit der Entscheidung der britischen Krone, die Hauptstadt Britisch-Indiens, Calcutta, nach Delhi zu verlegen (1911), erhält die Stadt die für das weitere Wachstum notwendigen Impulse. Mit der Standortentscheidung stellten die Briten bewußt den Bezug zu der jahrhundertealten Tradition Delhis als Herrschaftssitz eines indischen Großreiches her. 1931 wird die neue Hauptstadt offiziell eröffnet. Konzipiert als Anglo-Indian Rome weist die Stadt mit ihrer zentralen Ausrichtung auf den Palast des Vizekönigs (heute: Amtssitz des indischen Staatspräsidenten) eine ausgeprägte, alle Bereiche des städtischen Lebens umfassende, räumliche Hierarchie auf, die jedem Bewohner seinen sozialen Status innerhalb der Kolonialgesellschaft entsprechenden Platz zuwies. In der Anlage von New Delhi kulminierte am Ende das Zeitalter des Imperialismus, eine Stilrichtung der Kolonialarchitektur die gleichermaßen nationalistisch und imperialistisch, symbolträchtig und zeremoniell war.

Ein Radarbild des ERS zeigt das rasch ausufernde Wachstum und die Verbauungsdichte Delhis beonders deutlich. Die südlich der Stadt anstehende vegetationsarme Schichtstufe ist hier in Strukturen zu erkennen. Der Vorteil von Radaraufnahmen zur Kartierung von Siedlungen wird im weiten Umland von Dehli sichtbar. Die Punkte sind kleine regelmäßig verteilte Dörfer.

Massenzuwanderung und unkontrolliertes Wachstum

Die Unabhängigkeit Indiens und die Teilung des Subkontinents 1947 markieren einen weiteren entscheidenden Einschnitt für die Stadtentwicklung Delhis. Die blutigen religiösen Auseinandersetzungen, die Massenabwanderung großer Teile der muslimischen Bevölkerung (ca. 330.000 zwischen 1947 und 1951), die zahlenmäßig noch größere Zuwanderung von Flüchtlingen aus dem Punjab (annähernd eine halbe Million), sowie das rasante Wachstum der Stadt in der Folgezeit, bewirkten einen radikalen Bruch mit den traditionellen Strukturen. Zwischen der Altstadt und den Regierungsvierteln von New Delhi sowie an der südlichen Peripherie der Stadt entstanden zahlreiche provisorische Flüchtlingscamps und Squattersiedlungen. Diese Entwicklung überforderte den noch im Aufbau befindlichen Verwaltungsapparat vollständig und bedeutet bis heute eine stadtplanerische Hypothek.

Planungsziel: Wohnraum für Millionen

Seit den 50er Jahren wächst Delhis Bevölkerung kontinuierlich mit einer Wachstumsrate von über 50 % je Zensusdekade. Annähernd die Hälfte des Bevölkerungszuwachses resultiert dabei aus Wanderungsgewinnen. Das höchste durchschnittliche Pro-Kopf-Einkommen in der Union und die hohe Dynamik des Arbeitsmarktes lassen die Attraktivität der Metropole ungebrochen erscheinen. Im Gegensatz zu der Einwanderungswelle nach der Unabhängigkeit ist der Anteil von Analphabeten bzw. funktionalen Analphabeten bei den späteren Migranten

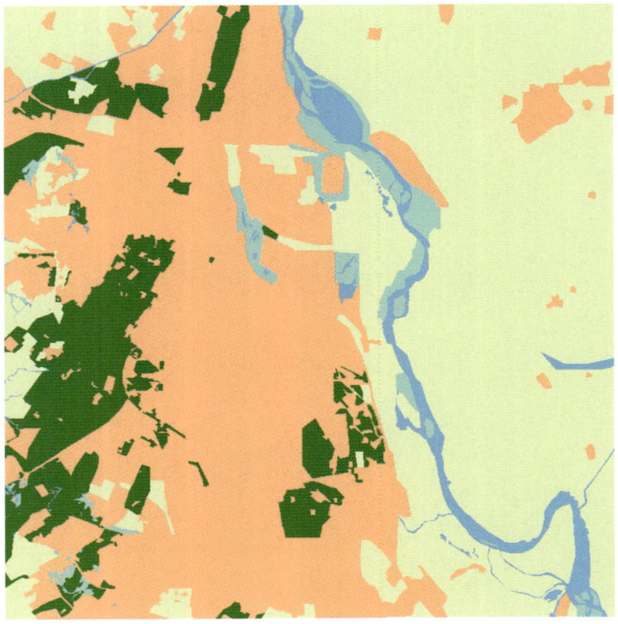

▷

Old Delhi: kulturelles und religiöses Zentrum für die islamische Minderheit von Delhi.

▷▷

Eine der mehr als tausend über Delhi verstreuten Ansammlungen von Slumhütten.

Das heutige Delhi ist ein Konglomerat aus ursprünglich sieben einzelnen Siedlungen, sie gehen in das 8./9. Jahrhundert zurück. Der Vergleich der Corona-Daten von 1965 (oben links) mit der IRS-Liss Aufnahme von 1998 (unten links) zeigt die Verflechtung der alten Stadtstrukturen im Inneren Delhi's. Die Kartographische Darstellung daneben zeigt das Wachstum der Stadt in diesem Zeitraum.

überdurchschnittlich hoch. Beschäftigungs-möglichkeiten finden diese Zuwanderer deshalb überwiegend im informellen Sektor, im Baugewerbe und bei gefährlichen Tätigkeiten im verarbeitenden Gewerbe sowie bei Dienstleistungen mit niedrigen Qualifikationsanforderungen. Mit dem Bevölkerungswachstum von durchschnittlich 1.000 Einwohnern pro Tag kann die Errichtung von Wohnraum und städtischer Infrastruktur allerdings nicht Schritt halten. Trotz umfangreicher Wohnungsbauprogramme steigt deshalb der Anteil der Slumbewohner (Schätzungen gehen von etwa 40 % der Gesamtbevölkerung aus) unaufhaltsam weiter.

Dirigismus und zentralisierte Stadtplanung

Seit Beginn der 1990er Jahre wurde der Status Dehlis dem eines Bundesstaates angenähert, allerdings erfolgen Stadtentwicklung und -planung weiterhin unter unmittelbarem Einfluß der indischen Zentralregierung. Das Prinzip der „dezentralen Konzentration" ist seit der Verabschiedung des „Regional Plan 2001" der Planungsleitsatz für die National Capital Region (NCR). Die NCR umfaßt eine Fläche von 30.242 km^2 in den drei Bundesstaaten Haryana (13.413 km^2), Rajasthan (4.493 km^2) und Uttar Pradesh (10.853 km^2) sowie das gesamte National Capital Territory (NCT) Delhi (1.483 km^2). Zwei Ringe von Entlastungspolen innerhalb der NCR sollten das Bevölkerungswachstum der Region aufnehmen. Die Entlastungspole des inneren Rings, bestehend aus den Satellitenstädten Faridabad, Ballabgarh, Gurgaon, Bahadurgarh, Ghaziabad, sowie dem neu angelegten NOIDA (New Okhla Industrial Development Area), sind allerdings bereits so rasch gewachsen, daß sie keine weitere Entlastung für den Agglomerationsraum Delhi bieten können. Die Boomtown Gurgoan südlich des NCT, die sich seit einigen Jahren als bevorzugter Standort der Zentralen multinationaler Konzerne entwickelt, hat zwischenzeitlich selber annähernd 1 Mio. Einwohner. Der äußere Ring von elf Priority-Towns soll daher bis in die erste Hälfte des 21. Jahrhunderts hinein den Großteil des Bevölkerungszuwachses aufnehmen.

Dilemma der Metropolen: Umweltdegradierung und Gesundheitsgefährdung

Der Gesundheitszustand der Bevölkerung in den indischen Megastädten ist gekennzeichnet durch hohe Säuglingssterblichkeit und Kleinkindermortalität. Nach einer aktuellen Schätzung des indischen Gesundheitsministeriums, liegt die Rate der Atemwegserkrankungen in Delhi um das Zwölffache über dem Landesdurchschnitt. In allen Wohngebieten Delhis werden die Grenzwerte für die Luftverschmutzung weit überschritten. Mit etwa 67% Anteil an den Emissionen gilt der Straßenverkehr als der Hauptverursachungsfaktor. In der Vormonsunzeit, die durch häufige Sandstürme gekennzeichnet ist, weist nach

△
Koloniales Erbe: Regierungsgebäude in New Delhi.
△▷
Die Appartementblöcke wurden von den Behörden Delhis als Teil des öffentlichen Wohnbauprogramms errichtet.

Angaben der WHO die Atemluft in Delhi weltweit eine der höchsten Belastungen mit Fremdpartikeln auf. Trinkwassermangel und Gewässerverschmutzung sind weitere Faktoren für kontinuierlich wiederkehrende Krankheitsausbrüche. Ca. 10% der Einwohner haben keinen Zugang zu sicherem Trinkwasser, für weitere 30% besteht ein nur unzureichender Zugang.

Delhis Verkehrsprobleme resultieren aus der einseitigen Ausrichtung der Verkehrsplanung auf den Straßenverkehr. Aufgrund der Industrialisierungspolitik der 70er und 80er Jahre, die eine massive Förderung der indischen Kraftfahrzeugproduktion vorsah, wurde auch in Delhi die Stadtplanung einseitig auf diese Verkehrsform ausgerichtet. Etwa 96% aller mit öffentlichen Verkehrsmitteln durchgeführten Pendlerbewegungen in der Hauptstadt entfallen auf Straßenverkehrsmittel. Neben der enormen Luftverschmutzung führt die Belastung der Bevölkerung durch Verkehrslärm zu erheblichen gesundheitlichen Gefährdungen. In den 1990er Jahren scheint Delhis Symbolkraft deutlich an Glanz verloren zu haben. Die Stadt ist nicht mehr als geschlossene Einheit erkennbar, sondern erscheint zunehmend als amorphe Siedlungsmasse, durchsetzt von Relikten vergangener Größe sowie modernen Geschäftszentren als Statussymbolen der neuen Wirtschaftsordnung. Mehr als fünf Jahrzehnte moderner Stadtentwicklungsplanung im unabhängigen Indien haben es nicht vermocht, der Hauptstadt einen eigenständigen Charakter zu geben. Dabei fehlt es weder an Know How, noch am Mut zur Umsetzung von gestalterischen Visionen. Entscheidend ist, dass die Einkommensdisparitäten trotz der Steigerung des Pro-Kopf Einkommens nicht abgebaut werden konnten und die durch die Massenzuwanderung ausgelösten strukturellen Probleme unverändert fortbestehen. *Thomas Krafft*

DHAKA

Wenn Dhaka niest, erkältet sich ganz Bangladesch. Obwohl Dhaka zur Zeit unter Armut und Umweltzerstörung leidet, gibt es dort ein enormes Potential für positiven Wandel in der Zukunft. Bemühungen um eine Veränderung in Bangladesch werden zweifellos von Dhaka ausgehen.

Dhaka, die zentral gelegene Hauptstadt von Bangladesch, hat eine Vorrangstellung innerhalb des Staates, die sich nicht nur auf die Bevölkerung beschränkt. Administrative Funktionen, Beschäftigung beim Staat, Finanz- und Bankdienstleistungen, internationale Handels- und Geschäftstätigkeiten, Industrien etc. sind größtenteils in und um Dhaka konzentriert. Die Stadt ist landesweit führend bei der Produktion von Gummiwaren, Büchern, Möbeln, Schuhen, Leder und Elektroartikeln und bei der Juteverarbeitung, die immer noch der wichtigste Industriezweig in Bangladesch ist und etwa 1/3 der Industriearbeitsplätze ausmacht. Während der letzten zehn Jahre fand die deutlichste Ausweitung im industriellen Sektor in der exportorientierten Kleiderproduktion statt. Zur Zeit beschäftigen die Kleiderfabriken etwa 1 Mio. Menschen, darunter 700.000 Frauen. Hier befinden sich auch die besten Bildungs-, Gesundheits-, Kultur- und Sporteinrichtungen. Letzten Endes wird das politische Schicksal des Landes zum größten Teil von den Geschehnissen in Dhaka bestimmt. Dhaka gilt als die am schnellsten wachsende Megacity in Südasien (das derzeitige Bevölkerungswachstum liegt bei 6% pro Jahr). Man schätzt, daß heute über 10 Mio. Menschen in Dhaka leben. Während der vergangenen 30 Jahre war der überwältigende Zuwachs der Bevölkerung überwiegend das Ergebnis einer massiven Zuwanderung aus den ländlichen Gebieten. Bei der derzeitigen Wachstumsrate werden im Jahr 2015 etwa 16 Mio. Menschen hier leben.

Verkehr und Infrastruktur

Dhaka ist berüchtigt für seine Verkehrsstaus. Zu viele Dreirad-Rikschas (derzeit etwa 300.000), ein Mangel an breiten Straßen, Überführungen und Fußgängerbrücken,

Dhaka und seine Umgebung ist von seiner Lage im Delta geprägt. Die von Norden kommenden Flüsse Lakhya, Turag und Dhaleswari sind im Vergleich zum Ganges-Padma recht schmal. Im Bild werden auch nur periodisch wasserführende Arme sichtbar, hell stechen die Sandbänke des Ganges hervor.

Unwissen über und wenig Rücksicht auf Verkehrsregeln bei allen Verkehrsteilnehmern und eine ineffiziente und unzureichende Verkehrsverwaltung tragen zu den kaum vorstellbaren Staus in Dhaka bei.

Die entsetzliche Luftverschmutzung der Stadt ist das Ergebnis der Abgase von Kraftfahrzeugen und der verschiedenen Industrien. Laut Sachverständigengutachten gibt es weltweit wenig Städte mit einer bleihaltigeren Luft als Dhaka, viele Menschen leiden an Durchfall, Atemwegs- und Hautkrankheiten und an leichter bis akuter Unterernährung. Vorbeugende und heilende Gesundheitsmaßnahmen sind äußerst unzureichend, vor allem bei der armen Bevölkerung und der unteren Mittelschicht.

Die Infrastruktur für Müll- und Abwasserbeseitigung ist kaum entwickelt. Laut Schätzungen wird von den 3.500–4.000 metrischen Tonnen Müll, die jeden Tag in Dhaka anfallen, nur die Hälfte entsorgt und selbst diese nur sehr unzuverlässig. Nur 15% der Bevölkerung der Stadt haben Anschluß an das Kanalisationsnetz und Klärbehälteranlagen. Nur etwa 1/3 der Bewohner hat Zugang zu Leitungswasser, und selbst diese begrenzte Wasserversorgung wird nicht zufriedenstellend verwaltet. Ein großer Teil des Wassers geht aufgrund illegaler Anschlüsse verloren.

Wohnraum und Lebensunterhalt

Elitefamilien, die nur 2% der Bevölkerung ausmachen, verfügen über 15–20% des Wohnraums, während 50% der Bevölkerung, die Familien der Mittel- und unteren Mittelschicht, nur 6% des Wohnraums nutzen können. Die Bevölkerungsdichte der ersten Kategorie liegt bei 75–250 Personen pro 40 ha, aber im Fall der unterprivilegierten Gebiete liegt die Dichte bei 2.500–5.000 Personen. Unter den Metropolen der Welt hat Dhaka eines der niedrigsten Pro-Kopf-Vorkommen an Spielplätzen, Stadien, Parks, Waldflächen, Schwimmbädern, Kunstgalerien, öffentlichen Bibliotheken, öffentlichen Theatern, Museen, etc.

Dhaka ist eine Stadt extremer Armut, die einen krassen Gegensatz zwischen Reichen und Armen aufweist. Etwa 35% der Bevölkerung leben unterhalb der Armutsgrenze. Slums und illegale Siedlungen, von denen es mehr als 3.000 gibt, sind unregelmäßig über die ganze Stadt verteilt. Die unmenschlichen Bedingungen, unter denen die Ärmsten der Armen in diesen Slums leben, sind unvorstellbar. Slumbehausungen in Dhaka befinden sich an Grabenböschungen und an den Ufern von Seen, Flüssen, an Abwasserkanälen und Eisenbahnschienen. Die abstoßende Umgebung, verbunden mit einer sehr hohen Bevölkerungsdichte verursacht unzählige soziale und gesundheitliche und Probleme. Dhaka, früher berühmt für seine Grünanlagen, ist bereits zu einer Betonwüste geworden, da das wahllose Fällen von Bäumen während der Stadterweiterung in den vergangenen 30 Jahren nicht durch geplantes Pflanzen von Bäumen ausgeglichen wurde.

Laut einem Bericht der Weltbank sind etwa 45% der Einwohner von Dhaka, hauptsächlich aus armen Familien, Analphabeten. Die Analphabetenrate unter der weiblichen Stadtbevölkerung ist mit 53% deutlich höher als die der männlichen.

Schätzungen zufolge sind etwa 65% aller Arbeitsplätze in der Stadt im informellen Sektor zu finden. In einigen Bereichen, zum Beispiel Transport, Verkehr (vor allem mit Rikschas) und Einzelhandel macht der informelle Sektor 85% der Arbeitsplätze aus. Trotzdem ist Dhaka für einen hohen Grad an Arbeitslosigkeit bekannt. Selbst die ausgebildeten Menschen leiden unter zu geringer Beschäftigung und Arbeitslosigkeit.

In jüngster Zeit hat sich Dhaka zu einer Stadt der Unsicherheit und politischen Gewalt entwickelt. Aufgrund der Unfähigkeit der Polizei, für Recht und Ordnung zu sorgen und Verbrechen zu bekämpfen, nahmen soziale Unruhen und Gewalt im Laufe der Jahre drastisch zu und sind jetzt Alltag in Dhaka. Viele Verbrechen werden überhaupt nicht gemeldet.

▽ Typische Straßenszene in Dhaka – Rikschas als Haupttransportmittel.

▷▽ Quasabtuly-Jam-E-Masjid Moschee.

Kultur

Dhaka weist erhebliche kulturelle Kontraste auf. Es ist immer noch eine Stadt der Kleinbauern mit starken Verbindungen zum ländlichen Raum. Sie sind während der letzten 50 Jahre in großer Anzahl auf der Suche nach Arbeit, Ausbildung, Geschäften, medizinischer Versorgung etc. in die Stadt geströmt. Deutlich sichtbar während der Eid-Feiertage (ein wichtiges muslimisches Fest), wenn die Einwohner der Megacity in ihre nahen oder weiter entfernten Heimatdörfer reisen.

Diese Besonderheit hat mindestens zwei Auswirkungen: erstens sind Religion, volkstümliche Musik und Schauspiel, ländliche Akzente und Ausdrücke, eine sorglose Einstellung zum Leben, ländliche Nahrung und Kleidung etc. ein wichtiger Teil der Kultur; zweitens hat ein Großteil der Bevölkerung kein Gemeinschaftsgefühl, das in einer alten Stadt wie Dhaka eigentlich stark sein müßte. Das zeigt sich unter anderem an willkürlichem Hupen, Unachtsamkeit der Fußgänger, Mißachtung von Verkehrszeichen, Spucken, Defäkation und Müllentsorgung an öffentlichen Plätzen. Dennoch gibt es mehrere andere Elemente der Stadtkultur. Zu nennen sind hier die Traditionen des alten Dhaka, die an die Mughal-Vergangenheit der Stadt erinnern. Ein auffallendes Merkmal der Architektur etwa sind die Moscheen, Festungen, Gärten und Grabmäler, die während der Mughal-Zeit erbaut wurden und hauptsächlich in der Altstadt zu finden sind. Weiters die Kultur der bengalischen Mittelschicht, die in vielerlei Hinsicht eine weltliche aber nationalistische Haltung zeigt. Diese Schicht interessiert sich für Adda (Klatsch) und Alpona (Blumendesigns auf der Erde/dem Fußboden), modernes Theater, Bildhauerei und Malerei, Musik und Gedichtlesungen im Freien. Und schließlich gibt es die „importierte" Kultur, d. h. Partys, westliches Essen und Kleidung, Popmusik, Klubs, etc., für die sich hauptsächlich die Reichen und die obere Mittelschicht begeistern, während ein Teil der unteren und oberen Mittelschicht vom Nahen Osten und Indien beeinflußt ist. Ersteres spiegelt sich in arabischer Kleidung und einer religiösen Variante wider, während sich letzteres am deutlichsten in der Vorliebe eines Teils der Jugend für sogenannte „Bombay-Filme" offenbart. Natürlich existieren diese Trends nicht völlig getrennt voneinander. Sie beeinflussen sich ständig gegenseitig und wollen gleichzeitig ihre eigene Identität bewahren.

Bedrohungen

Überschwemmungen sind in Dhaka ein regelmäßig auftretendes Problem. Da die Stadt in einem niedrig gelegenen Delta angesiedelt ist, führen die vielen eingeschnittenen Täler Hochwasser, vor allem in das nördliche Stadtgebiet. Das verursacht während der Regenzeit immense finanzielle Verluste aufgrund von Sachschäden und Störungen der Handelsaktivitäten und verschlimmert die bereits prekären Gesundheits- und Hygienebedingungen. Während das Wasser in der Vergangenheit relativ gut aus der Stadt abfloß, besteht seit einigen Jahren das Problem des weitverbreiteten Eingriffs in natürliche Wasserläufe, nicht nur durch Slums, sondern auch durch Geschäftshäuser. Ungeplante Infrastrukturentwicklung hat ebenfalls das natürliche Kanalisationssystem der Stadt beeinträchtigt. Die Kanalisationsrohre in der Altstadt von Dhaka sind besonders schmutzig und ständig verstopft, die natürlichen Wasserläufe fast hoffnungslos überlastet. Angesichts der Landknappheit hat sich im Laufe der Jahre die Tendenz entwickelt, Wasserbereiche wie natürliche Senken, Wasserspeicher, Tümpel, Gräben, etc. wahllos aufzufüllen und das Land als Wohn- und Gewerbegebiete zu nutzen. Das hat dazu geführt, daß sich vor allem während der Monsunzeit Wasser in der Stadt staut. Ein weiteres natürliches Problem von Dhaka ist der sinkende Grundwasserspiegel, da das Reservoir nicht so rasch wieder aufgefüllt werden kann, wie es entnommen wird. Infolgedessen wird die Wasserknappheit in Dhaka während trockener Monate besonders akut. Obwohl das ganze Land regelmäßig von Wirbelstürmen heimgesucht wird, sind ihre Auswirkungen auf Dhaka aufgrund der Binnenlage nicht so schlimm. Die Stadt hat das Glück, nicht im Erdbebengebiet zu liegen.

Kamal Siddiqui

Die Einmündung des Padma in den Meghna 40 km südlich von Dhaka in der Trockenzeit (oben) und bei Hochwasser (unten), wie es jährlich im Monsun auftritt. Mitgeführte Sedimente färben das Wasser von Dhaleswari (im Norden) und Padma hell. Durch Erosion und Ablagerung von Flußschlamm verändern sich die Flußläufe bei jedem Hochwasser.

Buriganga: Dhaka's Wasserstraßen.

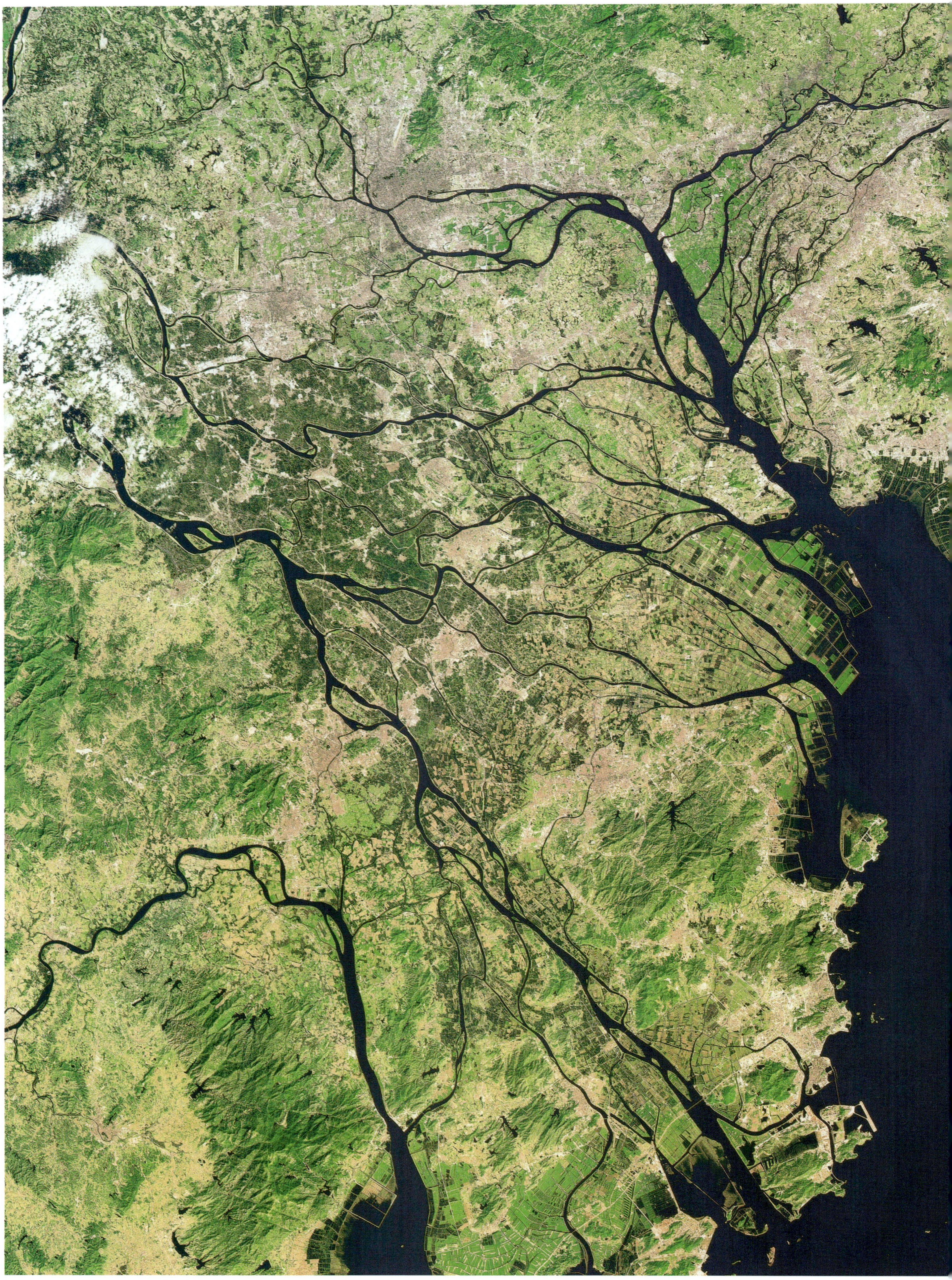

HONGKONG

Entstanden unter dubiosen Umständen aus der Handelstätigkeit der Chinesen wurde Hongkong von seinen Kolonisten als ein „öder Felsen" verachtet, der „nie ein Handelszentrum werden würde." Auf gewisse Weise könnte diese Prognose des 19. Jahrhunderts die Menschen gegen einen Lebensstil gewappnet haben, bei dem die Umstände immer gegen sie sein würden.

Laut Anson Chan – ehemaliger Verwaltungsdirektor

In der ersten Hälfte des 19. Jahrhunderts sah sich das englische Königreich aufgrund des prosperierenden Handels nach einer neuen Basis in Ostasien um. Die Siedlung Huangzu in Kanton, wo England den Außenhandel beherrschte, war aufgrund vieler Restriktionen unbefriedigend. Als Alternative bot sich die Insel Hongkong an, die durch die geschützte Lage seines Hafens und durch die Lage an der weiten Mündung des Pearl River Deltas Tu Yang Ku günstige Bedingungen bot. Hongkong wurde den Engländern im Jahr 1841 von den Chinesen offiziell übergeben, seither war es ein Freihandelshafen, der sich nahezu ohne Beschränkungen durch die britische Regierung sehr rasch zu einem wichtigen Handelsplatz entwickelte. Durch seine Lage an den Handelswegen zwischen Europa und Südostasien wurde Hongkong schnell zu einem bedeutenden Umschlagplatz. London und Peking begannen 1982 ihre Verhandlungen um die neuen Territorien, die von Kowloon bis zum Shenzhen River reichten. Es zeigte sich bald, daß die Insel von Hongkong und das südliche Ende des von den Engländern eingenommenen Kowloon ohne die neuen Territorien nicht gehalten werden konnten. Das Gebiet ohne die vorgelagerten Inseln umfaßte 72,5% der früheren Kronkolonie, hier lebten 48,2% der Einwohner und es beherbergte zahlreiche lebensnotwendige Wasseraufbereitungsanlagen und Kraftwerke, aber auch den Containerhafen. Die Insel von Hongkong und die Halbinsel Kowloon, die 11,6% des Gebietes einnahmen, würden ohne Zusammenarbeit mit China nicht überleben können. 1990 wurde daher vom chinesischen Volkskongreß ein Grundgesetz für die Verwaltungsregion Hongkong (SAR) verabschiedet, um die Ideen der sogenannten „Joint Declaration" zu verwirklichen. Demnach kann die besondere Verwaltungsregion in hohem Grad Autonomie erhalten, ausgenommen für Landesverteidigung und Auslandsbeziehungen.

Hongkongs gegenwärtige Einbindung in die Stadtregion Hongkong/Pearl River Delta ist ein Ergebnis der wachsenden wirtschaftlichen Zusammenarbeit mit benachbarten Städten in China. Die sozioökonomischen Beziehungen zwischen Hongkong SAR und dem Mutterland insbesondere der Pearl River Delta Region, führten zu einem Anstieg der grenzüberschreitenden Reiseaktivitäten.

Der Städtekorridor Kako, Huang Zu und Hongkong ist eine der bedeutendsten Wirtschaftsregionen und dichtest bevölkerten Siedlungen Chinas. Hintergrund für dieses rasche Wachstum sind intensive ländliche Industrialisierungen, ausländische Investitionen und Maßnahmen im Hinterland. Hier entstanden auch zwei besondere Wirtschaftszonen: Chu Hai und Jin Zen. In Wachstum und Produktion von Industrie und Landwirtschaft sind beide Zonen führend für die gesamte Region.

Restrukturierung der Wirtschaft Hongkongs und des Außenhandels

Von großer Bedeutung für die wirtschaftliche Entwicklung Hongkongs ist die Verlagerung von Produktionskapazitäten in die Volksrepublik nach der Öffnung Chinas seit 1979. Zunächst folgte ein starker Rückgang der Industrieproduktion in Hongkong. Die Anzahl der Industriearbeiter fiel von 905.000 Beschäftigten 1984 (rund 42% der wirtschaftlich tätigen Bevölkerung) auf 226.000 im Jahr 2000 (7% aller Angestellten), auch die Zahl der Industrieunternehmen ging zurück. Die primären Produktionsunternehmen Hongkongs wurden nach Südchina oder in andere Länder Süd- und Südostasiens verlegt. Hongkong produziert seine Waren nun außerhalb. Die Marke „Made in Hongkong“ kann durch „Made by Hongkong“ ersetzt werden. Das verdeutlicht, daß die Produktion zwar von

Soweit es der reich gegliederte Küstensaum der Inseln und Halbinseln vom Relief her erlaubt, ist er dicht bebaut. Die wirtschaftliche Bedeutung Hongkongs für die Zukunft läßt sich durch die Siedlungsdichte und Großstadtentwicklung im Pearl River Delta und seinem Hinterland ermessen.

Hongkong ist in vier Distrikte unterteilt, zwei davon sind auf dieser Ikonos Aufnahme zu sehen. Im Norden Kowloon, welches noch auf dem chinesischen Festland liegt und die Insel Hongkong südlich des Viktoria Hafens.

Hongkong nach China verlegt wurde, aber Management, Produktentwicklung, Marketing, Qualitätskontrolle und viele weitere Funktionen nach wie vor von Hongkong wahrgenommen werden. Durch die Spezialisierung auf technologieintensive und hochqualitative Produkte, die in China hergestellt werden, kann sich Hongkong selbst als Finanz- und Handelszentrum behaupten. Beeindruckend ist die Tatsache, daß der Gesamtwert von Direktinvestitionen Hongkongs in der VR China nahezu 50% der gesamten Investitionen ausmacht, und daß 1999 rund 86% aller Privatangestellten in oben angeführten Bereichen tätig waren. Der in den letzten zwei Jahrzehnten ständig gewachsene tertiäre Sektor beherrscht das Wirtschaftsleben deutlicher als jede andere nationale Wirtschaft. Beim Export von Dienstleistungen lag Hongkong 1999 an zehnter Stelle der Weltrangliste. Seine Rolle als Weltstadt wurde im Jahr 2000 auch dadurch gekennzeichnet, daß sich hier 860 Hauptsitze ausländischer Firmen und 2.150 Mietsdirektionen diverser Firmen niedergelassen hatten, die den Bereichen Handel, Dienstleistungen, Banken sowie Verkehr und Transport angehörten. Die wesentlichen Herkunftsländer sind USA, Japan, Großbritannien, China, Taiwan und Deutschland.

Von Anfang an basierte der Außenhandel Hongkongs auf der guten strategischen Lage seines Hafens für den Verkehr mit China und den anderen Nachbarländern. Die wirtschaftlichen Aktivitäten des Hongkonger Hafens tragen mit 20% zur Gesamtproduktion Hongkongs bei und stellen direkt oder indirekt 20% aller Arbeitsplätze der SAR. Der neue, internationale Flugplatz von Hongkong (Jeq Lap cok) spielt ebenfalls eine bedeutende Rolle im Luftverkehr. Nahezu 30 Mio. Passagiere benützten 1999 diesen Flughafen, er stand damit an 23. Stelle der Welt und ist so nach Tokio und Seoul der drittbedeutendste in Asien . Besonders

◁ *Wenn in den Straßen Kowloons die Reklamen zu leuchten beginnen, füllen sich die Straßen. Kowloon ist zugleich das Konsumviertel, wo alle namhaften Marken vertreten sind.*

◁ *Moderne Architektur prägt das Bild von Hongkong.*

für den Außenhandel ist Hongkongs Flughafen wichtig: betrachtet man die über Jeq Lap Kok verfrachteten Waren, liefen 26% aller Importe, 33% aller Exporte und 21% aller Re-Exporte über diesen Flughafen.

Die Bevölkerung und soziale Angelegenheiten

Ende des Jahres 2000 lebten in Hongkong rund 6,87 Mio. Menschen, von denen 95% chinesischer Herkunft waren. Auch in der Vergangenheit war die Einwanderung aus China ein entscheidender Faktor für Hongkongs Wachstum. Während des Zivilkrieges in China verzeichnete Hongkong eine beträchtliche Einwanderungswelle, obwohl nach der Gründung der Volksrepublik im Jahr 1949 die britische Regierung strenge Einwanderungskontrollen durchführte. Nichts desto trotz ist die Bevölkerung Hongkongs bis 1961 auf 3,175 Mio., bis 1980 auf 5,068 Mio. und bis 1990 auf 5,705 Mio. angewachsen. Das jährliche Wachstum schwankte in Abhängigkeit von der Zahl der Immigranten. Die natürliche Wachstumsrate fiel von 2,9% 1961 auf 0,25% im Jahr 1999. Zwischen 1990 und 1999 wuchs die Bevölkerung durch Einwanderung jährlich im Durchschnitt um 1,7%. Ein Großteil der Immigranten kommt nach wie vor aus der VR China, hauptsächlich im Zuge der Familienzusammenführung. Noch immer gibt es zwischen Hongkong und der VR China einen bedeutenden wirtschaftlichen Unterschied, die Ursache für den beträchtlichen Zuzug vom Festland. Die Zahl der illegalen Immigranten ist hoch.

Wirtschaftlicher Erfolg von Hongkongs SAR spiegelt sich auch in dem rasch wachsenden Pro-Kopf-Einkommen wider, das sich zwischen 1990 und 1998 nahezu verdoppelt hat. Es wuchs von USD 13.000 auf USD 26.400 und ist gegenwärtig um ein Drittel höher als im früheren Mutterland Großbritannien. Zieht man in Betracht, daß 1999 das durchschnittliche Monatseinkommen eines Industriearbeiters bei USD 1.138 lag, zeigen sich beträchtliche Einkommensunterschiede. Rund 20% der Beschäftigten zählen zu der Niedrig-Einkommens-Gruppe die nur 4–5% des Gesamteinkommens von Hongkong verdient. Die Ärmsten, 1991 waren das 231.000 Personen, erhalten Sozialhilfe, die älteren und behinderten Menschen (ca. 535.000 Personen) soziale Unterstützung (ca. 11% der Bevölkerung).

Städtische Entwicklung und Umweltbelastung

Das schnelle Wachstum von Hongkongs Bevölkerung brachte einen großen Bedarf an Wohnungen mit sich, im Umgang mit sozialen Fragen war die Regierung der früheren Kronkolonie anfangs nicht allzu aktiv. Bei einer Feuerkatastrophe in einer „wilden Siedlung" in Kowloon Ende 1953, in der mehr als 50.000 ihre Heimstätte verloren, änderte man jedoch die Strategie. In der Zwischenzeit wurden mehrere Wohnbauprogramme in Angriff genommen, die Wohnungssituation hat sich bedeutend verbessert. Trotzdem betrug um 1998 der durchschnittliche Lebensraum pro Person nur 8,8 m². Der größte Teil der Wohnungen wird derzeit vom privaten Immobilienmarkt angeboten, insgesamt standen im Jahr 2000 3,23 Mio. Wohnungen zur Verfügung, von denen 54% von privater Seite angeboten wurden. 46%, das sind ungefähr 676.000 Wohnungen, vermietet die öffentliche Hand. 350.000 Privatwohnungen werden von der Verwaltung mit verschiedenen Programmen unterstützt. Trotzdem warten noch 197.000 Haushalte darauf, eine beigestellte Wohnung zu mieten. Die Zahl der „wilden Siedlungen" stieg bis Juni 2000 auf 227.000 Menschen.

Nicht alle neu errichteten Wohnungen konnten in Kowloon oder auf der Insel Hongkong gebaut werden. Die Bevölkerungsdichte beträgt 44.200 Einwohner pro km² in Kowloon und 17.200 Personen pro km² in Hongkong. Hongkong ist ständig damit konfrontiert, Probleme auszugleichen, die durch die eingeschränkten Möglichkeiten und den ständig wachsenden Bedarf durch Wohnung, Handel, Verkehr, Industrie, Transport und Erholung entstehen. Aus diesem Grunde wurde 1973 ein Programm ins Leben gerufen, das die Entwicklung neuer Städte außerhalb der dichtverbauten Innenstadtregion und Umsiedlungen in diese zum Ziel hatte. Zur Zeit lebten rund die Hälfte von Hongkongs Einwohnern (rund 3,1 Mio.) in diesen neuen Städten. Trotz der hohen Bevölkerungsdichte verfügt Hongkong über 23 landeseigene Parks, Aussichtsberge, Waldland, Wasserreservoires, Hügelland etc. Diese bedecken insgesamt ca. 40% der Landoberfläche. Ein nächstes Problem sind Umweltbelastungen, die in der Debatte zwischen der Regierung und der Öffentlichkeit eine besondere Stellung einnehmen. Eine wesentliche Rolle spielt dabei die Luftverschmutzung durch den Verkehr. Abgase von mit Dieselmotor betriebenen Bussen und Lastwägen belasten die Atmosphäre über die Maßen. Ein anderes Problem stellt der durch Industrie und Wirtschaft verursachte Lärm dar. Rund 1 Mio. Einwohner leiden unter dem Straßenlärm, dessen Stärke oft höher als das akzeptierte Maß von 70 dB ist. Wie in allen Großstädten verursacht auch hier die Wasserverschmutzung große Probleme. Hongkong produziert jeden Tag mehr als 2 Mio. Tonnen Abwasser. Die Einleitung ungenügend gereinigter Abwässer aus den Stadtgebieten um den Viktoria-Hafen ist für die geringe Wasserqualität verantwortlich. Seit Jahren werden die Abwässer ungeklärt in das Meer eingeleitet.

Alle oben angesprochenen Probleme sind in Hongkongs rascher Entwicklung allgegenwärtig. Das Entwicklungsprogramm „Hongkong 2030 Vision und Entwicklungsstrategien" soll helfen, Wachstumsprobleme Hongkongs mit einer neuen territorialen Strategie zu beseitigen und es zu einer Weltstadt zu machen.

Wolfgang Taubmann

Nirgends auf der Welt sind der Ausdehnung einer Stadt so enge Grenzen gesetzt wie in Hongkong. Hier ist nur eine vertikale Stadterweiterung möglich.

Im Central District stehen die meisten Hochhäuser – hauptsächlich Banken, Hotels und Firmensitze großer internationaler Konzerne. Es gibt hier 860 Hauptsitze ausländischer Unternehmen, 2150 Filialen diverser Firmen haben sich in Hongkong niedergelassen.

JAKARTA

Jakarta ist die Hauptstadt Indonesiens. In der Stadt herrscht immer reges Treiben, vom Klang der sich drehenden Mühlen der Regierung bis hin zum Anblick der nie still stehenden Wirtschaft. Wolkenkratzer, moderne Wohnblocks, von Überlebenskünstlern bewohnte Hütten – all das gibt es in dieser Stadt. Jakarta dominiert die politischen, wirtschaftlichen und kulturellen Aktivitäten Indonesiens und ist der Knotenpunkt von Handel und Transport in Asien.

Die Planungsregion JABOTABEK, die – als Akronym – neben JAkarta auch die angrenzenden ‚Kabubaten' (Distrikte) mit den Hauptstädten BOgor, TAngerang und BEKasi umfaßt, wurde mit Beginn des zweiten Fünfjahresplanes (Repelita II) als Planungskonzept etabliert. Die JABOTABEK Metropolitan Development Study – 1977 mit Unterstützung der Weltbank initiiert – hatte neben Migrationssteuerung und Armutsverminderung die Ansiedlung internationaler Industrien um Tangerang (Westen) und Bekasi (Osten) zum Ziel, während die Region Bogor (Süden) vorwiegend als Trinkwasserspeicher und Wohnraum reserviert bleiben sollte. Die Einwohnerzahl der Kernstadt hat sich von 1961 (2,9 Mio.) bis 1981 (6,5 Mio.) mehr als verdoppelt, sie liegt gegenwärtig (auch offiziell) bei etwa 12 Mio. Für die gesamte Region JABOTABEK wird ein Bevölkerungsanstieg von 17,1 Mio. (1990) auf 30 Mio. (2010) prognostiziert. 1995 konzentrieren sich 43% der sprunghaft wachsenden Zahl der städtischen Bewohner Indonesiens auf zwei Provinzen im Westen der Insel (Java Barat, DKI Jakarta), was bestehende wie entstehende räumliche Disparitäten weiter verstärkt.

Darüber hinaus tragen Korridore wie JABOTABEK-Bandung oder JABOTABEK-Semerang noch zusätzlich zur Verdichtung des urbanen Umfeldes bei. Diese periurbanen Räume bilden das Bindeglied zwischen Kernstadtbereich und ländlicher Peripherie. Sie sind eine Mixtur aus unterschiedlichen sozioökonomischen Aktivitäten, Landwirtschaft spielt dabei ebenso eine Rolle wie Industrie und Handel. Dieser interaktive Stadttyp ist durch immense Wachstumsdynamik vor allem im industriellen Bereich und durch Verdrängung agrarischer Strukturen in das Hinterland gekennzeichnet. Eine enge Verflechtung zwischen nationaler Wirtschaftspolitik und

Javas Vulkane stellen die Grundlage für die fruchtbaren Lavaböden dar, auf denen vorwiegend Tee und Reis angebaut werden. Der Vulkan Gede südlich von Jakarta.

Jakarta, auf der indonesischen Insel Java, erstreckt sich auf über 25 km von den nördlichen Hafengebieten bis zu den Vororten im Süden.

Stadtentwicklung ist kennzeichnend für den Großraum JABOTABEK.

Ökonomische Internationalisierung und die Folgewirkungen

Seit 1966, dem Beginn von Suhartos „Neuer Ordnung", fördert eine gezielte nationale Politik der Internationalisierung das Wachstum der Metropolen Westjavas. Der stetige ökonomische Bedeutungsanstieg Jakartas dokumentiert sich in seiner Rolle als Investitionszentrum: von 1967–1991 flossen zwei Drittel sämtlicher landesweiter Auslandsinvestitionen direkt nach Jakarta. Im selben Zeitraum erfolgten etwa 45% der Binneninvestitionen im Umland von Jakarta. Vier Fünftel der Auslandsinvestitionen (1996: USD 39,9 Mrd.) im industriellen Bereich gehen allein seit dem Beginn der „Neuen Ordnung" direkt in die Regionen Botabek und Bandung.

Der internationale Aufstieg in die Informationsgesellschaft manifestiert sich in Jakarta aber dennoch in der Nachfrage nach Büroflächen in den prestigeträchtigen Glaspalästen der neuen Central Business Districts der Metropole. Der Flächenzuwachs von 1995 allein 350.000 m^2 „Grade A-Flächen" zählt zu den höchsten Asiens und übersteigt die Nachfrage etwa in Hongkong oder Singapur beträchtlich, wobei Branchen aus den Bereichen der Telekommunikation und des Finanzsektors die Nachfrage bestimmen. Die Wirtschafts- und Regierungskrise des Jahres 1998 hat hier natürlich zu einem massiven Rückgang beigetragen.

Eine Betrachtung der verbauten Fläche innerhalb von DKI Jakarta verdeutlicht den enormen Siedlungsdruck in Richtung BOTABEK. Die Strategie der Forcierung von Gegenpolen zu Jakarta, sogenannten „Countermagnets", innerhalb BOTABEK ist ein Produkt des letzten Jahrzehnts; die Schaffung von semi-autarken „New Towns" ist prägendes Merkmal der gegenwärtigen Planungsintention. Derzeit agieren über 30 private Landerschließungsgesellschaften, die auf Flächen von 500 bis 10.000 ha Neustadtgründungen planen; sämtliche dieser designierten Wachstumspole sind innerhalb eines Umkreises von 60 km zu DKI Jakarta gelegen und umfassen eine Gesamtfläche von über 43.000 ha.

Die zunehmende bürokratische Stadtregierung hinterließ jedoch auch ihre Spuren in der Kampung-Gesellschaft, die bis zu Beginn der Suharto-Ära weitgehend autonom auf dem Prinzip der Selbsthilfe beruht hatte. Sie führten zur Entwurzelung breiter Bevölkerungsschichten (Kampung Clearance) und erhöhter Arbeitslosigkeit (Street Clearance).

Das Kampung Improvement Programme (KIP), 1974 als nationale Zielstellung formuliert und von der Weltbank zunächst als beispielloser sozioökonomischer Erfolg gefeiert, wurde nach dem kolonialen Vorbild der niederländischen Wohnraumverbesserung etabliert. 1970 waren geschätzte 80%, 1986 noch rund 70% der Bevölkerung Jakartas Bewohner von Kampungs, dörflichen Strukturen im urbanen Umfeld. Kampungs sind eine Ansammlung von Kleinhäusern, die von engen, vierraduntauglichen Gassen durchzogen sind, hohe Bevölkerungsdichten wie sanitäre Mängel aufweisen und – trotz vielfach unklarer Grundbesitzverhältnisse – der ansässigen Bevölkerung weitgehend stabile, nur von Großprojekten gefährdete Sicherheit bieten (geboten haben).

Gleichzeitig ist daher der informelle Wirtschaftssektor fixer Bestandteil der Stadtökonomie, einem Kombinationsbündel von Teilleistungen eines Haushaltes. So gehen hier formelle und informelle Ökonomie Hand in Hand, gemeinsam mit der eigentlichen Haushaltsproduktion und Subsistenzwirtschaft. Schätzungen zufolge liegt in Jakarta der Anteil des informellen Sektors am Regionalprodukt bei 20%, die nicht in der volkswirtschaftlichen Gesamtrechnung auftauchen. Trotzdem wird vermehrt vom Rückgang der informellen Stadtökonomie gesprochen. Die Formalisierung des Informellen durch den Staat, Dezentralisierungen, Erfassung von Kleinhändlern, Förderungen vom Unternehmertum, Regulierungen und die Zunahme der Lohnarbeit sind hierfür verantwortlich.

Der Jakarta Master Plan beinhaltete die (theoretisch) vollständige Eliminierung der Arbeitslosigkeit innerhalb Jakartas, was durch verstärkte Industrialisierung und Bautätigkeit erreicht werden sollte. Insgesamt wurden im Zeitraum 1971–1980 dreimal so viele Arbeitsplätze in urbanen Räumen geschaffen wie im Landesdurchschnitt. Rationalisierungstendenzen multinationaler Konzerne waren jedoch gleichzeitig beschäftigungspolitisch kontraproduktiv, zerstörten durch die kostengünstige Massenfertigung etwa im Textilbereich zusätzlich das Preisgefüge von Klein- und Mittelbetrieben und bewirkten damit indirekt weiteren Druck auf den Arbeitsmarkt, der durch stete Zuwanderung ohnedies äußerst belastet war. Die offene urbane Arbeitslosigkeit, definiert als Wochenarbeitszeit unter einer Stunde (!), rangiert zwar nur bei etwa 3%, die Unterbeschäftigung liegt allerdings bei mindestens 40%.

Jakartas Vormachtstellung im nationalen Kontext

Die Rolle der funktionalen primacy Jakartas in der Gegenwart ist kein zufälliges Produkt, sondern historische Bedingtheit. Kolonialzeitliche Entwicklung und die Logik der Wachstumspolförderung gehen hier Hand in Hand. Strategien der indonesischen Regierung für Dezentralisierung und Bevölkerungsumverteilung (von Transmigrationsprogrammen bis Neusiedlungsgebieten im suburbanen Bereich) blieben ohne die gewünschte Wirkung. Eine umfassende (dezentrale) Entwicklungs-planung scheint in Indonesien – nicht zuletzt aufgrund der topographischen Situation – nicht durchführbar. Was bleibt über, als die Förderung jener Gebiete, die bereits über Infrastruktur wie Kommunikationstechnologie, Verkehrsanbindung (internationaler Flugplatz und Hafen etc.) und industrielle Voraussetzungen verfügen, zu forcieren. Die

△
Schiffs- und Bootsverbindungen spielen eine wichtigen Rolle in Indonesiens Inselwelt.

△△
Die Bewohner der überbelegten Stadtrandsiedlungen werden ermuntert, nach Ost-Kalimantan auszuwandern.

Die Ärmsten der Armen leben hier: baufällige Hütten aus Wellblech und Holz.

Wohngebiete der sozialen Mittelschicht.

innerindonesische Peripherie (wie Iran Jaya, Kalimantan und viele andere Archipele der indonesischen Inselwelt) hingegen übten die klassische Rolle der Rohstoffförderung aus.

Die Vormachtstellung Jakartas wird durch die vorherrschenden innerindonesischen regionalen Disparitäten somit weiter bestärkt. Die Einkommensarmut in Jakarta, Yogjakarta und Bali lag im Jahr 1993 beispielsweise bei weniger als 10%, dagegen in East Nusa Tengara, Iran Jaya, West-Kalimantan und Osttimor bei über 40%. In der Hochlohnregion Jakarta liegt das jährliche Durchschnittseinkommen bei USD 3.000 pro Kopf und Jahr. National beläuft sich dieser Schnitt auf nur rund USD 900. 80% des Nationalvermögens ist nach wie vor in Jakarta akkumuliert, 28% des BIP von 26 der 28 Provinzen flossen als Nettoeinnahmen in die Hauptstadt zurück. Die Bodenpreise steigen jährlich um 30-40%.

Tempel-Tänzerinnen mit ihren aufwändigen Kostümen und kunstvoll gearbeiteten Masken.

Auch der Zugang zu Elektrizität – 1970 bei 10% der Stadtbevölkerung – hat sich im urbanen Indonesien von 1981 bis 1989 auf 83,9% beinahe verdoppelt, die Verfügbarkeit von Leitungswasser ist auf 51,5% (ruraler Raum: 10,4%) gestiegen – doch die neuen Bedürfnisse einer zunehmend konsumorientierten Gesellschaft verstärken auch die Disparitäten unmittelbar in Jakarta auf engstem Raum.

Das neue Leitbild Jakartas als BMW-City scheint nach wie vor in weiter Ferne. „Bersih, manuslawi, wibawa" (sauber, menschlich, mächtig) sind wohl die Attribute der visionär-futuristischen Stadtplanung und orientieren sich an der Verbesserung der urbanen Lebensbedingungen, erweisen sich jedoch gleichzeitig als ironische Zweideutigkeit: Der deutsche Nobelwagen ist mittlerweile längst Statussymbol der kleinen Oberschicht aus Militär und Industrie, die die jeweilige Politik des Landes zu lukrativen Gewinnen zu nützen vermochten.

Martin Heintel, Günter Spreitzhofer

KARACHI

Karachi zählt mit einer Rate von annähernd 5% zu den am schnellsten wachsenden Megacities der Welt. Die Stadt ist heute mit 11 Millionen Einwohnern das größte urbane Gebiet Pakistans. Bei der Gründung des Staates im Jahr 1947 waren es 500.000.

Um Karachis Entwicklung zur Megacity zu verstehen, muß man seine Geschichte betrachten. Als Sindh 1843 von den Briten okkupiert wurde, stand an der Stelle des heutigen Karachi ein Fischerdorf namens Kalachi-jo-Kun mit einem kleinen Fort. Nichts ließ erwarten, daß sich dieses Dorf zur heutigen Megacity Karachi entwickeln würde. Die Lage Karachis an einer nach Süden hin offenen Lagune zwischen dem Cape Monze und dem Indus-Delta war durch das Meer gut geschützt. Der durch eine Sandbucht gebildete natürliche Hafen war maßgebend für die Entwicklung Karachis zum Hochseehafen. Die Stadt war früher durch die Insel Kiamari in ihrer Ausdehnung begrenzt, heute ist sie durch Landgewinnungsmaßnahmen mit der Küste verbunden. Nach der britischen Besetzung und vor der Durchführung von Verbesserungen wechselte der Wasserstand der Lagune regelmäßig mit den Gezeiten. Bei Ebbe dehnten sich in der Lagune eine weite Schlammfläche und Mangrovensümpfe aus. Hochseeschiffe leichterten ihre für das Inland bestimmten Waren auf kleine Boote, die sie bei Flut nach Karachi brachten. Die Strömung der Lagune war von Vorteil an einer Küste, die zu starker Verschlammung neigte. Deswegen wurde der Hafen schon zu Beginn des 18. Jahrhunderts von Hindu Händlern ausgebaut, während andere nahegelegene Häfen verfielen. Manora head besaß eine ausgezeichnete Verteidigungslage und die Mire, welche Karachi 1795 vom Khan von Kalat übernommen hatten,errichteten auf der Halbinsel ein dauerhaftes Fort und bauten gleichzeitig den Hafen aus. Karachi fügte sich gut in die strategischen und wirtschaftlichen Absichten des britischen Handels ein. Auch war es für die britischen Handelswege über Suez in die Grenzgebiete von Südasien wichtig. Karachi ist der nächstgelegene Ankerplatz auf

Westlich von Karachi dehnen sich weite Sandbuchten mit Fischerdörfern aus. Ähnlich dürfte die heutige Megacity noch vor 150 Jahren ausgesehen haben.

Das in der Lagune westlich des Indus-Deltas gelegene Karachi wird vom Fluß Lyari durchflossen, an dessen Mündung der durch eine natürliche Landzunge geschützte Hafen liegt. Die Ausläufer der Gebirgszüge im Norden reichen bis fast an die Stadt heran. In der Umgebung ist Landwirtschaft nur durch Bewässerung mit Flußwasser möglich.

dem Weg von Europa über Suez nach Pakistan und weiter nach Zentralasien. Während des amerikanischen Bürgerkriegs wuchs die Bedeutung der Baumwolle von Punjab und Sindh, sodaß der Export in den Westen über Karachi ausgeführt wurde.

Bevölkerung und Gesellschaft

Karachi hatte von jeher eine sehr gemischte Bevölkerung. Während der Teilung wurden die Hindus und die Sikhs aus Pakistan vertrieben, die entstandenen Lücken in der Bewohnerschaft füllten sich jedoch sofort durch Urdusprachige Menschen aus Indien, die ihrerseits aufgrund ihrer mohammedanischen Glaubensangehörigkeit dort ausgewiesen wurden. Ihr Exodus wurde mit jenem des Propheten Mohammed verglichen, sie wurden als *mohajir* bekannt. Die Urdus waren aber nicht die einzigen Immigranten in Karachi. Mit ihnen kamen Handelsleute und Unternehmer aus der Handelskaste Indiens nach Karachi, das so zum Schmelztiegel West-Pakistans wurde. Damit war aber der Zustrom von Flüchtlingen und anderen Einwanderern nicht abgeschlossen. Als Karachi Hauptstadt Pakistans war, wanderten zunehmend Menschen aus benachbarten Regionen wie dem Punjab, Pashtoon und Baluchistan ein. Illegale Einwanderer aus dem früheren Ost-Pakistan (heute Bangladesh) trugen zudem zur Vielfalt der Bewohner Karachis bei. In jüngster Zeit haben zunehmend Pashtoonis Zuflucht in Karachi gesucht, die während der Russischen Invasion in Afghanistan flüchteten. Die Bevölkerung Karachis besteht also aus einer Vielzahl ethnischer Gruppen. Die Mehrheit der Bewohner spricht jedoch Urdu, es wandern jährlich rund 300.000 Menschen aus ganz Pakistan, besonders aber aus Sindh, in dem Karachi liegt, zu. Dies stellt die Stadtverwaltung vor erhebliche Probleme wegen Mangel an Wohnungen, unzureichender Wasserversorgung, und Überforderung des öffentlichen Transportsystems und der übrigen Infrastruktureinrichtungen. Diese Probleme sind zudem eng mit fehlenden Arbeitsplätzen verbunden, da der Arbeitsmarkt übersättigt erscheint. Karachi spielt auch eine starke spirituelle Rolle im heutigen Pakistan, ist es doch der Geburtsort des Gründers des neuen Staates, Quaid-I-Azam Muhammed Ali Jinnah. Er starb 1948, sein Mausoleum wird von vielen Pakistanis als das bedeutendste Bauwerk Karachis betrachtet.

Infrastruktur und Umwelt

Die Infrastruktur der alten Stadt war nicht dafür ausgelegt, eine derart wachsende Bevölkerung zu versorgen. Der größte Teil des Zentrums von Karachi spiegelt in seinen Bauten den kolonialen Einfluß Englands wider. Nun werden diese von modernen Strukturen überlagert, wie sie alle wachsenden Großstädte aufweisen: die Glas- und

◁
Die Wasserversorgung und die Abwasserbeseitigung stellen die Stadtregierung vor erhebliche Probleme. Jeden Tag strömen viele Menschen an den Fluß, um hier die Wäsche waschen zu lassen.

◁◁
Der Morgenverkehr auf Karachis Straßen. Das Straßennetz und das Transportwesen sind vom explosiven Wachstum der Stadt vollkommen überfordert.

◁
Karachi gehört zu den am schnellsten wachsenden Städten der Welt. Typisch für die Stadt sind die Menschenmassen auf den Straßen.

◁◁
40% leben in schnell errichteten Hütten auf besetztem Land. Nutztiere stellen oft den einzigen Reichtum dar.

Betonarchitektur des zwanzigsten Jahrhunderts prägt das neue Bild. Die Energieversorgung kann den stetig wachsenden Anforderungen nicht gerecht werden (Stromausfälle). Der Verkehr in Karachi wird als städtischer Alptraum beschrieben. Durch die rasch wachsende Bevölkerung kam es zu einer starken Überbeanspruchung des öffentlichen Verkehrs und die privaten Verkehrseinrichtungen können ebenfalls nicht Schritt halten. Die Neustrukturierung des öffentlichen Verkehrsnetzes wird überlegt, es gibt jedoch gegenwärtig keine großräumig verkehrenden Massentransportmittel und nur wenige gute Straßen. Die Stadtbewohner sind auf unzuverlässige, schlecht gewartete und veraltete öffentliche Verkehrseinrichtungen angewiesen, die nicht die Kapazitäten haben, um hunderttausende von Pendlern und Besuchern zu befördern. Aufgrund dessen gibt es schlechte Umweltbedingungen und massive Luftverschmutzungen. Die stark wachsende Bevölkerung macht es der Stadtverwaltung schwer, mit der Wohnungsnot fertig zu werden; nicht zuletzt dadurch entstanden ausgedehnte Slumgebiete; 40% der Bewohner Karachis leben in illegalen Wohnquartieren. Die Stadt ist nicht in der Lage, all diese Menschen in ordentlichen Wohnungen unterzubringen. Ein Programm soll nun die Slumgebiete mit besserer Infrastruktur ausstatten, um die Grundbedürfnisse (Wasserversorgung, Abwasserbeseitigung) zu befriedigen. So wurden zum Beispiel in der illegalen Orangi-Siedlung die Verhältnisse dadurch verbessert, daß man mit einem Pilotprogramm die Bewohner dazu anregte, durch Eigeninitiative ein eigenes Abwassersystem zu errichten und zu erhalten. Auf diese Weise wurden die Kosten niedrig gehalten, und das System kann wirksamer betrieben werden. Rund zwei Drittel des Wohnungsbestandes von Karachi werden nur temporär oder kurzfristig benützt. Trotz des Programmes, die Situation in illegalen Siedlungen zu verbessern, haben die Bewohner dieser Stätten doch dauernd große Probleme. Das Land auf dem sie leben besitzen sie nicht und die Wohnungszustände sind menschenunwürdig. Darüber hinaus sind viele dieser Wohngegenden in Gebieten, die öfters von Überschwemmungen oder Feuersbrünsten heimgesucht werden, welche die Slums in kurzer Zeit immer wieder reduzieren. Zudem ist der Gesundheitszustand der Slumbewohner schlechter – durch Wassermangel und schlechte sanitäre Verhältnisse – als von Menschen in besseren Wohnverhältnissen. Die noch erhaltenen Baureste der britischen Kolonialzeit sind vom architektonischen Gesichtspunkt interessant, jedoch nicht mehr allzu zahlreich. Das Wachstum hat sich auf das Stadtbild von Karachi nicht sonderlich vorteilhaft ausgewirkt. Viele in der Kolonialzeit entstandene öffentliche Plätze sind durch die mangelnde Kontrolle der Planungsabteilungen entwertet, das Fehlen öffentlicher Versorgungseinrichtungen und gemeinnütziger Anlagen hat wesentlichen Einfluß auf die Stadtorganisation.

Das Klima Karachis, welche in 26° nördlicher Breite und 67° östlicher Länge liegt, ist im wesentlichen durch

Blick über Karachi – eine typische orientalische Stadt mit all ihren Problemen.

das Bergland im Nordwesten und durch die Wüste im Nordosten bestimmt. Der kühlste Monate ist der Januar, in ihm beträgt die Durchschnittstemperatur 17,9°, der wärmste Monat ist der Juni mit 31,3°. Die durchschnittliche Niederschlagsmenge pro Jahr liegt nur bei 230 mm, zu wenig, um Landwirtschaft zu betreiben; dies ist nur mit Bewässerung aus dem nahen Fluß möglich. Die höchste Niederschlagsmenge fällt mit 90 mm im Juli, im Mai regnet es überhaupt nicht, in den anderen Monaten mit Ausnahme von August und September fallen im Durchschnitt weniger als 10 mm.

Die Wirtschaft

Die Bedeutung Karachis für Pakistan beruht auf mehreren Faktoren. Ursprünglich lag die größte Bedeutung der Stadt in seinem Hafen, über den Waren aus dem gesamten indischen Kolonialreich exportiert wurden. Die Mündung des Indus bot hervorragende Bedingungen, die sowohl von den Mirs als auch von den Engländern stark genutzt wurden. Die besondere Wichtigkeit lag dabei auf dem Export von Baumwolle und Getreide aus dem Industal. Karachi gewann zunehmend an Bedeutung als Handelszentrum und war von 1947 bis 1959 Hauptstadt des neuen Pakistan. Dann übernahm zunächst Rawalpindi und später, nach dessen Ausbau, Islamabad diese Rolle. Die Stadt ist ein bedeutendes Produktionszentrum, die Errichtung von Industriebetrieben hat auf die Landnutzung in Karachi wesentlichen Einfluß. Auch das Dienstleistungsgewerbe ist beachtlich. Dennoch kann die Entwicklung des Arbeitsmarktes mit der Bevölkerungszunahme nicht Schritt halten, und das Einkommen großer Bevölkerungsteile liegt im unteren Einkommensbereich. Viele Menschen leben von Gelegenheitsarbeiten. Karachi wird zentral von einer Stadtverwaltung geleitet, der ein „City Commissioner" mit fünf Stellvertretern vorsteht, welche jeweils einen der fünf Stadtdistrikte leiten. Die Stadt Korporation ist die übergeordnete Stelle, die für die Verwaltung der Stadt zuständig ist. Die Leiter der Stadtverwaltung werden von 250 Abgeordneten gewählt. Aufgabe der Stadtverwaltung ist die Erhaltung der städtischen Einrichtungen, Ausbau der Infrastruktur und die Bereitstellung vorhandener Einrichtungen. Sie ist verantwortlich für die große Palette der urbanen Dienste wie Wasserversorgung, Gesundheit, Straßenbeleuchtung, Feuerbekämpfung und Abfallbeseitigung. Ein weiterer großer Aufgabenbereich ist die Stadtplanung und -entwicklung, mit der die bauliche Ausbau kontrolliert und die Landnutzung geplant wird. Der Hafen Karachis, über den der größte Teil von Pakistans Warenaustausch erfolgt, untersteht einer eigenen Hafenverwaltung. Wohnungsunterkünfte für Heeresangehörige werden von der Immobilienorganisation des Verteigungsministeriums zur Verfügung gestellt, die auch große Teile des Stadtgebietes verwaltet.

Dean Forbes, Cecile Cutler

MANILA

„(...) trotz der schweren Lebensbedingungen reißt der Treck der Landbevölkerung in die Großstadt nicht ab. Ist das Leben in den Slums von Manila auch noch so hart – die meisten Einwanderer sehen in der Metropole dennoch mehr Zukunftsperspektiven als in ihren unterentwickelten ländlichen Heimatregionen."

Manuel A. Caioli, 1988

Der Vizepräsident und Außenminister der Philippinen, Teofisto Guingona, der sich gegenwärtig für die Verlegung der Hauptstadt nach Mindanao einsetzt, schließt sich der weitverbreiteten Meinung über die Hauptstadt Manila an: die Stadt sei ein „sozialer Vulkan". Die sozialen, wirtschaftlichen und ökologischen Probleme, mit denen die Metropole konfrontiert ist, überschatten die Tatsache, daß sie die Asienkrise recht schnell überwand und nach wie vor unumstritten der Hauptwachstumspol des Landes ist. Mehr als 12% der philippinischen Gesamtbevölkerung leben im Großraum Manila; in der zweitgrößten Stadt, Cebu, sind es nur 2%. Während in Manila selbst die Bevölkerung seit den 80er-Jahren zurückgeht, ist die Wachstumsrate der umliegenden elf Städte und fünf Gemeinden der National Capital Region trotz niedrigerer Geburtenraten wesentlich höher als im Rest des Landes. Für Zuwanderer ist die Region sehr attraktiv, da sie ein wichtiger Standort von Handel, Gewerbe und Industrie ist. So sind hier die führenden politischen, finanzwirtschaftlichen und kulturellen Institutionen vertreten. Manilas unangefochtene Führungsposition wird darüber hinaus durch die philippinische Börse und den Hauptsitz der Asian Development Bank (Asiatische Entwicklungsbank) verdeutlicht. Über seinen Hafen und Flughafen kommt der Großteil aller importierten Rohmaterialien und Güter in das Land.

Die Bevölkerung von Manila steigt seit 1970 linear um ca. 2 Mio. Einwohner pro Jahrzehnt an, was zu Überbevölkerung, Verkehrsüberlastung, Umweltverschmutzung und einer permanenten Krise auf dem Wohnungsmarkt führt. Die daraus resultierende Belastung der öffentlichen Infrastruktur hat ebenfalls negative Auswirkungen auf die Lebensqualität. Weniger als 10% aller Unterkünfte verfügen über sanitäre Infrastruktur. Abwasserkanäle werden häufig von achtlos weggeworfenem Müll verstopft und laufen bei heftigen Regenfällen über, was zu riesigen Verkehrsstaus auf den überfluteten Straßen führt. Andererseits kommt es in den Trockenzeiten regelmäßig zu Wasserknappheit. Es gibt aber auch positive Entwicklungen: die einstmals ständig akute Energiekrise wurde von der Ramos-Regierung während der ersten Hälfte der 90er-Jahre weitgehend gelöst, und eine neue Umgehungsstraße mit dem bescheidenen Namen C-5 (sowie die lang erwartete Erweiterung des U-Bahn-Systems, die bald den Betrieb aufnehmen soll) hat die Verkehrssituation auf den Straßen merklich verbessert. Trotzdem ist das Leben in Manila ein täglicher Kampf, wenn man einen langen Anfahrtsweg zur Arbeit zu bewältigen hat, mit einem kleinen Nischenunternehmen im Handels- oder Service-Sektor knapp seinen Lebensunterhalt bestreitet oder in schlecht versorgten Wohnungen einen Haushalt führen muß. Besonders Frauen und Arme trifft dies hart.

Geschichte und sozio-räumliche Aufteilung

Im Gegensatz zu vielen anderen südost-asiatischen Ländern haben die Philippinen keine präkoloniale städtische Siedlungsgeschichte. Manila, das ursprünglich Maynilad hieß, liegt auf der südlich-zentralen Insel Luzon an der Mündung des Pasig. Bevor die Spanier kamen, war dies eine kleine muslimische Siedlung mit ca. 2.000 Einwohnern. Wegen seiner Lage auf der größten philippinischen Insel und des hervorragenden natürlichen Seehafens ernannten es die Spanier nach ihrer Ankunft im Jahr 1571 zur Hauptstadt ihrer Kolonie. Manila wurde zum Hauptstützpunkt des blühenden Handels zwischen Mexiko und China, bekannt als Galeonenhandel. Zahlreiche chinesische Händler eröffneten Kontore in Manila und ließen sich in Binondo nördlich der Flußmündung nieder, das ebenfalls noch immer ein wichtiger wirtschaftlicher Standort ist. Dieser Form des Kolonialismus, der durch die Bildung von Enklaven gekennzeichnet ist, verdankte Manila seine Vormachtstellung. Diese blieb selbst später unangefochten, als der Export landwirtschaftlicher Produkte aufkam und mit dem Galeonenhandel konkurrierte, bevor er ihn als Haupteinnahmequelle ablöste. Mit dem Ende der spanischen Herrschaft im Jahr 1902 war Manila zu einer Stadt mit 200.000 Einwohnern angewachsen, und war somit größer als die fünf nächstgrößeren Städte zusammen. Die Bevölkerungszahl verfünffachte sich während der 40 Jahre amerikanischer Herrschaft, und die eigentliche Metropolitanregion entstand.

Der Zweite Weltkrieg forderte schwere Opfer von der Stadt und ihren Einwohnern. Der zentrale Stadtteil Intramuros wurde weitgehend zerstört und danach jahrzehntelang illegal von Landbesetzern bewohnt. Die Vernachlässigung, die diese Gegend durch die nachfolgenden Regierungen und ihre Planungsstäbe erfuhr, verdeutlicht eine Einstellung, die sich seit dem Krieg wie ein roter Faden durch die Stadtentwicklung zieht: Man versucht, die Schutthaufen und schier unlösbaren Probleme eines Gebiets hinter sich zu lassen und an einem anderen Ort einen Neuanfang zu machen. Anstatt die Hauptstadt wieder aufzubauen, wurde sie nach Diliman verlegt (was in der Landessprache „dunkler Ort“ bedeutet), das in Quezon City umbenannt wurde und aus wenig mehr als 166 km² schlechtem Ackerland nordöstlich von Manila bestand. Noch wichtiger als die teilweise Verlagerung des politischen Machtzentrums war aber das gleichzeitige Entstehen eines völlig neuen Wirtschaftszentrums im von Moskitos verseuchten Fischerdorf Makati. Der ehemalige Nielson Airport wurde das Zentrum der neuen Stadt, und seine Start- und Landebahnen wurden die Hauptverkehrsstraßen – ihre charakteristische dreieckige Anordnung ist

noch heute erkennbar. Während der 60er- und 70er-Jahre entwickelte sich Makati zur wichtigsten Stadt des Landes.

Nur unter Marcos hatte die Metropole eine einheitliche, koordinierte Regierungsstruktur. Der zentralisierte Verwaltungsapparat wurde aber weitgehend mit der autoritären Herrschaftsform gleichgesetzt und sah sich deshalb nach der EDSA-Revolution 1986 (der auf dem Boulevard Epiphanio de los Santos stattfand und zum Sturz des Diktators Ferdinand Marcos führte) schwerer Kritik ausgesetzt.

Als Reaktion auf die Forderung den allzu mächtigen Posten des Gouverneurs über die ganze Metropolitanregion Manila abzuschaffen, setzte Präsidentin Aquino die Metro Manila Authority (MMA) ein, einen unpolitischen Rat der Bürgermeister. Die Kompetenzen dieses Rats gingen kaum über die Organisation der Müllentsorgung hinaus (und selbst diese Aufgabe lösten sie nicht wirklich zufriedenstellend), und schon bald wurden auch diese wenigen Kompetenzen wieder weitgehend gestrichen und die Autonomie der Gemeinden verstärkt. Manila verfügt über kein übergeordnetes, funktionierendes Verwaltungsorgan. Obwohl dieser Mangel an umfassender Planung und Koordination als Hemmnis für die Stadtentwicklung erkannt worden ist, wurde die jetzige Metro Manila Development Authority erst kürzlich ihrer Hauptaufgabe, der Verbesserung der Verkehrssituation, enthoben.

Währenddessen hält die Konkurrenz der Städte und Gemeinden um Investitionen und steuerzahlende Einrichtungen unvermindert an. Ironischerweise sind die Probleme, die sich Makati heute stellen, direkte Auswirkungen seines Erfolgs, und seine Vormachtstellung ist nicht mehr unangefochten. Wie Makati vor 30 Jahren, so entwickeln sich heute viele neue, aufstrebende Zentren. Am beeindruckendsten ist der Aufstieg des Ortigas Einkauf-Centers in Mandaluyong. Der Großraum Manila hat nicht mehr einen Central Business District – sondern Dutzende.

◁◁ Seite 152/153
Manila erstreckt an der Ostseite der Manila Bay am Mündungsgebiet des Pasig Flusses, welcher die Stadt in einen Nord- und Südteil trennt.

Friedhof im Norden der Stadt: nur die Reichen der Stadt können sich solch pompöse Gräber leisten.

Der Rizal Park im Zentrum von Manila wurde nach dem philippinischen Nationalhelden Jose Rizal benannt. Neben einen japanischen und chinesischen Garten befinden sich hier auch ein großes Stadium und ein Observatorium.

△
Während der Trockenzeit herrscht Wasserknappheit, wodurch die Bewohner Manilas gezwungen sind, ihre Vorräte an Tankwägen aufzufüllen.

▷△
Autos und Busse belasten die Luft stark.

△△
Der starke Bevölkerungsanstieg zwingt die Bewohner ihre baufälligen Hütten auch nahe an Industriehallen zu errichten.

▷△△
Bauern der umliegenden Dörfer bieten ihre Produkte in einem der zahlreichen Märkte der Stadt an.

Armut

Um dem Leser auch einen Blick auf die Schattenseite dieser strahlenden Metropole zu bieten, empfiehlt sich die Betrachtung des Payatas Estate in den sanften Hügeln im Nordosten von Quezon City – hier leben Zehntausende Squatter in zahllosen Kleinsiedlungen. Die ersten von ihnen, die aus Diliman umgesiedelt worden waren, kamen in den 70er-Jahren mit dem Auftrag Häuser zu bauen und Bäume zu pflanzen – ein Projekt, das Imelda Marcos als „Zweite Grüne Revolution" betitelte. Zehn Jahre später, als Manilas größte Mülldeponie eröffnet wurde, erfuhr Payatas einen enormen Bevölkerungszuwachs. Abgesehen von der Zusicherung für die Menschen die hier wohnten, daß es für diese Gegend nie eine Aufwertung zu erwarten stand, bei der sie vertrieben würden, bot andererseits der stete Nachschub an Abfällen für viele eine Einnahmequelle. Hütten und kleine Häuser entstanden rings um und sogar auf der Müllhalde – inmitten des atemberaubenden Gestanks und giftiger Dämpfe.

Im Juli 2000 verwandelte sich der sprichwörtliche Strom von Abfällen in einen sehr realen: nach einer Woche heftiger Regenfälle, die von zwei Taifuns ausgelöst wurden, rutschte ein Müllberg ab und begrub ca. 500 Hütten unter sich. Durch einen umgestürzten Strommast entzündete sich der Abfall, was die Bergungsarbeiten zusätzlich erschwerte. Mehr als 300 Menschen starben in der Katastrophe, und über tausend weitere verloren ihr bescheidenes Zuhause und all ihren Besitz. Dieser Fall wird dem Leser extrem erscheinen, aber er verdeutlicht die Lebenssituation großer Teile der Bevölkerung im Großraum Manila. Beinahe alle Freiräume, die die offizielle Stadtplanung in der Bebauung gelassen hat, sind von den inoffiziellen Siedlungen der Armen besetzt – viele davon an prekären bis hin zu ausgesprochen gefährlichen Standorten. Slums und illegale Siedlungen sind entlang des Flußufers und der Eisenbahnschienen zu finden, auf abgedeckten Abwasserkanälen und großen Wasserrohren, als Pfahlbauten in sumpfigem, verlassenem Gelände und auf Grundstücken, die eigentlich Spielplätze oder Parks der Bessergestellten hätten werden sollen. Die Landbesetzer füllten die Lücken, die die Reichen hinterließen, und verwandelten unfruchtbare Steppe, Fischerdörfer und sumpfige Reisfelder in lebhafte Siedlungen. Sie waren, und sind noch immer, die echten Pioniere der Stadtentwicklung.

Bildung

Die Konzentration der Bildungseinrichtungen demonstriert und verstärkt Manilas Vormachtstellung. In diesem Bildungszentrum des Landes sind so gut wie alle großen Universitäten versammelt, darunter die 1611 von spanischen Priestern gegründete University of Santo Tomas, das Philippine Normal College, die University of the East und die Far Eastern University sowie die Technological University of the Philippines. Als Konkurrenten um die Position für das führende Bildungsinstitut des Landes können die staatliche University of the Philippines und die von Jesuiten geleitete Ateneo de Manila University angesehen werden, die beide ihren Sitz in Quezon City haben. Darüber hinaus ziehen unzählige Berufs- und weiterführende Schulen Studenten aus allen Provinzen des Landes an, die sich dem Strom der Zuwanderer anschließen.

Erhard Berner

MUMBAI

„Barbaric city sick with slums,
Deprived of seasons, blessed with rains,
Its hawkers, beggars, iron-lunged,
Processions led by frantic drums,
A million purgatorial lanes,
And child-like masses, many-tongued,
Whose wages are in words and crumbs."

Nissim Ezekiel:
Auszug aus „A Morning Walk" (1989)

Mumbai liegt an der Westküste des Arabischen Meeres und ist die Hauptstadt des Staates Maharashtra. Das ehemalige Bombay ist Teil eines Archipels von sieben Inseln, die von Portugal als Mitgift von Prinzessin Katherina an Großbritannien abgetreten wurden. Trotz einer langen Besiedlungsgeschichte, die bis ins 6. Jahrhundert zurückreicht, ist die heutige Bedeutung Mumbais in der Kolonialgeschichte begründet. Im 19. Jahrhundert wurde es zunächst eine Hafenstadt, dann eine Industriestadt mit einer einheimischen Textilindustrie als Dreh- und Angelpunkt, später wurde es zum Wirtschaftszentrum des Nationalstaates, ein Knoten für die neuen weltweiten Prozesse, die die Region und das Land in die Welt der Globalisierung einbinden.

Wirtschaftliche Expansion

Heute gilt Mumbai als Indiens modernste Stadt. Angesichts der vielfältigen Aktivitäten in den Bereichen Produktion, Finanzen und Dienstleistungen ist sie die erste indische Stadt, die wirtschaftliche, technologische und soziale Veränderungen durch den sich in Indien verbreitendenden Kapitalismus erfährt. Die wirtschaftliche Expansion Ende des 19. und Anfang des 20. Jahrhunderts lockte Angehörige verschiedenster Ethnien Indiens an. Sowohl im wirtschaftlichen als auch im kulturellen Bereich symbolisiert die Stadt das Paradigma, das mit den Errungenschaften Indiens während und nach der Kolonialzeit verbunden ist. Einerseits ist Mumbai von eklatanter Ungerechtigkeit charakterisiert, andererseits ist es das wichtigste Zentrum für wirtschaftliche Aktivitäten der Region und des Nationalstaates. Die neue globale Ökonomie hat die Wirtschaft der Stadt neu organisiert. In den

Die westindische Stadt Mumbai liegt am Arabischen Meer und ist durch mehrere Brücken mit dem Festland verbunden.

frühen 90ern gab es in Mumbai durch die Globalisierung einen Anstieg der Arbeitsplätze im Bereich der Herstellerdienstleistungen. Im Mumbai des Jahres 1994 befanden sich 61% der Arbeitsplätze des indischen Ölsektors und 41% des nationalem Luftverkehrs. Die Anzahl der Arbeitsplätze bei Finanzunternehmen und Unternehmensdienstleistern stiegen zwischen den 1970ern und 1980ern um 43%, und die Banken der Stadt kontrollierten 12% der nationalen Guthaben sowie ein Viertel der ausstehenden Forderungen des Landes. Die Gesamtzahl der Beschäftigten im Finanzsektor stieg zwischen 1992 und 1997 um 2,66% jährlich. Die Zahl der an der Börse von Bombay gelisteten Neuemissionen verdreifachte sich zwischen 1991 und 1993, und die Menge an neuem Kapital in alten und neuen Unternehmen stieg in diesen Jahren von 54 Mrd. Rupien auf 213 Mrd. Rupien. 1998–99 betrug Bombays Anteil am indischen internationalen Passagierverkehr 38%.

Dieses Wachstum führte zu zusätzlichen Entwicklungen, zum Beispiel dem Anstieg von Investitionen in die Kommunikationsbranche und in Immobilien. Mitte der 90er, nachdem Bombay zum Nabel der Telekommunikationsbranche geworden war, verstärkte sich dieser Trend weiter, und die Zahl der Unternehmen, die Güter herstellen, die mit der Informationstechnologie, dem Bankwesen, Versicherungs- und anderen Finanzdienstleistungen zusammenhängen, wächst. Auch im Tourismus und den Dienstleistungsindustrien war ein Anstieg zu verzeichnen.

Neue Appartement-Hochhäuser inmitten alter Textilfabriken.

Bevölkerung und demographische Entwicklung

Mumbai gilt als eine Stadt der Kontraste – bei der Organisation ihrer bebauten Fläche, bei der Art ihres Reichtums und des wirtschaftlichen Charakters, bei dem Lebensstil, den sie fördert und bei den kulturellen Ausdrucksformen. Die Verbindung zwischen diesen kontrastierenden Erfahrungen und Darstellungsformen wird von einer großen Bevölkerung hergestellt. Diese lebt in einem sehr dicht besiedelten langgestreckten Korridor von 437 km^2 – die vorläufige Bevölkerungszahl des Großraums Mumbai im Jahr 2001 beträgt 11,9 Mio. Die Folge ist, daß die Bevölkerung sich auf das Umland ausgebreitet hat, das jetzt verwaltungstechnisch als Mumbai Metropolitan Region definiert ist und eine Fläche von 4.355 km^2 darstellt. Neben dem Großraum Mumbai umfaßt es fünf Gemeinden, fünfzehn Städte und mehrere Dörfer. Das kontrastreiche Mosaik des heutigen Mumbai ist in den Veränderungen begründet, die die Stadt in der Mitte des 20. Jahrhunderts erfahren hat. Zuerst gab es einen gewaltigen Bevölkerungszuwachs – zwischen 1941 und 1971 wurden zwei Drittel der Einwohner der Stadt außerhalb der Stadt geboren. Die Bevölkerung von Bombay stieg von 6 Mio. im Jahr 1971 auf 8 Mio. im Jahr 1991 und auf 9,9 Mio. im Jahr 1997. Obwohl sich Bevölkerungswachstum und Zuwanderung verlangsamen, haben Infrastruktur und Ressourcen für die Bürger, und vor allem für die Armen, nicht zugenommen. Auch die bestehenden Dienstleistungen wurden nicht verbessert. Für einen Großteil der Bürger von Mumbai, die unter prekären Umständen leben und überleben, bleibt der Zugang zu Wohnraum, Trinkwasser und sanitären Einrichtungen ein Traum.

Wohnraum und Lebensunterhalt

1971 lebten 1,25 Mio. Menschen in Slums. 1985, war die Zahl der Slumbewohner auf 5 Mio. angestiegen (bei einer geschätzten Stadtbevölkerung von 8,5 Mio.). Nicht nur leben mehr als die Hälfte der Bewohner von Mumbai in Slums, sie leben auch in extrem dicht bebauten Gebieten. Die Erhebung von 1985 deutet darauf hin, daß Slums nur etwa 8% der Stadtfläche ausmachen, während der private Wohnungsmarkt etwa 28% des Landes nutzt. 1985 waren über 23% der Stadtfläche unbebaut. Angesichts der ausgesprochen verzerrten Landverteilung ist es möglich, viele verschiedene Schichten von Einkommensgruppen zu finden, die in Slums leben.

Heute sind es zwei Faktoren, die Konzentration des Landbesitzes und die hohen Immobilienpreise, die die Ungleichheit bei Boden und Wohnraum verstärken. Untersuchungen deuten darauf hin, daß knapp weniger als die Hälfte der Slumbewohner von Bombay unter die Armutsgrenze fallen. Außerdem sind die Wohnungen in dem Slums überbevölkert und haben keine ausreichende Belüftung. In einigen Slums beträgt der zur Verfügung stehende Raum 122 x 153 cm, gerade genug, damit sich vier bis fünf Mitglieder des Haushalts setzen können.

Die Bereitstellung von Dienstleistungen geht auch Hand in Hand mit Klassenzugehörigkeit; angemessene und bessere Dienstleistungen sind für Bewohner von Wohnungssiedlungen und Wohnblöcken der Oberklasse verfügbar. Selbst der Zugang zu Wasser und sanitären Einrichtungen ist ungleich verteilt.

Andererseits gibt es die Reichen in der Stadt, die in großen Wohnanlagen wohnen. Transport- und Verkehrsnetzwerke sind auf Gebiete konzentriert, die zu den Vierteln der Reichen führen. Ein Überlandzug- und Überlandbusservice gewähren die Beförderung der Stadtbevölkerung. Das Ausmaß der Überbevölkerung läßt sich daran ermessen, daß während der Spitzenzeit in den frühen 1990ern Züge, die für 1750 Menschen ausgelegt waren, mit etwa 4.000 Passagieren besetzt waren.

◁
Der Hauptbahnhof Victoria Terminus als Beispiel britischer Kolonialarchitektur in Mumbai.

◁◁
Das Ganesh-Festival wird gefeiert.

◁
Alltagsleben im Altstadtbereich Mumbais.

◁◁
Lastenträger studiert die Welt.

Gesundheit, Arbeit und Zugang zu städtischen Ressourcen

Die Stadt produziert große Mengen an Abfall, einschließlich 5.000 Tonnen Hausmüll pro Tag. Es gibt keine angemessenen Möglichkeiten, diesen Abfall biologisch abzubauen. Das Gesundheitswesen in der Stadt bleibt unzulänglich – laut den Zahlen von 1998 kommen 405 Krankenhausbetten auf 100.000 Menschen. Tuber-kulose bleibt mit 90% registrierten Fällen die vorherr-schende Krankheit in der Bevölkerung, . Viele Slums verzeichnen auch hohe Sterblichkeitsraten. Diese Tatsache – zusammen mit den oben genannten – veranschaulicht die Entbehrungen, an denen die Stadtbevölkerung leidet, die in diesen Slums und auf der Straße lebt.

Dieser ausgesprochen ungleiche Zugang zu städtischen Ressourcen hat die Spannungen zwischen den Gruppen verschärft. Alltägliche Konflikte wegen Trinkwasser, Nutzung von sanitären Anlagen und Zugang zu Beförderungsmitteln haben manchmal bereits zu Gewalt geführt. Dennoch werden lokale Themen wie diese kaum in offiziellen Regierungsinstitutionen behandelt, sondern überwiegend von Nichtregierungsorganisationen angesprochen.

Die Restrukturierung der städtischen Wirtschaft hatte drastische Veränderungen zur Folge. Die Beschäftigung im Privatsektor, die die Wirtschaft der Stadt in den 50ern dominierte, ist jetzt rückläufig. Für die Arbeitnehmer war das wichtigste Element dieser Veränderungen der Wegfall bedeutender Arbeitgeber, zum Beispiel in Textilfabriken, und die Zunahme kleiner Unternehmen sowohl im Dienstleistungs- und herstellenden Gewerbe als auch bei Heimarbeit. Darüber hinaus gab es ein rapides Wachstum bei Gelegenheitsjobs und Arbeitsplätzen im informellen Sektor. Laut Schätzungen arbeiten zwischen 50% und 60% der Bevölkerung im unorganisierten Sektor der Stadt.

Mumbai – all das und noch viel mehr ...

Wie andere Megastädte hat auch Mumbai seine Schattenseite. Diese findet Ausdruck in Schmerz, Fantasien und Kämpfen der Armen, während sie leben, atmen, arbeiten und sterben. In dem Maße, wie sich Mumbai von der Autarkiepolitik des Nationalstaates ab- und der Politik der offenen Märkte zugewandt hat, gab es einen Anstieg der Verbrechensrate. Die Stadt ist zu einem Zentrum mafiaähnlicher Banden geworden, die einige der wichtigsten „illegalen" und legalen Wirtschaftsbereiche kontrollieren. Aber im Gegensatz dazu gibt es auch viele Erfolgsgeschichten in Mumbai, Geschichten über die Menschen, die vor kurzem in dieser Stadt einen Aufstieg geschafft und einige ausgesprochen reich gemacht haben. Die Stadt ist all das und noch viel mehr, und zugrunde liegt der Schwung, die Vitalität und Lebensfreude, für die sie so berühmt ist.

Sujata Patel

Die Grünanlagen der Stadt stehen im deutlichen Kontrast zu den hellgrau verbauten Flächen (Gebäude, Straßen etc.). Das Stadtbild ist geprägt von Industrie-, Handels- und Dienstleistungsbetrieben. Eindrucksvoll ist auch die Ausdehnung der Hafenanlage im Osten der Insel.

ÔSAKA

Ôsaka steht vor großen Herausforderungen: Wirtschafts- und Schuldenkrise, Rückgang und Überalterung der Bevölkerung, ökonomischer Strukturwandel, Stadtumbau und -erneuerung, Neupositionierung im regionalen, nationalen und globalen Städtewettbewerb.

Ôsaka bildet zusammen mit den Millionenstädten Kyôto und Kôbe den polyzentrisch strukturierten Kernbereich der Kansai-Region. Diese zweitwichtigste Wirtschaftsregion Japans mit einem höheren BIP als Kanada liegt im westlichen Teil der Hauptinsel Honshû und greift auch auf die Insel Shikoku über. Sie umfaßt mit den Präfekturen Ôsaka, Hyôgo, Kyôto, Nara, Shiga, Fukui, Mie, Wakayama und Tokushima ein Gebiet von 41.263 km² mit 24,1 Mio. Einwohnern. Die Besiedlung konzentriert sich auf intramontane Becken, größere Flußtäler und die Schwemmlandebenen an den Küsten. Zur enger gefassten Metropolregion Ôsaka zählen die Präfekturen Ôsaka, Hyôgo, Kyôto und Nara mit 18,4 Mio. Einwohnern. Die alten Kaiserstädte Nara und Kyôto bilden das kulturelle Herz Japans, während Ôsaka und Kôbe die wichtigsten Industrie- und Handelszentren West-Japans darstellen. Die Präfektur Ôsaka ist flächenmäßig mit 1.869 km² die kleinste des Landes, gemessen an ihrer Zahl von 8,7 Mio. Einwohnern jedoch die zweitgrößte nach Tôkyô. Ihr BIP ist vergleichbar mit dem der Niederlande. Die Präfektur profitiert topographisch von ausgedehnten Schwemmlandebenen und Diluvialflächen. Das eigentliche Stadtgebiet von Ôsaka umfasst nach mehreren Eingemeindungen und Neulandgewinnung an der Küste heute 221 km² bei einer Einwohnerzahl von 2,6 Mio. und ist damit nach Tokyo und Yokohama die drittgrößte Stadt Japans.

Stadtentwicklung

Der Name Ôsaka (wörtlich: großer Abhang) verweist auf den Übergang zwischen dem ehemals überschwemmungsgefährdeten Deltabereich des Yodogawa und einer etwa 10 m hohen Diluvialterrasse, die sich nördlich und südlich der Burg von Ôsaka erstreckt. Die Lagegunst förderte früh

die Entwicklung einer Hafenstadt, die vom 6. bis 8. Jahrhundert den Handelsverkehr im Bereich der Inlandsee und mit dem ostasiatischen Kontinent dominierte. 645 wurde Naniwa für wenige Jahre sogar Hauptstadt des Landes. Die eigentliche Stadtentwicklung unter Verwendung des Namens Ôsaka setzte erst Anfang des 16. Jahrhunderts mit dem Bau einer Tempelstadt ein. Diese wurde jedoch schon bald durch Toyotomi Hideyoshi zerstört, der an ihrer Stelle 1583 mit dem Bau der Burganlage als Kern der künftigen Burgstadt begann. Im Umfeld der Burg siedelten sich Samurai an, und auf dem höher gelegenen Geländestreifen südlich der Burg entstand ein Tempelviertel, während sich im von zahlreichen Kanälen durchzogenen Schwemmlandbereich Richtung Westen Kaufleute und Handwerker ansiedelten. In der Edo-Zeit (1603–1868) war Ôsaka das mit Abstand wichtigste Handelszentrum des Landes und stand unter der direkten Kontrolle der Tokugawa-Shôgune. 1765 zählte die Stadt bereits 420.000 Einwohner. Durch den Baumwollanbau entwickelte sich Ende des 19. Jahrhunderts die Textilindustrie zum Nukleus der Industrialisierung, bevor der 1. Weltkrieg die Wende zur Schwer- und Chemieindustrie brachte. Während im Zentrumsbereich die Citybildung einsetzte, bildete sich entlang der Küste eine Hafen- und Industriezone heraus. Vor allem östlich des Stadtkerns kam es dagegen in enger Verzahnung von Wohnen und Gewerbe zu einer Konzentration kleiner Zulieferbetriebe. Funktionsmischung und ein hoher Anteil von Klein- und Mittelbetrieben bestimmen bis heute die Stadt- und Industriestruktur Ôsakas. Infolge der strengen Kontrolle der Wirtschaft durch die Nationalregierung zur Zeit des Militarismus setzte in den 30er-Jahren eine Verlagerung des ökonomischen Zentrums Japans von Ôsaka/Kôbe nach Tôkyô/Yokohama ein. Da nach 1945 der als „eisernes Dreieck" umschriebene Korporatismus zwischen nationaler Politik, Ministerialbürokratie und Wirtschaft vor allem in der ökonomischen Hochwachstumsphase der 60er-Jahre und dann wieder während der „Bubble Economy" in der zweiten Hälfte der 80er-Jahre Tôkyô als Wirtschaftsstandort begünstigte, verlor Ôsaka in der Städtekonkurrenz mit Tôkyô an Gewicht. Das Ziel, ökonomisch gegenüber Tôkyô und der Kantô-Region aufzuholen, bestimmt seither die Strategien der Stadt- und Regionalentwicklung. Äußerte sich dies in den 50er- und 60er-Jahren im Aufbau einer Schwerindustriezone auf Neuland an der Küste, so setzt man seit den 80er-Jahren angesichts der Schließung oder Verlagerung alter Industrien ins Ausland Leuchtturmprojekte wie Technoport Ôsaka, Kansai International Airport und Kansai Science City, mit denen der Wettbewerb um eine zukunftsfähige Neupositionierung im interregionalen und globalen Städtewettbewerb angegangen werden soll.

Stadtentwicklung mit lokaler Perspektive: Förderung des innerstädtischen Wohnens

Der Entwicklungsplan der Stadt Ôsaka für das 21. Jahrhundert basiert auf dem Leitbild der kompletten, multifunktionalen Stadt mit hoher Lebensqualität und strebt

Satellitenaufnahmen werden vielfach verwendet, um erdbebengefährdete Gebiete zu kartieren. Sie erlauben die Schadensabschätzung nach solchen Ereignissen. Die Megalopolis Kobe-Ôsaka liegt auf einer aktiven Störungszone, die im Bild gut zu erkennen ist. Das letzte schwere Erdbeben ereignete sich hier 1995. Es wurden mehr als 103.000 Häuser zerstört, 300.000 Menschen wurden obdachlos. Die Aufnahmen zeigen die Region 1996 (links) und 2001 (rechts). Bemerkenswert ist die zunehmende Verstädterung in den Randgebieten und die Landgewinnung in der Bucht.

Stadterweiterung in der Bucht von Ôsaka – Modernisierung der Hafenfunktion, Aufbau eines Technoports und Ausstellungsflächen, Schaffung künstlicher Erlebniswelten sowie geplanter Bau von multifunktionalen New Towns.

eine Einwohnerzahl von 2,8 Mio. an. Seit dem Höchststand von 3,2 Mio. Einwohnern 1965 verzeichnete Ôsaka einen Rückgang seiner Wohnbevölkerung durch Suburbanisierungsprozesse, ausgelöst durch steigende Bodenpreise, Tertiärisierungsdruck und mangelhafte Wohnbedingungen innerhalb der Stadt. Lebten 1940 68% der Präfektur-Bevölkerung in der Stadt Ôsaka, sind es heute nur noch 30%. Da vor allem die junge Bevölkerung abwanderte, setzte eine Überalterung der Restbevölkerung ein. Gleichzeitig vergrößerten sich die Pendlereinzugsbereiche. 1995 zählte die Tagesbevölkerung Ôsakas 3,8 Mio., die Nachtbevölkerung nur 2,6 Mio. Menschen. Um diese Diskrepanz abzubauen, setzt die Stadt seit Ende der 70er-Jahre auf den Bau innerstädtischer Wohnkomplexe mit durch öffentliche Wohnungsbaugesellschaften errichteten Miet- und Eigentumswohnungen in hoher Dichte bei guter Verkehrsanbindung; sei es im Zuge von Stadterneuerungsprojekten mit Flächensanierung wie in Abeno (ca. 2.700 Wohneinheiten), sei es im Zuge der Umnutzung von Industriebrachen wie in Yodogawa Riverside (3.399 Wohneinheiten).

Akuter Erneuerungsbedarf ist vor allem in einer Zone östlich und südlich der Ôsaka-Ringbahn gegeben, in der sich vorkriegszeitliche Mietreihenhäuser und Mietappartements der Nachkriegszeit in brandgefährdeter Holzbauweise bei extremer Überbauungsdichte entlang enger Gassen konzentrieren. Mit Hilfe eines intergrativen und partizipativen Handlungsansatzes sollen diese Gebiete unter Erhalt der Communitystrukturen baulich und funktional aufgewertet werden. Gemäß dem Ziel, katastrophengeschützte Lebenskreise zu schaffen, werden Straßen umgestaltet und verbreitert, kleine Parks angelegt, brandgeschützte Neubauten errichtet und Schulen als Zufluchtsstätten im Katastrophenfall ausgerüstet.

Repräsentativer Stadtumbau durch die Ansiedlung von Büro-, Handels- und Dienstleistungsfunktionen auf dem Gelände eines ehemaligen Containerbahnhofs in Umeda-West unter Ausnutzung der optimalen Lagepotentiale in unmittelbarer Nähe zum Hauptbahnhof Ôsaka. Auch das Gros der Gleisflächen im Bildmittelgrund wird dem Stadtumbau in absehbarer Zeit zur Verfügung stehen (Mitte links: das Umeda Sky Building).

Stadtentwicklung im Zeichen globaler Städtekonkurrenz Gestaltung repräsentativer Stadträume

Neben dem Ôsaka Business Park mit seinem Hochhauscluster nördlich der Burg hat sich seit Ende der 80er-Jahre vor allem das städtische Erscheinungsbild um den Hauptbahnhof Ôsaka durch Großprojekte des Privatsektors entscheidend verändert. 1992 wurde das Hochhaus der Hankyû-Eisenbahngesellschaft, 1993 das 173 m hohe Umeda Sky Building fertiggestellt. In Nishi-Umeda entstanden ab 1985 auf einer Containerbahnhofsbrache u. a. ein Luxushotel, hochpreisige Einzelhandelsgeschäfte, Gastronomie und Bürogebäude. Nördlich des Hauptbahnhofs warten 22 ha Güterbahnhofsflächen auf ihre Entwicklung, die sich aufgrund der Wirtschaftskrise der 90er-Jahre und weiter fallender Bodenpreise verzögert. Erklärtes Ziel ist es, den Anspruch Ôsakas auf den Status einer Global City an diesem Standort baulich und funktional zum Ausdruck zu bringen.

Zukunftsgestaltung an der Waterfront

1988 entwarf die Stadt Ôsaka mit dem „Technoport Ôsaka Plan" ein neues Leitbild für die Entwicklung der Küstenzone. Es geht um den Aufbau eines multifunktionalen Stadtzentrums auf einem Neulandareal von 775 ha bis 2010 mit optimaler Ausrichtung auf die Schüsselfunktionen internationaler Austausch und Handel, Information und Kommunikation, technologische Innovation, Kultur, Unterhaltung, Edutainment und Sport sowie qualitatives Wohnen. Die Planungen sind auf eine Wohnbevölkerung von 60.000 und eine Tagesbevölkerung von 200.000 ausgelegt. Im Bereich Cosmosquare entsteht eine internationale Businesszone mit Teleport, internationalem Messeplatz, Business Park, Luftfrachtterminal, Asia Pacific Trade Center und World Trade Center als neuer Landmarke. Die Neulandinsel Maishima wird zum olympiatauglichen Sports Island entwickelt, während auf der Nachbarinsel Yumeshima neben hochmodernen Containerhafenflächen Wohnsiedlungen sowie Wirtschaftseinrichtungen entstehen. Außerhalb des Technoport öffnete 1990 mit dem Tempozan Harbor Village ein Festival Market Place mit Aquarium seine Pforten. 2001 kommt mit dem 54 ha großen Themenpark der Universal Studios Japan auf einer Industriebrache in Konohana eine weitere Attraktion hinzu.

Großprojekte der Regionalentwicklung

Eine entscheidende Stärkung im nationalen und globalen Städtewettbewerb erfuhren Stadt und Metropolregion 1994 mit der Eröffnung des Kansai International Airport. Durch seine Lage auf einer Neulandinsel 5 km vor der Küste im Südwesten der Bucht von Ôsaka ist ein 24-Stunden-Betrieb möglich. Durch den Bau einer zweiten Landebahn sollen bis 2011 230.000 Starts- und Landungen pro Jahr realisierbar sein gegenüber 160.000 im Jahr 2000.

Bereits seit Ende der 80er-Jahre befindet sich in den Keihanna Bergen im Grenzbereich der Präfekturen Kyôto, Ôsaka und Nara die Kansai Science City mit einer prognostizierten Einwohnerzahl von 380.000 auf einer Fläche von 150 km^2 im Aufbau. Von dieser vielpolig vernetzten Wissenschaftsstadt verspricht man sich u.a. Innovationen in der High-Tech-Entwicklung, im Bereich Multimedia und Kommunikation sowie auf dem Gebiet kulturbezogener Forschung.

Beide Projekte sind Bestandteil des 1987 aufgestellten Langzeitplans für die Entwicklung der Kinki-Region, dessen Planungsstab neun Präfekturen, 3 Städte sowie Vertreter aus Wirtschaft und Wissenschaft angehörten. Der Plan strebt für Ôsaka den Status einer Global City an. Nach dem Zusammenbruch der „Bubble Economy" gerieten jedoch zahlreiche Entwicklungsprojekte angesichts sinkender Bodenpreise und Nachfrageeinbruchs in die roten Zahlen. Banken blieben auf faulen Krediten sitzen, Städte und Präfekturen rutschten in die Schuldenkrise. Es werden große Anstrengungen der Akteure des privaten und öffentlichen Sektors und einer koordinierten Regionalplanung bedürfen, um Ôsaka und seine Metropolregion so zu positionieren, daß sie sich im Wettbewerb der Stadtregionen des Pacific Rim behaupten können.

Uta Hohn

Umwidmung innerstädtischer Industrie- und Verkehrsflächen brachten Raum für den Bau von Großwohnsiedlungen für Bezieher mittlerer Einkommen und für sozialen Wohnungsbau in Yodogawa Riverside (jenseits des Flusses) und für Luxuswohnungen in Sakuranomiya-Nakano (Vordergrund Bildmitte).

SEOUL

Die Ausdehnung der Stadt ist seit der letzten administrativen Umgestaltung im Jahr 1973 gebremst worden. Der Lebensstil der Bürger von Seoul hat sich jedoch seit den 1970ern aufgrund des schnellen Wachstums der Satellitenstädte um die Hauptstadtregion herum geändert. Mit 17.150 Personen/km² hat Seoul eine der höchsten Bevölkerungsdichten der Welt.

Die Stadt Seoul liegt im Zentrum der koreanischen Halbinsel, die aus Nord- und Südkorea besteht. Der Fluß Han verläuft durch die Stadt und fließt weiter ins Gelbe Meer. Die nördliche Hälfte von Seoul heißt Kang Buk, die südliche Kang Nam. Bisher sind 21 Brücken über den Fluß gebaut worden, um diese beiden Teile von Seoul zu verbinden. Wie das Satellitenbild zeigt, ist die Stadtfläche relativ hügelig für eine Stadt, die sich in der Nähe eines großen Gewässers befindet.

Das Wachstum der Stadt

Seoul ist seit über 600 Jahren die Hauptstadt von Korea, doch erhielt es seinen heutigen Namen erst im Jahr 1949, nachdem es – erneut – die Hauptstadtfunktion des unabhängig gewordenen Staates übernommen hatte. Die Stadt ist von einem sehr modernen, wenn nicht sogar postmodernen Aussehen geprägt. Es gibt wenige Hinterlassenschaften aus der Vergangenheit, sondern viele Hochhäuser und hochmoderne Transport- und Verkehrssysteme. Seoul überdauerte den Koreakrieg Anfang der 1950er, der einen Großteil seines historischen Erbes zerstörte – nach dem Krieg wurde Korea in Süd- und Nordkorea geteilt, und Seoul blieb die Hauptstadt von Südkorea (im folgenden Text Korea genannt). Die meisten Gebäude und Straßen im heutigen Seoul wurden innerhalb der letzten Jahrzehnte gebaut, als die koreanische Wirtschaft einen beeindruckenden Erfolg verzeichnete.

1949, als die erste landesweite Volkszählung durchgeführt wurde, wohnten knapp 1,5 Mio. Menschen in Seoul. Als sich die koreanische Wirtschaft in den nächsten Jahrzehnten um Seoul herum niederließ, wurde die Stadt zu einem Hauptanziehungspunkt für Menschen aus anderen Landesteilen. Trotz der zahlreichen, oft massiven Anstrengungen der nationalen und kommunalen Verwaltungs-

Bau einer neuen U-Bahn-Linie mitten durch den Chamsil Distrikt südlich des Han River.

Auf Grund des strategisch günstigen Lage im Gelben Meer ist der Hafen von Seoul ein wichtiger Güterumschlagsplatz.

behörden, die Zuwanderungsströme zu begrenzen, verzeichnete Seoul bis in die 1980er ein beträchtliches jährliches Bevölkerungswachstum und erreichte im Jahr 1988 die Zehn-Millionen-Marke. Während die Stadt nur 0,6% der Gesamtfläche von Korea ausmacht, leben dort mehr als 20% der nationalen Bevölkerung. Neben der Bevölkerungszahl hat Seoul, als typische „Primate City", eine überwältigende Präsenz in den Bereichen nationale Politik, Finanzen, Wirtschaft, Hochschulbildung, Kultur und Identität aufgebaut.

Während das früher unkontrollierbare Bevölkerungswachstum von Seoul sich in den letzten Jahren verlangsamt hat, wohnen in den Außenbezirken von Seoul mehr Menschen als im Innenstadtbereich. Der Außenbezirk von Seoul besteht aus der Stadt Inchon und der Provinz Kyonggi, und das Gebiet von Seoul und dem Außenbezirk zusammen ergibt die Metropolitanregion von Seoul. Das jüngste Wachstum des Außenbezirks wurde unter anderem den zunehmenden Problemen der Megacity Seoul zugeschrieben, darunter Verkehrsstaus und steigende Mieten, staatliche Beschränkungen bei der Um- oder Ansiedlung von Industriezweigen und der verstärkte Bau von Wohnblöcken in den Satellitenstädten der Provinz Kyonggi. In diesen Wohnblöcken sollten Menschen mit mittlerem Einkommen

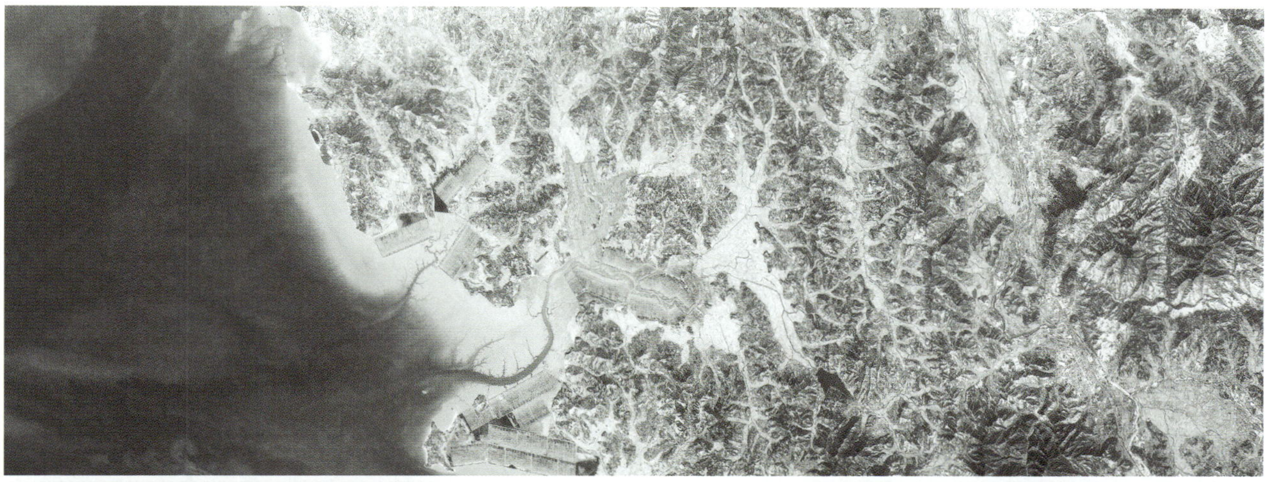

Die Corona-Aufnahme aus dem Jahre 1967 erlaubt einen interessanten Vergleich der Siedlungsausbreitung von damals und heute. Die ursprünglich naturbelassene Küstenlinie wurde zu Gänze in eine Stadt- und Indurstrieregion umgewandelt. Zusätzliche Nutzflächen wurden im Meer aufgeschüttet.

Massendemonstration in den Straßen Seouls.

wohnen, die sich die kometenhaft ansteigenden Wohnungspreise in Seoul nicht leisten konnten. Laut einer jüngsten Umfrage des Economist Intelligence Unit ist Seoul im Hinblick auf Lebenshaltungskosten nach Tokyo, Hongkong, London, Taipei, Zürich, New York und Paris die achtteuerste Stadt der Welt. Die Zersiedlung von Seoul in den Außenbezirken hat die Metropolitanregion zu einer Mammutmetropole mit etwa 22 Mio. Einwohner und damit einer der größten der Welt gemacht. Die ungleiche Entwicklung zwischen dem Gebiet von Seoul und dem Rest des Landes ist ein hitzig debattiertes wirtschaftliches und politisches Thema in Korea.

Traum von der Weltstadt

Während versucht wird, die hohe Vorrangstellung von Seoul auf nationaler Ebene zu verringern, haben die Regierungen von Korea und Seoul fortwährend die Position der Stadt auf internationaler Ebene gefördert. Der Traum vom asiatischen Tor zur Welt ist jedoch nicht leicht zu erreichen, da Tokyo, Singapur und Hongkong höher eingestuft werden. Es gibt eine Reihe von Faktoren, die die relativ schwache internationale Position von Seoul erklären. Vor allem wird Seoul als Hauptstadt einer geteilten Nation oft mit der Politik des Kalten Krieges assoziiert, und das stellt ein Hindernis für die Ausweitung und Vertiefung seiner internationalen Verbindungen dar. Seoul hat weder Tokyos multinationale Konzerne und Banken noch Hongkongs und Singapurs Börsen und Standortvorteile bei internationalen Netzwerken. Außerdem ist Seoul keine kosmopolitische Stadt. Die Tatsache, daß weniger als ein Prozent der Bevölkerung von Seoul nicht koreanischer Abstammung sind, enthüllt die hohe ethnische Homogenität der Stadt. Dennoch hat Seoul in jüngster Zeit große Fortschritte in der Entwicklung hin zu einer international orientierten Stadt gemacht. Die Ausrichtung der Olympischen Sommerspiele von 1988 war das gut geplante und gut durchgeführte Projekt, mit dem Seoul positive Berichterstattung in den Medien erreichte und der ganzen Welt seinen wirtschaftlichen Erfolg vorführen konnte. Neben Mexico City im Jahr 1968 ist Seoul bisher die einzige olympische Stadt in der Dritten Welt, und sie ist nach Tokyo die zweite Stadt in Asien. In Übereinstimmung mit den Bemühungen, sich ein neues Image als asiatische Weltstadt zu geben, bereitet sich Seoul jetzt zusammen mit Tokyo auf die Mitausrichtung der Endspiele der Fußballweltmeisterschaft 2002 vor.

Seoul hat seine internationale Präsenz nicht nur als Gastgeber bedeutender weltweiter Veranstaltungen, sondern auch durch die Ausweitung seiner Wirtschaftsverbindungen verstärkt. Seoul war ein wichtiger Standort der exportorientierten Industriezweige in Korea, aber seine Abhängigkeit von der herstellenden Industrie hat seit den 1980ern erheblich abgenommen. Steigende Löhne und gestärkte Gewerkschaften beschleunigten den Prozeß der

Ein einzigartiger Blick auf die Skyline von Seoul.

Im Vorfeld der Olympischen Sommerspiele 1988 erlebte Seoul eine rege Bautätigkeit und einen wirtschaftlichen Aufschwung. Zeugen dieser Zeit sind die neuen Sportstätten.

Deindustrialisierung der Wirtschaft von Seoul in den späten 1980ern. Viele lokale Unternehmen haben seitdem ihre Fabriken ins Ausland ausgelagert, wo billigere Arbeitskräfte verfügbar sind. Dieser rasche Anstieg von Auslandsinvestitionen der in Seoul ansässigen multinationalen Konzerne ist das Herzstück der Globalisierung der koreanischen Wirtschaft. Ein weiterer wichtiger Faktor, der Seoul in jüngster Zeit eine internationalere Ausrichtung verschafft hat, ist die steigende Präsenz illegaler Einwanderer in der Stadt. Arbeitgeber dieser ca. 200.000 Gastarbeiter aus China, den Philippinen, Bangladesch, Thailand und Pakistan waren hauptsächlich kleine Unternehmen, die nicht ins Ausland abwandern konnten. Es wird eine hitzige Debatte über ihren rechtlichen Status geführt, aber ihre Rolle bei der Verbindung von Seoul und Korea im Allgemeinen mit den asiatischen Entwicklungsländern ist weitgehend anerkannt.

Räumliche Umstrukturierung

Die oben genannten Veränderungen, einschließlich Bevölkerungswachstum, Wirtschaftsverlauf und internationale Sportwettkämpfe, haben zu einer städtischen Umstrukturierung von Seoul geführt. Da in Seoul innerhalb relativ kurzer Zeit Urbanisierung und Industrialisierung stattgefunden haben, hat es immer einen enormen Druck gegeben, die städtische Infrastruktur zu verbessern, und in den 1980ern verzeichnete Seoul die umfassendste Verbesserung des städtischen Raumes. Die Olympischen Spiele in Seoul gaben der Regierung einen berechtigten Grund, eine massive Neuordnung der ganzen Stadt durchzuführen. Das führte oft zu Widerstand der Bevölkerung gegen die Verdrängung der Bewohner ärmerer Stadtviertel.

Inmitten von unerbittlichen Maßnahmen, um Veränderungen in der städtischen Wirtschaft, Kultur und Politik im Laufe der Jahre zu bewältigen und anzuregen, gab es in Seoul in zwei erheblichen Bereichen eine räumliche Umstrukturierung. Zum einen fand die Erschließung von Kang Nam an der südlichen Hälfte des Flusses Han statt. Dort lebten bis in die 1960er über 80% der Einwohner der Stadt, aber das südliche Gegenstück begann Mitte der 1970er die Entwicklung des Wohn- und Büroraumes, und zog weiterhin Bevölkerung und Unternehmen an. Die Bevölkerung ist jetzt gleichmäßig auf die beiden Seiten des Flusses Han verteilt. Die andere bedeutende Veränderung der städtischen Landschaft von Seoul ist, wie bereits oben erwähnt, der Aufstieg des Außenbezirks von Seoul. Das Wachstum dieses Bezirks hat nichts mit dem Prozeß der Verlagerung in die Stadtrandlage gemeinsam, der häufig in amerikanischen Metropolen beobachtet werden kann. Der Außenbezirk bietet Unterkünfte für die aus Seoul vertriebene Mittelschicht und untere Mittelschicht, während sich in amerikanischen Vorstädten hauptsächlich Wohnbezirke der Mittelschicht und der oberen Mittelschicht sowie Handelszentren befinden.

Erholung von der Finanzkrise

Seoul und Korea allgemein befinden sich jetzt im Prozeß der Erholung von der Finanzkrise in Asien, die die Wirtschaft im Großteil Asiens in den späten 1990ern verlangsamte und dazu führte, daß das Wesen des asiatischen Wirtschaftswunders vielfach in Frage gestellt wurde. Seouls ehemals extrem unbeständige Börse und insolventen Banken, gewinnen jetzt wieder an Stabilität und Stärke, und auch der Traum von der Weltstadt lebt wieder auf, der während der Zeit der Krise fast untergegangen war. Gerade erst wurde 52 km entfernt von Seouls Innenstadt ein brandneuer internationaler Flughafen, Incheon International Airport, eröffnet. Seoul strebt eine fortschrittliche Rolle als zukünftiges Zentrum von Asien an und nicht nur als Tor zu Korea.

Yeong-Hyun Kim

SHANGHAI

Wörtlich übersetzt bedeutet Shanghai 'am Meer gelegen', und die Stadt unterscheidet sich von anderen Zentren des modernen China durch ihren unternehmerischen Geist und ihren kosmopolitischen Ruf.

Shanghai wurde im 10. Jahrhundert als Fischerdorf gegründet, 1074 war die Stadt bereits Verwaltungssitz der Provinz. Adelsfamilien aus dem nahen Ning bo integrierten Shanghai in das Wirtschafts- und Handelssystem an der Küste, das wuchs kontinuierlich und wurde bald ein regionales Wirtschaftszentrum das bereits 1853 Huang Zu (Kanton) überflügelte und Chinas wichtigste Handelsstadt wurde. Man nannte es oft das Crossible des modernen China. In der zweiten Hälfte des 19. Jahrhunderts entwickelte sich Shanghai zu einer modernen Wirtschafts- und Industriestadt, die im „goldenen Zeitalter", während der 20er- und 30er-Jahre des vorigen Jahrhunderts, mit 2 Mio. Einwohner, zur siebt größten Stadt der Welt wurde. Die Einbindung dieser Halbkolonialstadt in das westliche merkantile System und die Errichtung höherer Schulen machten es zum Finanz- und Kulturzentrum des fernen Ostens. Nach 1949 litt die Stadt jedoch 30 Jahre lang unter mangelnden Investitionen. Bis 1950 gehörte Shanghai zu jenen Städten, die einen modernen industriellen Wirtschaftssektor, gute Infrastruktur und Arbeitskräfte besaß. Streng kontrolliert von der sozialen Regierung trug Shanghai maßgeblich zum BIP bei und war eine der tragenden Säulen der Planwirtschaft. 1978 wurde im Zuge eines Wirtschafts-Reformprogrammes Verantwortung in die Provinzen und Gemeinden verlagert. Nach dem Erfolg der Reformen in Südchina begann Ende der 80er-Jahre eine rasche Modernisierung der Stadt und seiner Wirtschaft.

Heute leben in dem Stadtgebiet von Shanghai, das eine Fläche von 6.340 km^2 umfaßt, 13 Mio. Einwohner zusammen mit Huang Zu und Hu Xi , den anderen Großstädten der Region, bildet Shanghai die wichtigste Stadtregion in China. Das Umland von Shanghai, das sich entlang des Jangtse-Flusses nach Westen erstreckt, ist eine der

Shanghai, die sich am schnellsten entwickelnde Megacity Südost-Asiens, liegt an der Mündung des Yangtse-Flusses in das Gelbe Meer und an dessen Nebenfluß Huangpu. Ein tiefgreifendes Stadtentwicklungsprogramm verändert das Gesicht der Stadt mit großer Geschwindigkeit. Nebenstehende Bilder zeigen den Blick von der Zhongshan Straße über den Fluß nach Pudong auf den „Oriental Pearl Tower im Abstand von 5 Jahren (1995–2000).

Alte Stadtteile werden durch Wohn-Hochhäuser mit über 30 Stockwerken ersetzt. Innerstädtische Schnellstraßen erschließen die Stadt dem rasch anwachsenden Kraftfahrzeugverkehr. Ihm müssen dicht verbaute Stadtteile ebenso weichen, wie sie im Zuge der Stadterneuerung für Parkanlagen beseitigt werden.

wirtschaftlich erfolgreichsten Landschaften Chinas. Das Verwaltungsgebiet von Shanghai umfaßt 17 Stadtregionen (10 liegen im Zentrum) und 3 suburbane Regionen. Es hat einen besonderen Verwaltungsstatus, der einer Provinzregierung entspricht. In den Bemühungen um Dezentralisierung wurden den Distriktsverwaltungen bedeutende Autonomien in der Steuereinhebung, Budgetzuteilung, dem Ausbau der Infrastruktur und der Planung eingeräumt.

Städtische Erneuerung 1856

Shanghais Ziel, sich selbst zu erneuern, erkennt man am besten in den Anstrengungen nach 1990, die veraltete Infrastruktur zu überholen. Seither nehmen Bedarfslücken ab, da Shanghai praktisch in allen Infrastruktur-Diensten Großes leistet. Eindrucksvoll sind die raschen Fortschritte beim Ausbau des innerstädtischen Straßensystems, der Errichtung von Parkanlagen und in der Abwasserbehandlung. Eine Vielzahl großer Infrastruktur-Projekte wurde fertiggestellt, wie zum Beispiel der Bau dreier Brücken über den Huang Pu, zweier Tunnels unter den Huang Pu, die innere Ringstraße, Überflur-Nord-Süd und Ost-West Schnellstraßen, ein neuer Internationaler Flughafen, zwei neue Untergrundbahnen und die erste Phase eines neuen Lichtleitsystems. Die Stadt präsentierte kürzlich einen Projektplan für den Bau von 11 Untergrundbahnen, sieben Licht-Leitsysteme und drei Vorort-Zuglinien. Ein anderes, sehr ambitiöses Vorhaben will Shanghai zu einem wesentlichen Elektronik- und Netzwerk-Zentrum machen. Ein 5-Jahres-Schlüsselprojekt soll alle Kreise und Stränge für Telekom-Dienstleistungen in einer unterirdischen Breitbandverbindung vereinen.

Mit großen Summen wurden beträchtliche Fortschritte in der Hebung der städtischen Wohnqualität erzielt. Gegenwärtig werden, besonders in der Altstadt des Zentrums, 3,6 Mio. m² alte Wohnungen, verfallene oder vernachlässigte Gebäude erneuert. Die hohe Verbauungsdichte verfallener Wohnviertel und stark gemischte Landnutzungsstrukturen bedeuten für die Stadterneuerung eine große Chance. Durch Reformen in der Wohnungszuteilung und -finanzierung ist auch für Durchschnittsfamilien die Möglichkeit, gute und erschwingliche Wohnungen zu bekommen, sehr gestiegen. Am deutlichsten wird dies durch die Steigerung der pro-Kopf-Wohnfläche von 6,7 m² im Jahre 1991 auf 9,7 m² im Jahre 1999. Bezüglich der Altstadterneuerung wird der Aussiedelung von Industriebetrieben, die modernen Standards nicht entsprechen, besonders hervorgehoben. Um die Stadt von den seit Jahrzehnten verstreut entstandenen, oft umweltbelastenden Industriebetrieben zu befreien und zu einer geordneten Landnutzung zu kommen, hat Shanghai eine großangelegte Umsiedelung der Betriebe in Angriff genommen. Hierzu wurden am rechten Ufer des Huang Po in der Region Pudong große Neustadtgebiete aufgeschlossen und weiträumige Industriegelände angelegt, die bis an die Jangtse-Mündung eichen. Sie umfassen eine Fläche von 522 km². Ein Vergleich

△
Fahrräder sind heute nicht mehr die einzigen Transportmittel.

△△
Warteschlange bei der Busstation.

Die Stadt Shanghai liegt am linken Ufer des Huangpo Flusses. Sie dehnt sich rasch in den umgebenden Gemüsegürtel und auf das rechte Flußufer aus, wo im Stadtteil Pudong ausgedehnte Wohn-, Verwaltungs- und Industrieflächen aufgebaut werden.

der Satellitenbilder verschiedener Aufnahmejahre zeigt den Fortschritt der Maßnahmen deutlich. Durch dieses Projekt, das in drei Phasen ablaufen wird, soll vor allem der räumliche Druck auf das alte Shanghai gelockert werden.

Die Entwicklung der neuen Region Pudong ist ein zentrales Anliegen Shanghais, um die vor 1949 innegehabte Position als führendes Industrie-, Finanz und Handelszentrum Chinas und der Fernost-Region zurückzugewinnen. In Pudong ist die größte Freihandelszone Chinas entstanden; ein eigenes Zollgebiet zur Abwicklung der Exporte, eine Zone für die Entwicklung von Hochtechnologien, ein neues Verwaltungszentrum für Shanghai und zahlreiche neue Wohnviertel sind bereits verwirklicht. Die modernen Einrichtungen und die Ausbaupläne von Pudong zeigen zudem Erfolge bei multinationalen Kooperationen. Mit der Errichtung eines neuen zentralen Geschäfts- und Wirtschaftsdistriktes werden Shanghai von Pudong auch neue Dienstleistungen, wie zum Beispiel Finanzdienstleistungen, angeboten.

Blick auf die alte Zhongshan Straße – die Flußpromenade Alt-Shanghais.

Das menschliche Kapital

Verglichen mit anderen Industriestädten Chinas verfügt Shanghai über bemerkenswerte Kapazitäten an Ausbildungseinrichtungen und hochgeschulten Arbeits- und Ausbildungskräften. Es gibt in der Stadt über 250 unabhängige Forschungsinstitute und nahezu 50 Universitäten und Colleges. Dennoch liegt der Anteil professionellen und technischen Personals beträchtlich hinter anderen globalen Schlüsselzentren. Um die noch vorhandene Ausbildungslücke zu füllen und neue, junge Talente nach Shanghai zu ziehen, wurden zwei Maßnahmen gesetzt. Die Möglichkeiten, für lokale Studenten von Universitäten und Colleges sowie von berufsbildenden Schulen finanzielle Unterstützung zu erhalten, wurden beträchtlich erhöht, und die Beschränkungen für Unternehmen, graduierte Absolventen

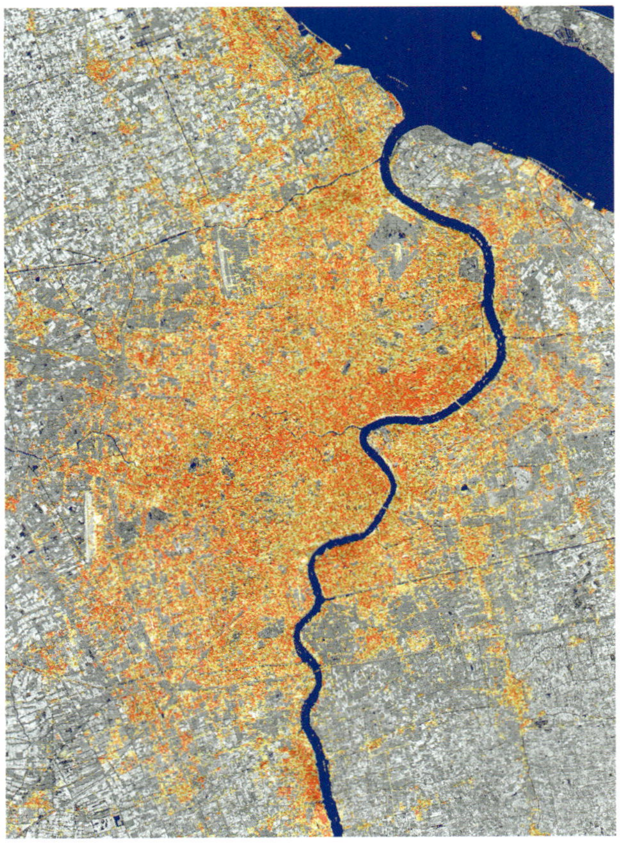

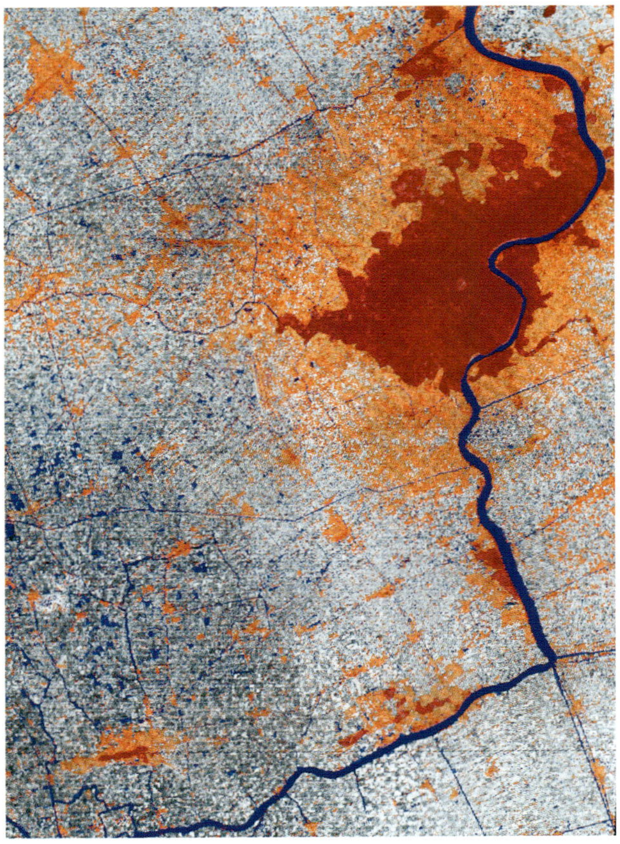

◁◁
Radardaten und hochauflösende Multispektralaufnahmen wurden benützt, um die Verbauungsdichte und damit die Bodenversiegelung der Stadt zu kartieren. Rot zeigt hohe Dichte, gelb lockere Verbauung.

◁
Durch den Vergleich zweier Aufnahmen aus verschiedenen Jahren läßt sich die Entwicklung urbaner Gebiete kartieren. Die dunkelrote Fläche zeigt die Ausdehnung Shanghais 1986, die hellrote Fläche die Stadterweiterung bis 1998.

von Colleges aus anderen Gebieten Chinas einzustellen wurden gelockert. Sie erhalten größere Quoten zur Registrierung städtischer Haushalte. Studenten, die aus dem Ausland zurückkehren ob auf Dauer oder nur vorübergehend, um neue Geschäfte zu eröffnen – werden ebenfalls willkommen geheißen.

Einer neuen Herausforderung sieht sich Shanghai im Hinblick auf das zunehmende Lebensalter seiner Bevölkerung gegenüber. Die Stadt liegt hier an der Spitze Chinas und ist den anderen Landesteilen im Trend um 20 Jahre voraus. Es zeichnet sich eine Entwicklung ab, die in anderen Ländern nur mit wesentlich höheren Einkommensstrukturen wirksam wird. Betrug der Anteil der über 65-jährigen im Jahre 1998 nur 13,3% der Bevölkerung, so erwartet man im Jahr 2020 bereits einen Anteil von 26% in dieser Altersklasse. Zum Teil liegt die Ursache in der geringen Geburtsrate. In den großen Städten Chinas war die Politik der Ein-Kind-Familie überaus wirksam. Der Bevökerungszuwachs betrug dadurch 1990 nur 0,35% und im Jahre 1999 gar -2,3%. In den Jahren von 1969 bis 1998 stieg die Lebenserwartung für Männer von 71 auf 75 Jahre und für Frauen von 74 auf 79 Jahre.

Die durch den Geburtenrückgang voraussehbare Verringerung der Arbeitskräfte in Shanghai wird durch Zuzug von außen wettgemacht. Gegenwärtig arbeiten etwa 3 Mio. dauerhaft oder vorübergehend zugezogene Arbeitskräfte in der Stadt, was durch die gelockerten Wanderungsbestimmungen möglich wurde. Von auswärts kommende temporäre Arbeitskräfte finden vor allem in wenig beliebten Berufen wie im Bau, im Hausdienst, in Fabriken und Landwirtschaften, aber auch im Handel Beschäftigung. Sich auf Dauer niederlassende Arbeitskräfte von außen bringen zusätzliche Aufgaben für die Stadtverwaltung mit sich.

Der Blick in die Welt

Am Beginn des 21. Jahrhunderts ringt Shanghai intensivst darum, Chinas Erste Metropole zu werden und zur Reihe der großen Weltstädte zu gehören. Die Stadt nimmt aktiv an der Weltwirtschaft teil und verstärkt die Verbindungen nach außen. Durch die hochwertige Industrie, die moderne Infrastruktur und die geschulten Arbeitskräfte hat Shanghai andere chinesische Städte im Bemühen, ausländische Investoren zu gewinnen, bereits überflügelt. Finanzierungen aus dem Ausland haben wesentlich dazu beigetragen, die Untergrundbahnen, das neue Schnellstraßensystem, die neuen Industrieregionen, Hotels und viele andere Einrichtungen zu schaffen, die notwendig sind, das Wirtschaftsleben aufzubauen und Touristen in die Stadt zu bringen.

Die Bemühungen, die industrielle Basis Shanghais zu verjüngen, brachten zahlreiche bedeutende ausländische Investoren in das Land. Über 250 der 500 bedeutendsten Industrieunternehmen haben in Shanghai investiert oder Büros eingerichtet. Zu den herausragendsten zählen zum Beispiel Alcatel, Volkswagen, General Motors, NEC, DuPont und IBM, um nur einige zu nennen. Das kann der Auftakt dazu sein, weitere Regionaldirektionen in Shanghai zu errichten. Ausländische Versicherungen in China können nur in Shanghai tätig werden, und alle 24 ausländischen Banken, die auch mit chinesischer Währung handeln dürfen, haben ihren Sitz in Pudong.

Sollte Shanghai die Bedeutung innerhalb Chinas zurückgewinnen, dann ist es wahrscheinlich jene Stadt Ostasiens, welche die besten Aussichten hat, ein globales Zentrum zu werden. Die Möglichkeiten dazu hängen davon ab, wie weit sich China öffnet und wie weit die Geschwindigkeit, mit der Reformen vollzogen werden, beibehalten wird. *Weiping Wu*

Der Umbau von Shanghai wird am besten durch einen Blick auf die Altstadt, den Huangpofluß und den Stadtteil Pudong sichtbar. Alte Stadtteile oder Wohn- und Industrieflächen werden abgerissen, an ihrer Stelle entstehen neue Hochhausviertel mit Wohn-, Geschäfts-und Verwaltungsbauten, Schnellstraßen und Grünanlagen.

Ein beliebte Attraktion in der Altstadt Shanghais ist der Yuyuan Garten mit seinen historischen Gebäuden, Teichen und der Zigzag-Brücke.

TEHERAN

Seit der islamischen Revolution ist das Land in mehrfacher Sicht isoliert – so verwundert es um so mehr, mit Teheran eine überaus lebendige Großstadt vorzufinden.
High Tech in Büros und Tradition im Bazarviertel, traffic jams und wieder westlich orientierte Stadtteile.
Und all dies eingebettet in islamische Vorschriften.

Die Stadt Teheran befindet sich südlich des Elburs-Gebirges in einer Höhe von 1.200–1.600 m, am Nordrand des zentralen iranischen Hochlandes. Sie wird überragt von der Tocal-Kette im Norden (3.900 m), die auch noch im Hochsommer Schneefelder trägt. Jenseits des Gebirges liegt das Tiefland der Kaspisee-Region, und zu den großen Städten Tabriz (im Westen, Azarbaijan), Mashad (im Osten, Khorassan) und nach Esfahan im Süden beträgt die Entfernung jeweils etwa eine Tagesreise mit dem Auto. Die Lagevorteile von Teheran in Bezug auf den Gesamtstaat liegen darin, daß die Stadt im zentralen Iranischen Hochland liegt, also im Kernraum des Landes – und zugleich soweit nördlich, daß auch die Provinzen am Kaspischen Meer (Mazanderan und Gilan) von dort aus leicht zu kontrollieren sind.

In der Spätzeit der Kadjaren, um 1900, kam diese Hauptstadt des Reiches als erste Stadt mit den technologischen Neuerungen des Westens in Kontakt, mit einer Elektrizitätsversorgung und mit Bebauungstypen westlicher Prägung. Diesen Vorsprung der Modernisierung erkennend, behielt auch die folgende Dynastie der Pahleviden (Reza Shah ab 1921) den Standort als Hauptstadt bei, zumal sich die Heimat Reza Shahs Mazanderan in der Nähe befand. Seit dieser Zeit ist Teheran unangefochten die Hauptstadt des Staates, und hat sich folglich zum kräftigsten urbanen Zentrum eines Raumes entwickelt, der etwa durch die Städte Istanbul, Kairo und New Delhi beschrieben wird.

Stadtentwicklungsphasen im 20. Jahrhundert

Ein näherer und analytischer Blick auf die Stadtentwicklung Teherans zeigt, daß die Ausdehnung bis 1950

Teheran liegt im Übergangsbereich vom Elburs-Gebirge zum Hochland von Iran. Heute breitet sich die Stadt in das kühlere Shemiran am Fuße des Tocal aus.

vorwiegend eher gleichförmig nach allen Seiten erfolgte. Daneben hat eine sozioökonomische Segregation stattgefunden (Nord-Süd). Die Weiterentwicklung der Stadt bis 1970 hat die Verbindung, bezogen auf das bebaute Gebiet, zwischen der „Altstadt" und dem Vorort Shemiran noch weiter verstärkt. Das fällt besonders im Vergleich mit anderen achsialen Siedlungsentwicklungen auf, von denen insbesondere die westwärtige Achse, ein Industriegebiet außerhalb des Flughafens Mehrabad, zu erwähnen ist. Daneben hat sich in den Jahren bis 1970 (und danach) auch das eher „kreisförmige" Wachstum der Stadt fortgesetzt. Groß ist die Entwicklung zwischen 1970 und 1991. Die West-Ost-Erstreckung zumindest 70 km, und die Distanz vom Gebirgsrand zur südlichen Grenze der Metropole beträgt etwa 40 km. Wichtig ist es zu betonen, daß kein Zusammenwachsen mit Siedlungen im Umland stattgefunden hat: solche gibt es nämlich nicht – Teheran liegt in einer halbwüstenhaften Region.

Betrachtet man die Stadtentwicklung bis zur islamischen Revolution 1979, so ist daraus über Jahrzehnte ein Trend der bevorzugten Stadtentwicklung in die nördliche Richtung zu entnehmen, hin zu dem ökologisch angenehmen Klima des Gebietes von Shemiran. Diese Stadtentwicklung ist zugleich auch ein Indikator für die sozioökonomischen Unterschiede der urbanen Bevölkerung (Segregation). Die Stadt Teheran erfaßt eine Fläche von 1.200 km^2 und mit einer Einwohnerzahl von 7,2 Mio 1996 (1966: 2,7 Mio Ew., 1991: 6,4 Mio).

Tradition und Moderne – die zweipolige Stadt

Vom nördlichen Teil des Stadtgebietes kommt bzw. kam auch das frische Wasser aus den unterirdischen Kanälen (den „Qanaten"), Wohngebiete und Gartenflächen versorgend. Wohlhabende Teherani bezogen nordwärts der Stadt, am Gebirgsfuß Shemiran ihre Sommerquartiere. Mit dem Aufkommen des motorisierten Verkehrs wandelte sich diese Lokalität zum Oberschichtviertel der Metropole. Wie auch in vielen anderen Städten zu beobachten, bleibt eine solche Entwicklung nicht ohne Auswirkung auf die Innenstadt selbst: es kommt zu einer Verlagerung der Geschäftsstandorte in Richtung des kaufkraftstarken Publikums. Eine solche phasenhafte Verlagerung der zentralen Geschäftsstraßen kennzeichnet auch die Entwicklung des Stadtkernes von Teheran. Die Wohnviertel im Umfeld des modernen Stadtkernes sind Appartementbauten und Reihenhäuser westlichen Stils, nordwärts abgelöst von ausgedehnten Villenvierteln. Im Gegensatz zu dieser westlich-modernen Entwicklung verharrte das ältere Stadtgebiet im tradierten Milieu. Die Altstadt und das Bazarviertel blieben weiterhin

Blick auf das Stadtgebiet von Teheran. Im Vordergrund sieht man das Stadtviertel von Shemiran, in dem die wohlhabenden Teherani ihre Sommerresidenzen haben.

Stadtstrukturelemente von Teheran 1995 (nach M. Seger).

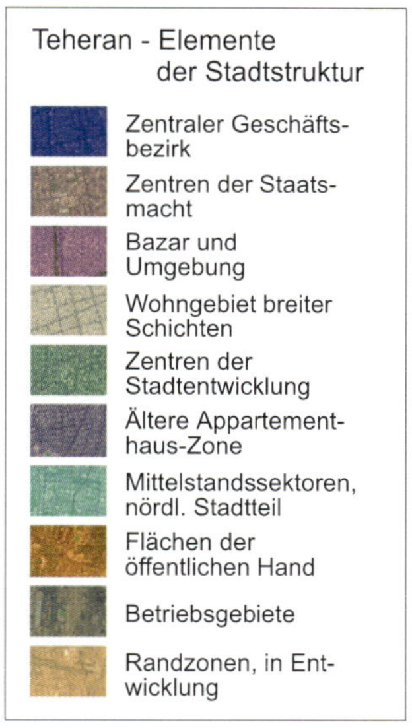

in ihrer herkömmlichen baulichen Struktur erhalten. An die Altstadt randlich angelagert entstanden aber ausgedehnte und dicht bebaute Wohngebiete für eine Bevölkerung mit bescheidenen finanziellen Möglichkeiten. An den großen Ausfallstraßen und am südlichen Stadtrand etablierte sich die aufkommende Industrie. Der Unterschied zwischen dem modernen Nordteil der Stadt und der südlichen Stadthälfte ist Ursache für die Bevölkerungssegregation: kräftige Bevölkerungsabnahme im alten Zentrum und den ärmlichen Wohnvierteln des südlichen Stadtteiles – und ein Wachstum an den Rändern der Metropole.

Metropolitane Entwicklung heute

Die Stadtentwicklung nach dem Sturz des Shah-Regimes ist deutlich erkennbar. Was die Stadt verändert hat, ist das Ambiente im öffentlichen Raum, bedingt durch die Bekleidungsvorschriften sowie durch den Habitus der neuen Träger der Macht: die Männer haben durchwegs Bärte, und zum dunklen Sakko gehört ein helles Hemd, ohne Krawatte selbstverständlich.

Die derzeitige Stadtstruktur, und damit auch die Weiterentwicklung der „zweipoligen Stadt" ist evident. Der CBD der 70er-Jahre ist z. T. verödet, aber neue Zentren eines gehobenen Angebotes entstehen im Norden der Stadt. Einzelne Prestigeobjekte und Landmarks kennzeichnen die Silhouette der Stadt. Die Stadtstruktur heute wird wie folgt dargestellt:

Der westlich-moderne Stadtkern der 70er-Jahre zeigt das ausgeprägte Phänomen des „commercial blight" aufgrund des angebots- und nachfrageseitigen Wegfallens entsprechender Schichten. Die Zentren der Macht (Regierungssitz, Stadtverwaltung, Planorganisation, Ministerien) befinden sich an ihrem tradierten Standort. Der Bazar und das Bazarrandgebiet bleiben in unveränderter Funktion und bilden das Gegenstück zum modernen Stadtteil.

Übriges Stadtgebiet: der ehemals grüne suburbane Stadtteil Shimran wurde zu einem dichtbebauten Wohngebiet der Oberschicht. Der Südteil der Metropole wird verbessert, aber zusammen mit einigen Innenstadtbezirken handelt es sich um wenig entwickelte Gebiete.

Teheran ist aber weiterhin ohne einem effektiven öffentlichen Transportsystem und die Wasserversorgung wird mit dem Wachstum der Stadt nicht mehr Schritt halten können. So müssen in naher Zukunft die Infrastrukturprobleme gelöst werden müssen.

Martin Seger

Freitagsgebet am Universitätsplatz. Die meisten Iraner sind schiitische Moslems. Nach der Islamischen Revolution 1979 sind die islamischen Vorschriften Teil der Staatsdoktrin geworden.

TIANJIN

Tianjin ist eine der Megacities von China, ungefähr 130 km südöstlich von Beijing gelegen, an der Grenze der Großen Nord-China Ebene zum Golf von Bohai. Sie umschließt den Hai River dort, wo der historische Gran Canal mit fünf weiteren Flüssen zusammentrifft.

Die Stadt Tianjin oder auch Tientsin wurde erstmals im 6. Jahrhundert durch die Eröffnung des Grand Canal bekannt und wurde schon bald zu einem Zugangstor Beijings. Im 18. Jahrhundert spielte es bereits eine große administrative Rolle, besaß sowohl das Polizeipräsidium als auch das Verwaltungszentrum der Region und verwaltete den Salz- und Getreidehandel. Durch seine günstige Lage blühte Tianjin auf und nahm schließlich eine Schlüsselstellung für den Handel mit Reis, Seide und Opium ein; außerdem wurde es zum Treffpunkt für die Kaufleute aus dem Süden. Nach dem 2. Opiumkrieg wurde Tianjin zu einem Vertragshafen. Viele ausländische Staaten, u. a. England, Frankreich, Deutschland, Österreich, Italien, Belgien, Rußland und Japan errichteten zwischen 1860 und 1902 eigene Verwaltungszentren in Tianjin; jedes Land hatte seine eigene Infrastruktur. Auf diese Weise wurde die Stadt zusammen mit Shanghai ein mächtiges Wirtschaftszentrum, die Einwohnerzahl wuchs von 200.000 im Jahr 1900 auf 1,79 Mio. bei der Befreiung im Jahr 1949.

Verwaltungsstruktur

Tianjin hat 6 Bezirke: Heping, Hedong, Hexi, Hebei, Nankai und Honqiao mit einer Gesamteinwohnerzahl von ca. 3,7 Mio. Es ist von einer Reihe von Satellitenstädten umgeben, zusammen bilden sie die „Tianjin Municipality". Die wesentliche Ausbreitungsachse verläuft beiderseits des Hai River und verbindet so Tianjin mit seinem Hafen in Tanggu und dem Erschließungsgebiet an der Küste, das nordwärts Tanggu mit Hangu und Ninghe, nach Süden mit Dagang verbindet. Diese T-förmige Anlage ist das wesentliche Entwicklungsgebiet der Stadt Tianjin, der Hauptstadt der Provinz Hebei, die sich über eine Fläche

Die Schiffswerft am Tangku Hafen an der Mündung des Pai, Tianjin.

von 11.300 km² erstreckt und 1995 bereits 10,7 Mio. Einwohner zählte. Neben Beijing, Shanghai und Chongqing ist sie eine der vier „Municipalities", die unmittelbar der Zentral-Regierung Chinas unterstehen.

Der Hafen in Tanggu ist der zweitgrößte von China; er verfügt über den größten Containerhafen, eine Freihandelszone und versorgt die meisten Gebiete im Norden von China sowie die Mongolei. Tianjin liegt an der Eisenbahnstrecke von Beijing nach Shanghai, der Hauptstrecke von Süden nach Norden. Sein Bahnhof – einer der mächtigsten in Asien – kann bis zu 10.000 Menschen gleichzeitig bedienen. Seit 1991 gilt Tianjin als das Ostende der Euro-Asien-Landbrücke. Es besitzt eine U-Bahn mit 7,4 km Länge, die bis 2010 auf 154 km ausgebaut werden soll; ein internationaler Flughafen im Osten der Stadt bietet bei Schlechtwetterlagen eine Alternative zu Beijing.

Tianjin ist im Norden und Süden von Kanälen umschlossen, die sich nahezu halbkreisförmig um das erweiterte Stadtgebiet ziehen. In der Stadtmitte bilden sowohl Straßen als auch Flüsse Knotenpunkte. Der Han River wird gegen Osten hin immer mächtiger und verbindet die Stadt mit dem 60 km entfernten Hafen Tanggu am Gelben Meer.

Tianjin ist Mitglied des „Bohai Sea Rim" (BSR), eine Bezeichnung für ein größeres Wirtschaftszentrum, dem neben Beijing die Provinzen Hebei, Liaoning und Shandong angehören. Das BSR hat eine Bevölkerungszahl von 214 Mio. und erwirtschaftet 22% des Bruttonationalproduktes (BNP).

Wirtschaft, Infrastruktur und Gesellschaft

Tianjins BNP beträgt USD 1.242 und ist für chinesische Verhältnisse hoch. Das durchschnittliche Jahreseinkommen städtischer Haushalte beträgt USD 595, in ländlichen Gegenden nur USD 290. Auf 1.000 Menschen kommen 14,3 Telefon-Anschlüsse, auf 1.000 Haushalte 102 Fernsehgeräte. Handel und Dienstleistungen sind von 19% des BNP im Jahr 1984 auf 38% bis 1995 gewachsen, und die Bedeutung der Schwerindustrie ließ die Wirtschaft im Vergleich mit den wirtschaftlichen Aktivitäten der dynamischeren Gegenden im Süden Chinas langsamer wachsen. In den letzten Jahren hat sich die Wirtschaft aber wieder erholt. Wesentlich dafür sind der Maschinenbau, der Metallbau, die Autoindustrie, Elektronik und Textilverarbeitung, Chemikalien, Seesalz und Petroleum ebenso wie die Plastikverarbeitung und die pharmazeutische Industrie.

Morgendämmerung in Tianjin – das Bild zeigt den Blick vom Hotel „Friendship" auf eine bereits stark bevölkerte Allee.

In der inneren Stadt sind viele Häuser aus dem späten 19. Jahrhundert und dem frühen 20. Jahrhundert erhalten, erkennbar an der typischen Architektur der ehemaligen Regierungsbezirke. Bei den Häusern fallen kleinere, westliche Villen – ähnlich wie in London oder Paris – besonders in den alten Stadtbezirken auf. In den Außenbezirken findet man nur die charakteristischen Wohnblocks der Mao-Zeit.

Tianjin gilt als wichtiges Lehrzentrum. Neuerdings begann der Kampf gegen das Analphabetentum, 9 Jahre Schulbesuch sollen obligatorisch werden. Hochschulen und Universitäten – sie gehören zu den besten in China – sind besonders auf Wissenschaft und Technologie ausgerichtet. Die Stadt beherbergt eine Reihe religiöser Besonderheiten einschließlich buddhistischer Tempel, islamischer Moscheen und einer katholischen Kirche. Jährlich kommen nur ca. 100.000 ausländische Touristen nach Tianjin, dabei ist es eine freundliche Stadt mit einer Reihe touristischer Attraktionen.

Umwelt

In Tianjin gibt es vier Jahreszeiten. Im Winter ist es kalt, trocken und windig, zeitweilig schneit es auch; im Sommer ist es dagegen heiß und regnerisch. Ungefähr 94% des Umlandes bestehen aus Flachland mit einzelnen eingestreuten Hügeln im Norden und Westen. Die Kernstadt liegt in der Mitte dieser Ebene. Aufgrund der Industrieanlagen ist die Luft manchmal staubhaltig, die Rauchfahnen sind bekannt als Gelber, Schwarzer und Weißer Drachen. In den letzten Jahren gab es viele Bemühungen, die industriellen und durch den Luftverkehr entstandenen Luftverschmutzungen zu reduzieren, was lokal auch gelungen ist. Aber zeitweilig ziehen Staubstürme über Tianjin, die feinen Sand und Staubpartikel aus Chinas Nord-Westen mitbringen, wodurch die Sichtweite nur noch wenige Meter beträgt. Die Regierung versucht durch vermehrtes Pflanzen von Bäumen, diese Belastung zu verringern und hat viel für die Begrünung der Stadt aufgewendet. Die Parkflächen sind von 50 ha im Jahr 1949 auf 1.563 ha heute angewachsen.

Nord-China leidet unter Wassermangel. Tianjin hat versucht, sein Oberflächen- und Grundwasser durch Umlenkung des Luan River in den Jin River und durch den Bau des Panjia-Dammes zu ergänzen, wodurch 1 Mrd. km² Wasser nach Tianjin geliefert werden.

1976 kam es durch ein schweres Erdbeben zu erheblichen Zerstörungen in der BSR. Man nimmt an, daß in Tianjin ungefähr 30.000 Menschen umgekommen sind, viele Gebäude und die Infrastruktur wurden beschädigt oder vernichtet. Etwa 800.000 Räume in Wohnhäusern mußten wiederhergestellt oder stabiler aufgebaut werden; Neubauten wurden gefördert; Anfang der 80er-Jahre entstanden 14 neue Wohnsiedlungen.

Dean Forbes

TOKYO

Japanische Stadtforscher sprechen vom Dualismus Tokyos: von einerseits „hoher funktionaler Effizienz der städtischen Zentren" und andererseits dem „ärmlichen Standard des täglichen städtischen Lebens". Gravierende Ballungsprobleme kontrastieren mit einer faszinierenden Fülle an urbaner Lebensqualität.

Tokyo ist und bleibt langfristig der mit Abstand größte urbane Agglomerationsraum der Welt, vorausgesetzt, man läßt die Metropole sinnvollerweise nicht an ihren Verwaltungsgrenzen enden („Stadt" Tokyo = Tokyo-ku = 23 Stadtbezirke: 8,1 Mio. Einwohner; Präfektur Tokyo = Tokyo-to: 12,1 Mio. Einwohner), sondern versteht darunter die gesamte, dem Ballungskern funktional zugeordnete Stadtregion. In diesem weiteren Sinne spricht man gewöhnlich von der „Metropolregion Tokyo" (= Süd-Kantô, d.h. Tokyo-to unter Einschluss dreier benachbarter Präfekturen), in der 33,4 Mio. Menschen leben, d.h. mehr als 26 % der Gesamtbevölkerung Japans. Im weitesten Sinne ist die Rede von der „Hauptstadtregion" (= Gesamt-Kantô einschließlich der Präfektur Yamanashi), die 41,3 Mio. Menschen erfaßt.

1603 trat Tokyo unter dem Namen Edo als Sitz der Shogune ins Rampenlicht der japanischen Geschichte. Erst mit der Meiji-Restauration 1868 erfolgte die Verlagerung der Hauptstadt von Kyôto, dem traditionellen Sitz des Tenno, nach Edo, das fortan Tokyo (Östliche Hauptstadt) hieß. Dies waren wichtige Voraussetzungen für die großregionale Schwerpunktverschiebung vom Kerngebiet Japans im Westen (Kansai) nach Osten (Kantô). Auf wirtschaftlichem Gebiet trat diese Verlagerung jedoch erst nach dem Zweiten Weltkrieg deutlich zu Tage. Tokyo ist mit der forcierten Globalisierung der japanischen Wirtschaft Mitte der 80er-Jahre das politisch, kulturell und wirtschaftlich mit Abstand führende Zentrum Japans geworden.

Bevölkerungsentwicklung, Siedlungs- und Verkehrsstruktur

Das Bevölkerungswachstum in der Metropolregion Tokyo verlief im Zuge des wirtschaftlichen Aufstiegs

Japans in der Nachkriegszeit bis Mitte der 70er-Jahre außerordentlich dynamisch. Derzeit und zukünftig steigt die Bevölkerung nur noch geringfügig. Die Einwohnerdichte nimmt – großräumlich gesehen – zentrifugal ab. Der Schwerpunkt des Wachstums verlagerten sich vom Ballungskern in die Peripherie der Metropole. Die Abnahme der Bevölkerung im Ballungskern (0–10 km) nahm dramatische Züge an und griff in den 90er-Jahren auf den nächstfolgenden Ring (10–20 km-Radius) über. Erst in jüngster Zeit verläuft die Entwicklung des Bevölkerungskraters („Doghnut-Phänomen") weniger besorgniserregend. In den 23 Stadtbezirken hat sich die Einwohnerzahl insgesamt stabilisiert, bei allerdings anhaltendem Rückgang der Bevölkerung im Innenstadtbereich.

Das Ausufern der Verstädterung zeigt fingerförmige Umrisse, die in etwa Linien gleicher Bodenpreise und Pendelzeiten widerspiegeln. Ein Spinnennetz schienengebundener Massenverkehrsmittel, deren Trassen vom Zentrum und von der Ringbahn Tokyos ausgehen, markiert die Leitlinien des Pendelverkehrs, der Bodenpreisspitzen und der Verstädterung. Für die Umlandbevölkerung bemißt sich die Attraktivität ihrer Wohnlage in erster Linie nach der schnellen Erreichbarkeit der Zentrumsbereiche Tokyos. Wichtiger Indikator ist dabei die Nähe der Wohnung zu einem Bahnhof. Je schneller von diesem Bahnhof das Stadtzentrum erreicht werden kann, desto höher die Bodenpreise in seinem Einzugsgebiet.

Ballungsnachteile und Folgewirkungen

Zu den viel diskutierten „Tokyo-Problemen" gehören vor allem:

1. Flächenknappheit und Raumenge.

2. Exorbitant hohe Boden-, Immobilien- und Mietpreise: im Kern Tokyos erreichen die Bodenpreise Spitzenwerte von einigen 100.000 DM/m².

3. „Pendlerhölle": vom täglich stundenlangen Pendeln in die Stadtbezirke sind ca. 3,6 Mio. Menschen betroffen.

4. Zeit- und kostenaufwendiger Straßenverkehr: zähflüssiger Verkehr und täglich stundenlange Staus sind die Regel.

5. Verspäteter, kostspieliger Auf- und Ausbau der materiellen Infrastruktur: hohe Bodenpreise, extrem dichte Überbauung und winzige Grundstücksgrößen verzögern und verteuern den Ausbau der Infrastruktur.

6. Mangelnde Grün- und Freiflächen: dies bedeutet ein erhebliches Defizit an Lebensqualität im Bereich der Naherholung, zugleich ein gravierendes Handicap im Katastrophenfall eines Erdbebens mit Flächenbränden.

7. Hohe Umweltbelastungen: extrem in den 60er-Jahren, wurden sie allerdings durch zahlreiche, seit den 70er- Jahren erfolgreiche Umweltschutzmaßnahmen relativiert.

8. Tertiärisierung der Innenstadt: Die Konzentration von Dienstleistungen im Zentrum Tokyos hat zu einer „Aushöhlung" der innerstädtischen Wohngebiete und zu einem weiterem Anstieg des Ungleichgewichts zwischen der Tages- und Nachtbevölkerung geführt.

9. Hohe Anfälligkeit gegenüber menschlichem Versagen: „Ballung" und „Dichte" bedeuten Katastrophenpotentiale, die nicht nur durch menschliche Fahrlässigkeit, sondern auch durch vorsätzlich destruktives Handeln – z. B. die Giftgasanschläge der Sekte Aum Shinrikyô 1995 in voll besetzten U-Bahnzügen und -Bahnhöfen – furchtbare Ausmaße annehmen können.

10. Extrem große Verwundbarkeit gegenüber Naturkatastrophen: ein Erdbeben droht in Tokyo jederzeit. In seinem Gefolge sind Überschwemmungen, vor allem aber verheerende Feuersbrünste zu erwarten. Gefährdet sind vor allem Standorte mit hohem Verkehrsaufkommen sowie besonders feuer- und druckempfindliche Infrastruktureinrichtungen (u.a. Gasbehälter im dicht besiedelten Stadtgebiet) und Industrieanlagen (Erdölraffinerien, Petrochemiekomplexe, Kraftwerksanlagen – Kernkraftwerke liegen immerhin über 100 km außerhalb).

11. Pulverfaß für den japanischen Staat, potentiell auch für die Weltwirtschaft: ein schweres Erdbeben könnte nicht nur Tokyo, sondern auch den japanischen Staat insgesamt am Lebensnerv treffen. Der Grad der Verwundbarkeit hat mit dem Anwachsen der Machtfülle in Wirtschaft, Politik und Bürokratie zugenommen, sodaß angesichts der globalen Bedeutung der Wirtschaftsgroßmacht Japan verheerende Auswirkungen auch auf die Weltwirtschaft zu befürchten sind.

Trotz der genannten Probleme hat die große Mehrheit der Tokyoter eine positive Einstellung zur Ballung. Jährlichen Massenumfragen zufolge halten regelmäßig über 70% der Präfekturbevölkerung „Tokyo" für ausgesprochen „attraktiv". Weitere „Regionalfaktoren" zum besseren Verständnis der Probleme und Vorzüge Tokyos sind etwa die ausgeprägte Tradition des Zusammenlebens in äußerst verdichteten Siedlungsräumen oder die sozial und ethnisch relativ homogene metropolitane Gesellschaft: Ohne Zweifel existiert eine „Zweiklassengesellschaft" von Grundeigentümern und Grundbesitzlosen. Sicher gibt es seit den 90er-Jahren auch in Tokyo das Phänomen „Obdachlosigkeit". In seiner quantitativen Dimension ist es jedoch mit anderen Weltstädten in keiner Weise vergleichbar. Generell gilt, daß die Bevölkerung der japanischen Metropole immer noch sozial relativ homogen ist. In diesem Sinne ist Tokyo mit einer Ausländerbevölkerung von weniger als 1% kein Schmelztigel, eigentlich auch keine internationale Stadt.

Zwei weitere „regionale Faktoren" sind das relativ geringe Bewußtsein um die Risiken eines Erdbebens (in der Spekulation darauf, daß der Katastrophenfall statistisch selten eintritt, liegt ein entscheidender Schlüssel zum Verständnis anhaltender Ballungsvorteile in Tokyo), sowie die besondere Fähigkeit, ballungsbedingte Mühsal zu ertragen und Opfer zu bringen (Rücksicht im Sozialverhalten an Stelle des Individualitätsanspruchs. Den westlichen Beobachter verwundert die Art und Weise, wie die enormen Belastungen der Ballung ertragen werden: geduldig, opferbereit, fatalistisch). Darüberhinaus gilt die Adresse „Tokyo" als überaus prestigeträchtig. Japanische Soziologen führen die nahezu magische Anziehungskraft Tokyos auf tief verwurzelte Leitbilder und Vorstellungen gesellschaftlicher Hierarchie und Herrschaft zurück. Zuguterletzt trägt auch das Klima zur Entschärfung des Ballungsproblems bei: der Wintermonsun beschert mit seinen kräftigen, trockenkalten Nordwest-Winden der pazifischen Küste Japans auf der Lee-Seite des Honshû-Gebirgsmassivs einen Winter mit sonnenreichen Monaten und frischer Kaltluft. Der ökologische Vorteil gegenüber Megastädten mit austauscharmer Luft liegt auf der Hand.

Tokyo als Vorbild

1. Metropolitane Stabilität und öffentliche Sicherheit: westliche Warnbilder vor Augen könnte man annehmen, daß Ballung einhergeht mit höherer Drogenabhängigkeit, Kriminalität, Radikalisierung, daß die Innenstadt bei Nacht unsicher ist, zum Vandalismus einlädt.

◁◁ Seite 190/191
Wie alle am Meer gelegenen Städte Asiens wächst auch die Metropole Japans in das Meer hinaus. Groß angelegte Landgewinnungen erweitern den Siedlungs- und Wirtschaftsraum beträchtlich.

Geschäftiges Treiben auf den Straßen kennzeichnet den japanischen Alltag.

Die IKONOS-Szene gibt einen hervorragenden Überblick über die dichtverbaute Innenstadt. Der kaiserliche Palastbezirk ist bis heute das Zentrum. Die ummauerte grüne Insel bildet die Grenze zwischen der „Oberstadt" (Yamanote) und der auf Schwemmlandböden errichteten „Unterstadt" (Shitamachi), die durch fortschreitende Neulandgewinnung ständig erweitert wird.

In Tokyo jedoch ist die Aufrechterhaltung der öffentlichen Sicherheit kein Problem. Die Stadt ist auch bei Nacht „sicher". Im internationalen Vergleich sind die Deliktquoten erstaunlich gering. Drogenkriminalität ist kein gravierendes Thema.

2. Leistungsfähiger öffentlicher Personennahverkehr: es gibt weltweit keine Metropole, die über ein dermaßen weitreichendes, gut ausgebautes Streckennetz und ein ähnlich schnelles, im Kurztakt verkehrendes, effizientes und verläßliches Massentransportsystem auf Schienen verfügt. Dies ist der entscheidende Grund, warum der öffentliche Personennahverkehr selbst als „Pendlerhölle" für die Betroffenen weit Vorrang hat vor dem motorisierten Individualverkehr.

3. Ökologische Anstrengungen: was in den letzten Jahrzehnten an Versäumnissen der Ver- und Entsorgungsinfrastruktur nachgeholt wurde, ist, bei allen noch bestehenden Mängeln, für eine so stürmisch gewachsene Megastadt vorbildlich (z.B. Ausbau von Abwasserklär- und Müllverbrennungsanlagen) Gezielte Umweltschutzmaßnahmen haben zu einem partiell eindrucksvollen Rückgang der Belastungen geführt, insbesondere im Bereich der Luftreinhaltung.

4. Urbane Lebensqualität: lange haftete der japanischen Hauptstadt das Negativ-Klischee in westlichen Medien an („Moloch", „Monster", „Chaos", „häßlich", „unregierbar"). Dagegen steht die japanische These von Tokyos „kreativem Chaos" und seiner „verborgenen Ordnung". Hier zeigen sich interkulturell recht unterschiedliche Auffassungen über „Lebensqualität". Gewiß ist Tokyo keine „unordentliche" Stadt. Die auf ansehnlichen Steuereinnahmen fußende Finanzkraft der Metropole erlaubt den systematischen Ausbau der Infrastruktur. In den letzten Jahrzehnten haben sich die Lebensverhältnisse in Tokyo deutlich verbessert. Weltstädtische Lebensqualität äußert sich nicht nur in aufwendigen Neubauten und einer Vielzahl originärer Einzelarchitektur, sondern auch in vielen vermeintlichen Selbstverständlichkeiten des Alltags (Strom-, Gas-, Wasserversorgung, Müllabfuhr, Postzustellung, Information und Kommunikation, etc: all dies klappt reibungslos und ist meist relativ preiswert).

Fazit: aus Tokyoter Sicht erscheint die Unbequemlichkeit der Massensituation alles andere als unerträglich im Vergleich zu den vielfältigen Möglichkeiten, Anregungen und Attraktionen, die sich aus der Ballung ergeben. Diesbezüglich bietet die japanische Hauptstadt ein faszinierendes Spektrum von „Fühlungsvorteilen" auf höchstem Niveau: Möglichkeiten für Information und Innovation, Bildung und Kultur, wirtschaftlichen und sozialen Aufstieg, darüber hinaus aber auch ein hervorragendes Ambiente für Kommunikation und Geselligkeit, Lebensgenuß und Zerstreuung sowie hemmungslose Verführung zum Konsum aller Art. Unter den Megastädten der Welt ist Tokyo eine der saubersten, infrastrukturell eine der am besten funktionierenden, kriminalistisch die sicherste, „sicher" allerdings – und das ist eine gravierende Einschränkung – nicht vor dem nächsten Erdbeben!

Winfried Flüchter

Tokyo ist eine der am dichtesten besiedelten Städte der Welt, unterbrochen von großzügigen Grünflächen und Gärten.

△
Börse von Tokyo – Innenansicht. Gegründet wurde die Tokyo Stock Exchange (TSE) 1878, in ihrer heutigen Organisationsform existiert sie seit 1949. Die TSE baute ein globales Netzwerk auf und rangiert heute unten den Top-3 Börsen der Welt.

△△
Mit einem Tagesumschlag von ca. 2,5 Mio. kg Meerestieren aus aller Welt ist der Tsukiji Markt weltweit der größte Fischmarkt.

SYDNEY

Bei der Ankunft der „First Fleet" mit der ersten Gruppe englischer Strafgefangener 1788 beschrieb Kapitän Arthur Phillip den Naturhafen von Sydney als „the finest harbour in the world". Bis heute verleiht die schöne Lage am Port Jackson und am Pazifik der australischen Metropole ein unvergleichliches Gepräge.

Die charakteristischen, tief in das Land eingeschnittenen Meeresarme im Raum Sydney sind das Ergebnis eines starken Meeresspiegelanstiegs vor rund 6.000 Jahren. Dieser flutete alte Talsysteme, die sich zuvor über Jahrmillionen in ein hartes Sandsteinplateau eingeschnitten hatten. Nicht weniger eindrucksvoll ist die Pazifikküste mit einer Nord-Süd-Erstreckung von 60 km. Die Brandung hat hier einen abwechslungsreichen Küstensaum geschaffen, in dem sich bis zu 70 m hohe Klippen mit insgesamt 38 feinkörnigen Bade- und Surfstränden abwechseln. Auch das Hinterland Sydneys mit seinen ausgedehnten Nationalparks bietet zahlreiche Attraktionen. Im Westen der Stadt bilden die Blue Mountains ein markantes, steil abfallendes Hochplateau mit imposanten Felsformationen und Wasserfällen. Im Süden und Norden begrenzen waldreiche Nationalparks den Siedlungskörper. In den Sommermonaten werden sie immer wieder von Buschbränden aber auch Gewittern mit starken Regen- und Hagelfällen sowie tornadoartigen Winden bedroht.

Vom kolonialen Außenposten zur Global City

Sydney ist nicht nur ein Ballungsraum mit über 4 Mio. Einwohnern, sondern auch eines der führenden wirtschaftlichen Kontroll- und Finanzzentren des asiatisch-pazifischen Raums. Neben Tokyo, Hongkong und Singapur ist die Stadt heute einer der wichtigsten Börsenplätze der Region. Innerhalb Australiens ist die wirtschaftlich führende Rolle Sydneys trotz der Konkurrenz von Melbourne und des politischen Zentrums Canberra unumstritten. So beherbergt Sydney drei Viertel aller Bankzentralen und knapp die Hälfte aller Hauptverwaltungen der 500 größten in Australien operierenden Unternehmen.

Das Ikonos-Bild zeigt das Herz der Stadt: The Rocks, der älteste Teil Sydneys, in der Mitte, rechts daneben der Vorort Millers Point und zur Linken der Botanische Garten mit der Oper im Vordergrund.

Als Sydney im Jahre 1788 als Sträflingssiedlung gegründet wurde, deutete kaum etwas auf die dramatische städtische Entwicklung hin, die sich in den nächsten zwei Jahrhunderten hier vollziehen sollte. Seinen Charakter als kolonialer Außenposten verlor die Stadt erst, als mit der Wolle der Merinoschafe ein geeignetes Exportgut und 1851 westlich von Sydney Gold gefunden wurde. Bis zur Gründung des Commonwealth of Australia (1901) wuchs Sydney zu einer Hafenstadt mit knapp einer halben Million Einwohnern heran. Nach dem Zweiten Weltkrieg gingen von der Bevölkerungszuwanderung aus verschiedenen Teilen Europas, später auch von asia-tischen Immigranten starke Wachstumsimpulse aus. In den letzten zwei Jahrzehnten hat sich das Bevölkerungswachstum zwar wieder etwas verlangsamt, aber auch in den 90er-Jahren wuchs die Bevölkerungszahl um rund 40.000 pro Jahr.

Eine differenzierte suburbane Stadtlandschaft

Der starke Bevölkerungszuzug aus verschiedenen Teilen der Welt hat eine zunehmend multikulturelle Gesellschaft geschaffen, die sich in vielen ethnisch geprägten Stadtteilen niederschlägt (z. B. China Town, Italiener in Leichhardt, Griechen in Marrickville, Vietnamesen in Cabramatta). Bereits heute wurde jeder dritte Einwohner Sydneys außerhalb Australiens geboren, jeder zehnte stammt ursprünglich aus einem asiatischen Land. Das Zusammenleben der verschiedenen Ethnien und Sprachgruppen verläuft zwar nicht immer konfliktfrei, aber zu gewalttätigen Auseinandersetzungen kommt es nur sehr selten.

Schwieriger gestaltet sich das Zusammenleben mit der indigenen Bevölkerung Australiens. Quantitativ spielen Aborigines mit weniger als 1% der Gesamtbevölkerung zwar nur eine geringe Rolle. Aber in einigen heruntergekommenen Straßenzügen am Rand der Innenstadt oder in manchen Siedlungen des sozialen Wohnungsbaus haben sich starke lokale Konzentrationen herausgebildet. Da die gleichberechtigte Beteiligung der Aborigines an der allgemeinen wirtschaftlichen und sozialen Entwicklung ein noch immer nicht gelöstes Problem darstellt, gehören diese Stadträume nach wie vor zu den sozial und baulich problematischsten Gebieten der australischen Metropole.

Im Vergleich mit anderen Großstädten der Welt weist Sydney außerhalb eines kompakten Kerngebiets (City of Sydney) nur geringe Bebauungsdichten auf. Über 70% aller Einwohner der Metropolitan Area leben in freistehenden Einfamilienhäusern. Diese Siedlungsweise ist enorm flächenbeanspruchend und führte zu einem oft unkontrollierten „urban sprawl". Heute gelten große Teile West-Sydneys als infrastrukturell, sozial und wirtschaftlich benachteiligt. So sind hier die Durchschnittseinkommen nach wie vor niedriger und die Arbeitslosenquoten höher als in den wohlhabenderen und landschaftlich attraktiveren östlichen und nördlichen Teilen des Verdichtungsraums.

In den letzten Jahren wurden auch die ökologischen Probleme der flächenhaften Siedlungsentwicklung immer deutlicher. Im Zentrum der Kritik stehen vor allem die rasch voranschreitende Überbauung ökologisch wertvoller Flächen und die aus dem zunehmenden Autoverkehr resultierenden Umweltbelastungen (Luftschadstoffe, Lärm, Ressourcenverbrauch). Als Reaktion hierauf wird nun wieder verstärkt in den öffentlichen Personennahverkehr investiert. Außerdem wird von der Stadtplanung versucht, die Bebauungsdichte durch die Förderung des Geschoß-

Das Radarsat-Bild zeigt die inoffizielle Hauptstadt Australiens an der Südost-Küste des Kontinents. Die Megacity hat sich ausgehend von Port Jackson in das Hinterland ausgedehnt. Die weiße Fläche über dem Meer ist eine eishaltige Wolke.

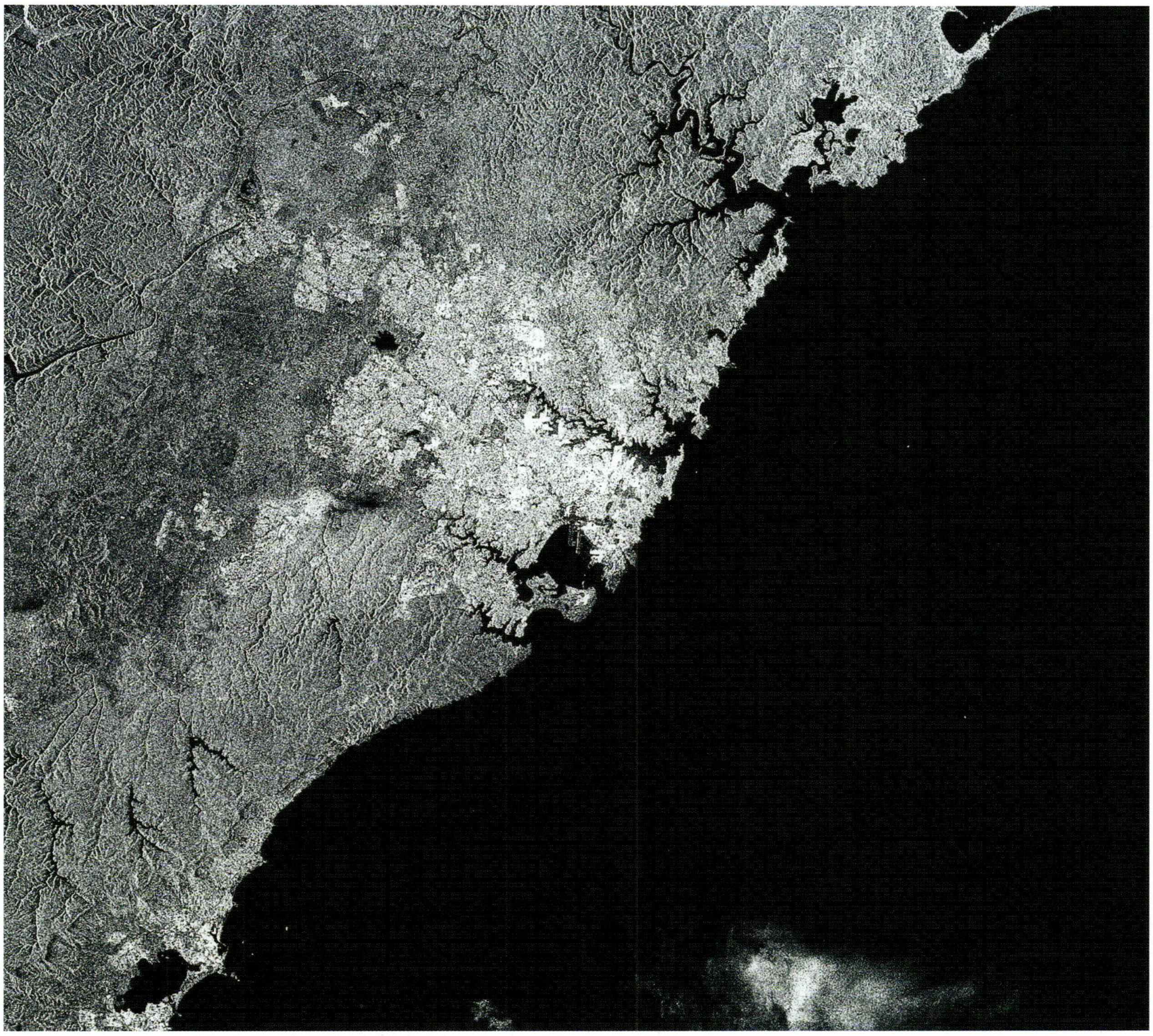

wohnungsbaus, die Ausweisung kleinerer Baugrundstücke sowie die Revitalisierung von Gewerbebrachen und obsolet gewordenen Hafenanlagen zu erhöhen. Diese planerischen Initiativen zeigen mittlerweile erste Erfolge. So hat die Bevölkerungszahl in der Innenstadt in jüngerer Zeit deutlich zugenommen. Insbesondere bei gutsituierten Singles und Zwei-Personen-Haushalten gilt innerstädtisches Wohnen wieder als chic.

Aufgaben für die Zukunft

Sydney ist trotz der dynamischen Entwicklung der letzten Jahrzehnte eine lebenswerte Stadt geblieben. Die positive Berichterstattung der Medien über die Olympischen Sommerspiele 2000 hat das gute Image der Stadt weiter gestärkt. Trotz dieser günstigen Ausgangslage wird die weitere Entwicklung Sydneys davon abhängen, inwieweit es gelingt, die Wachstumsprobleme zu lösen. Im Vordergrund werden dabei zum einen Verkehrsbelastungen sowie die Belange des Umwelt- und Ressourcenschutzes stehen. Zum anderen gilt es, Antworten auf die Frage zu finden, wie die Entwicklung Sydneys zur Global City weiter vorangetrieben werden kann, ohne die soziale und räumliche Polarisierung innerhalb der Metropolitan Area weiter zu verschärfen.

Boris Braun, Anke Schüttemeyer

▷ *Die östlichen Vororte von Sydney; hier wird die großflächige Ausdehnung der Stadt und die Überbauung der Landschaft deutlich.*

▷▷ *Sydneys Opernhaus – von einem dänischen Architekten entworfen – vermittelt den Eindruck eines in den Hafen hinein segelnden Schiffes. Es wurde in den Jahren 1959–73 erbaut.*

CHICAGO

Metropole der Superlative und der Kontraste:
- *die am schnellsten wachsende Stadt im 19. Jahrhundert*
- *eine der imposantesten Skylines der Welt*
- *die Stadt mit der höchsten Segregation in den USA*

Als im Jahre 1816 Fort Dearborn am Südufer eines in den Lake Michigan mündenden Gewässers zum Schutz der Pelzhändler und Siedler vor den Indianern angelegt wurde, konnte niemand ahnen, daß daraus am Ende des gleichen Jahrhunderts eine der größten Städte der Erde erwachsen würde. Noch 1830 standen hier erst 13 kleine Holzhäuser. 1831 wurde ein Postamt eröffnet, 1835 bekam die Ortschaft ihr erstes Schulgebäude, zusammen mit einem Friedhof und einer Feuerwehr. Am 4. März des Jahres 1837 erhielt die Gemeinde mit dem Namen Chicago den Status einer Stadt; die City of Chicago zählte seinerzeit 4.117 Einwohner. Bis zur Mitte des Jahrhunderts war der Bevölkerungsanstieg noch überschaubar – 1850: 28.629 Einwohner – dann aber sprengte der Zuwachs alles bisher Dagewesene: Ende der 1880er-Jahre war die Millionengrenze überschritten, und zur Jahrhundertwende rückte Chicago mit 1,7 Mio. Einwohnern zur 6. größten Stadt der Erde auf. Die Stadtgrenzen konnten kaum so schnell erweitert werden wie die Stadt wuchs. Mit einer durchschnittlichen jährlichen Wachstumsrate von 10,4% (1840–1900) avancierte sie zur schnellstwachsenden Metropole der zweiten Hälfte des 19. Jahrhunderts – eine Zuwachsrate, die auch später von keiner einzigen Metropole der Erde je wieder erreicht wurde.

Vom ‚Großen Feuer' zur Global City: Die Entwicklung Chicagos 1871–2001

Aber nicht allein demographisch, sondern ebenso wirtschaftlich gehörte Chicago zu den bemerkenswertesten Metropolen in dieser Zeit. Aus dem sumpfigen Marschland, was es 3½ Jahrzehnte zuvor noch gewesen war, hatte sich die Stadt bis zum Jahre 1871 zum bedeutendsten

Aufgrund der riesigen Ausdehnung des Lake Michigan besitzt Chicago den Flair einer Küstenstadt.

Eisenbahnknotenpunkt und zum führenden Umschlagplatz von Vieh, Getreide und Nutzholz der gesamten Erde entwickelt. Mit dem großen Brand vom Oktober 1871, dem praktisch das gesamte damalige Zentrum zum Opfer fiel und über 90.000 Menschen obdachlos machte, schien dieses stürmische Wachstum ein jähes Ende gefunden zu haben.

Das Gegenteil war der Fall. So paradox es klingen mag: es war die Geburtsstunde des Central Business Districts (CDB) einer Weltstadt. Es bewirkte den unmittelbaren Funktionswandel des „Loop" von einem primären Wohn- zu einem (fast) reinen Geschäfts- und Dienstleistungszentrum. Einige wichtige Stationen der Entwicklung zu einer der spätestens seit der Jahrhundertwende führenden CBDs waren: 1885 erstes Hochhaus der Welt in Stahlskelettbauweise, 1894 Errichtung des Board of Trade (1930 in der heutigen Form neu erbaut), der bis heute weltführenden Getreidebörse, Fertigstellung des Hochbahnringes um den Loop drei Jahre später und damit vor Paris, Berlin und New York sowie weitere 20 neue 12- bis 16-geschoßige Wolkenkratzer. Die 20er-Jahre brachten einen zweiten Bauboom: von 1921 bis 1930 wurden allein 18 Wolkenkratzer von mehr als 100 m Höhe bzw. über 30 Geschoßen sowie weitere 60 Hochhäuser in der „Magnificant Mile" (angrenzende Straßen im Westen und Osten erweiterten den CBD) fertiggestellt.

Die Weltwirtschaftskrise (1929) mit ihren Folgen bewirkte ein jähes Ende dieses Booms. Die nach 1955 und besonders in den 60er- und 70er-Jahren erneut einsetzende rege Bautätigkeit, u.a. mit den drei bis heute höchsten Wolkenkratzeit, dem John Hancock Center (1969) mit 344 m Höhe und 100 Geschoßen, dem Amoco Building (1973) mit 346 m Höhe und dem 1974 fertiggestellten Sears Tower, dem mit 442 m Höhe bis 1996 höchsten Gebäude der Erde, konnte nicht darüber hinwegtäuschen, daß auch der CBD Chicagos deutliche Anzeichen einer Verödung erkennen ließ, die besonders im Süden und Südwesten des Loop sichtbar war.

Chicago, das drittgrößte Ballungsgebiet der Vereinigten Staaten, am Südende des Michigan Sees, entstand in verkehrsgünstiger Lage. Es hat über den St.-Lorenz-Seeweg nicht nur Anschluß an den Atlantik, sondern über den Des Plainers River auch an den Mississippi. Es ist von einem breiten Grüngürtel umgeben, der in weites Ackerland übergeht. Dieses zeigt das typische amerikanische Flurmuster mit quadratischer Aufschließung (1 x 1 Meile).

Anders als in der Mehrzahl der CBDs vieler US-amerikanischer Großstädte setzte mit Beginn der 80er-Jahre eine bemerkenswerte Revitalisierung der CBDs ein. Wichtig für das Gelingen dieses Prozesses war die Rückbesinnung auf die Bedeutung und Notwendigkeit der Förderung des öffentlichen Sektors. Das J. 9R. Thompson Center (1985) und die Harold Washington Library (1991), benannt nach dem ersten schwarzen Bürgermeister der Stadt, die größte kommunale Bibliothek Amerikas und die zweitgrößte öffentliche der Welt (nach der British Library in London) sind – auch architektonisch – eindrucksvolle Zeugnisse für den „neuen Geist" der politisch Verantwortlichen. Wesentlich zum Erfolg hat aber auch die Rückbesinnung auf deutlich mehr Wohnfunktion, genauer: die Wiederansiedlung der Mittelschicht als Instrument zur Revitalisierung der Innenstadt beigetragen. Von den Großprojekten seien beispielhaft die Presidential Towers mit 2.346 Einwohnern (1986) sowie die architektonisch spektakuläre River City (1984) genannt. Durch diese Wiederbelebungsmaßnahmen konnte die demographische Umkehr von einem historischen Tief mit weniger als 4.500 Einwohnern im Loop 1960 auf über 16.000 Einwohner im Jahr 2000 erreicht werden; allein in den vergangenen zwei Dekaden (1980–2000) nahm hier die Bevölkerung um mehr als 150% zu. Mit seiner eindrucksvollen Hochhausarchitektur aus über zehn Dekaden, die ihresgleichen sucht (und an die allenfalls New York heranreicht), ist der Loop heute, zusammen mit dem Südosten des nördlich angrenzenden Stadtbezirks „Near North Side" wieder zu einem Attraktionspunkt internationalen Formats geworden.

Die wirtschaftliche und soziale Kehrseite ist unmittelbar: ein krasserer Gegensatz als der vom revitalisierten Loop mit seinem internationalen Flair zum südlich angrenzenden Stadtbezirk „Near South Side" (NSS) ist kaum vorstellbar. Nur durch die 12. Straße (Roosevelt Avenue) getrennt, ist die NSS vom Loop weiter entfernt als Alaska (um den entferntesten Punkt innerhalb der USA zu

In Chicago wurden die weltweit ersten Hochhäuser gebaut. Zahlreiche hohe Gebäude der unterschiedlichsten Stilrichtungen prägen heute die Innenstadt.

Die neue Aufnahmetechnik mit beliebig schwenkbaren Satelliten ergibt bisher nicht gesehene Einblicke in Stadtgebiete. Eindrucksvoll erhebt sich die Masse der Wolkenkratzer aus dem Zentrum der Megacity.

nehmen). Mit seiner heruntergekommenen Bausubstanz, leerstehenden und halbverfallenden Fabrikshallen, mangelhaftem Zustand der Straßen und den ausgedehnten Freiflächen bietet dieser Stadtteil mehr als einen trostlosen Anblick. In der Innenstadt einer Weltwirtschaftsmetropole, eines der reichsten Länder der Erde und in unmittelbarer Nachbarschaft zu einer posturbanen CBD, in welcher in den vergangenen zwei Jahrzehnten eine zweistellige Dollarmilliardensumme in den Bau von Gebäuden investiert wurde, ist dieses Nebeneinander nur schwer zu fassen und läßt den bekannten (und selbstbewußten) Anspruch von „Mr. Chicago", des sechsmal wiedergewählten Bürgermeisters Richard J. Daley (1955–1976): „the City that works" in einem bedenklichen Licht erscheinen.

Das war nicht immer so – ganz im Gegenteil. Nach dem großen Brand von 1871 avancierte eben dieser Stadtteil zu den bevorzugten Wohnadressen in ganz Chicago. Führende Wirtschafts- und Immobilienkapitäne der Stadt (u.a. Marshall Field) ließen hier ihre Residenzen errichten. Das Ergebnis: kein Stadtteil konnte sich seinerzeit mit der „South Side" messen. Mit dem raschen Wachstum der Stadt, dem zügigen Ausbau der Verkehrsverbindungen, insbesondere im Zuge der Weltausstellung 1893 und dem nachfolgenden starken Zuzug von Menschen und Industrie verlor dieser Stadtteil rasch an Prestige. Zu Beginn der 90er-Jahre verlegten zuerst die Magnaten selbst, bald aber auch die übrigen Wohlhabenden ihre Domizile an die neu besiedelte „Gold Coast" entlang des später so bezeichneten Lake Shore Drive.

Die Stadt mit der höchsten Segregationsrate der USA

Drastisch gefallene Immobilienpreise bildeten einen Anreiz zunächst für ärmere Einwandererschichten aus Europa. Später, seit dem 1. Weltkrieg, ließ sich hier eine immer größere Anzahl von Schwarzen aus den Südstaaten nieder, mit der Folge, daß die Europäer in andere Stadtteile abwanderten. Das Ergebnis dieses Prozesses war eine rasch zunehmende schwarze Ghettoisierung der NSS: 1940 belief sich ihr Anteil auf ca. 25%, 1950 auf bereits 69%, und 1980 war der heutige Stand von 94% erreicht.

Für das Viertel im allgemeinen und seinen Baubestand im besonderen erwies sich dieser Prozeß als ein Teufelskreis: Überbelegung der Wohnungen mit einkommensschwachen Familien; geringe Mieteinnahmen; geringer Anreiz der weißen Hauseigentümer, ihre Häuser in Stand zu halten – Verwahrlosung der Häuser – Totalsanierung, sprich: (häufig) ihr Abriß. Als Ergebnis steht die „Entwicklung" der NSS vom einstigen Millionärsviertel zu einer der „worst blighted areas" Chicagos. – Bis heute ist Chicago eine geteilte Stadt: das Nebeneinander vom weißen und wohlhabenden Norden und dem schwarzen und armen Süden ist typisch für die City of Chicago. Mehr noch: die wirtschaftliche, soziale und kulturelle Segregation der Afroamerikaner (und in jüngster Zeit auch zunehmend der Latinos) hat sich – und das bis in die Gegenwart – noch verstärkt.

Auch hinsichtlich seines Bildungswesens ist Chicago eine Stadt voller Widersprüche und Gegensätze. Der weltweit renommierten „University of Chicago" (daneben existieren noch eine ganze Anzahl weiterer Universitäten) steht der Niedergang des staatlichen Schulwesens gegenüber, auf den vor allem einkommensschwache Schwarze und Latinos angewiesen sind. Die wohlhabendere weiße Bevölkerung kann es sich leisten, sich in Privatschulen abzukapseln.

Obgleich die metropolitane Agglomeration mit 6,43 Mio. Einwohnern nur etwa den 30. Rang unter den größten Städten der Erde einnimmt, ist es nach wie vor hinter New York das wichtigste Wirtschafts- und Verkehrszentrum des Subkontinentalstaates USA. Es ist auch als Global City zu bezeichnen: als Sitz der weltführenden Agrarbörse der Erde, des nach dem Passagieraufkommen zusammen mit Atlanta größten Flughafens sowie Zentrale einer Reihe der bedeutendsten Transnational Corporations (TNCs) gehört Chicago zwar nicht zu der ersten (New York, Tokyo, London, Paris), aber doch zusammen mit Ôsaka, Frankfurt, Singapore, Seoul und Los Angeles zur zweiten Reihe unter den Global Cities der Erde.

Dirk Bronger

LOS ANGELES

„El Pueblo de Nuestra Señora La Reina de Los Angeles“ wurde 1781 als Missionsstation gegründet, um den indianischen Völkern den christlichen Glauben zu bringen. Die Stadt wuchs von etwas mehr als 100.000 Einwohnern im Jahr 1900 zu einer Weltmetropole mit weitreichenden Verbindungen nach Europa, Lateinamerika sowie den wirtschaftlich wachsenden Ländern Asiens.

Los Angeles wird auch als „zersplitterte Metropole“ bezeichnet – tatsächlich ist die Stadtregion mit über 50.000 km² und über 150 Einzelstädten sowie fünf Bezirken eine der ausgedehntesten der Welt. Die Stadt Los Angeles liegt im Herzen der Metropolitanregion, aber die weit auseinandergezogene Stadtstruktur erstreckt sich über 200 km von Newport und Laguna am Southern Beach bis nach Lancaster und Palmdale in der Wüste und 190 km von Ventura bis nach San Bernardino. Das in Los Angeles geschaffene städtische Muster von verstreuten Eigentumshäusern mit großen Gärten ist heute in den USA und zunehmend auch in anderen Staaten die Regel.

Das Image von Los Angeles wurde von der Filmindustrie geschaffen und getragen; Filmcrews in den Straßen sind immer noch ein alltäglicher Anblick. Aber L.A. ist mehr als nur Hollywood. Die Stadt ist die größte Industriestadt der USA und stellt eine große Vielfalt an High-Tech-Produkten her, von fortschrittlichen medizinischen Instrumenten bis zu Computern und Biotechnologieprodukten.

Südkalifornien hat sich in den letzten 30 Jahren beachtlich verändert. Touristen und Reisende können immer noch zwischen den traditionellen Freizeitparks Disneyland, Magic Mountain und Universal Studios und einem der schönsten Strände der Welt wählen. Aber das kulturelle Leben ist ebenso attraktiv. Außerdem hat die Schönheit der Huntington-Galerien, das neue Getty Center und die Erweiterung von einigen anderen großen Museen das Image als Stadt der Surfer und Sonnenanbeter ausgeglichen. Daneben gibt es vier renommierte Universitäten, weitere 30 Colleges und ein wachsendes Netz an lokalen Bildungseinrichtungen, um möglichst vielen Einwohnern der Metropole eine weiterführende

Das typische Merkmal amerikanischer Städte ist die aus Wolkenkratzern gebildete Skyline. Das Zentrum von Los Angeles, von den nahen San Gabriel Bergen aus überblickt.

Los Angeles ist unter den Megacities ein Sonderfall. Es ist mit 22.610 km² die flächenmäßig größte Stadt aller amerikanischen Großstädte, aber gleichzeitig die mit der geringsten Siedlungsdichte. Der Grund dafür liegt in einem alten Gesetz, das eine Mindestbreite von 15 m für Eigenheim-Grundstücke vorsieht. Dadurch ergab sich die lockere Verbauung.

Schulbildung zu ermöglichen. Gleichzeitig mit den kulturellen Veränderungen läßt sich ein andauernder und noch wirkungsvollerer demographischer Wandel feststellen.

Bevölkerung, Einwanderung, Gesellschaft

Anfang des 20. Jahrhunderts lebten nur knapp über 100.000 Menschen in der Stadt. 100 Jahre später zählt die statistische Metropolitanregion von Los Angeles, Los Angeles County, fast 10 Millionen. Die aus fünf Verwaltungsbezirken bestehende Region, deren zentraler Bezirk sie ist, hat fast 17 Mio. Einwohner und ist etwa so groß wie die Niederlande. Bis 2030 wird ein Zuwachs von fast 8 Mio. prognostiziert.

In den am schnellsten wachsenden Verwaltungsbezirken dürfte sich die Zahl in den nächsten 30 Jahren verdoppeln. Eine Fahrt durch diese Gebiete zeigt Häuserreihen auf Flächen, die vor nur 50 Jahren als bedeutende Anbauregionen von Zitrusfrüchten gegolten haben.

Stetige Zuwanderung und die hohe Geburtenrate der bereits in Südkalifornien lebenden Hispanics steigern das Bevölkerungswachstum. In der letzten Dekade wuchs die Bevölkerung Kaliforniens um fast 3 Mio. und die Stadt Los Angeles ist eine der wenigen amerikanischen Metropolen, die immer noch wächst.

1990 hatte Los Angeles mit fast 33% eine der größten, ständig zunehmenden Konzentrationen von im Ausland geborenen Menschen in den USA. Führend sind die Mexikaner mit mehr als 1,2 Mio., gefolgt von 213.000 Salvadorianern und 107.000 Guatemalteken. Die verschiedenen asiatischen Gruppen stellen über eine 1,2 Mio.; die beiden größten Gruppen sind die Philippinos (161.000) und die Koreaner (114.000). Weiters leben 52.000 ehemalige Sowjet-Bürger und eine beachtliche Zahl Zuwanderer aus Südamerika und Afrika in L.A.

In der jüngsten Statistik stand Kalifornien betreffend Einwanderer an erster Stelle. Während Kalifornien etwa 12% der US-Bevölkerung stellt, nahm es ca. 22% aller Einwanderer auf. Somit rangierten die Bezirke Los Angeles und Orange an erster bzw. dritter Stelle. Insgesamt ist es wahrscheinlich, daß das Wachstum in den nächsten Jahrzehnten anhält. Kalifornien und v.a. Los Angeles werden weiterhin eine Vielzahl von Einwanderern aus aller Welt, insbesondere aus Mexiko, wo die Löhne ein Zehntel oder weniger derer in Südkalifornien betragen, anziehen.

Wandel der Bevölkerungszusammensetzung

Vor 30 Jahren waren 70% der Menschen in Los Angeles und fast 90% der Bevölkerung Südkaliforniens Weiße. Es gab viele Hispanics, und die afroamerikanische Bevölkerung nahm während der 1950er- und 1960er-Jahre rasch zu. Im Jahr 2000 hat sich der Bezirk stark verändert: keine Gruppe stellte die Mehrheit, obwohl die Hispanics die größte Gruppe waren. 2030 werden sich Hispanics und Weiße annähernd die Waage halten. Wie in allen städtischen Räumen gibt es auch hier Extreme von Reichtum und Armut, und diese Unterschiede haben sich mit der Zeit verstärkt.

Viele Neuzuwanderer sind arm und schlecht ausgebildet und finden daher nur schwer einen gut bezahlten Arbeitsplatz. Während weiße Familien 1990 durchschnittlich USD 45.655 verdienten, war das Einkommen afroamerikanischer Familien mit unter USD 30.000 wesentlich niedriger; das Durchschnittseinkommen der Neuzuwanderer betrug weniger als USD 7.000. Hispanische Familien verdienten durchschnittlich USD 27.000, und die Wahrscheinlichkeit, in Armut zu leben, war größer. Trotzdem, die Löhne sind so viel höher als eine Latino-Familie in Mexiko verdienen kann, daß die Verlockung auf ein besseres Leben in L.A. stark und unvermindert anhält.

Das allgemeine Image der Stadt von Wohlstand und rastloser Energie wird durch ein anderes, weniger attraktives und bekanntes Bild getrübt: Los Angeles hat zwar nicht die höchste Kriminalitätsrate, aber die Zahl ist nicht unbedeutend, und Kalifornien ist landesweit führend hinsichtlich der Ausgaben für Gefängnisse und Gesetzesvollzug. Banden und bandenbedingte Gewalt sind ein Problem in den Bereichen der Minderheiten und Einwanderer. Die beunruhigenden Bilder ethnischer Gewalt von 1992 sind vielen Einwohner noch im Gedächtnis. Die zunehmende Kluft zwischen den Reichen und den Armen ist in Kalifornien und Los Angeles ein Problem für das zukünftige Wachstum der Stadt und ihrer Region.

Natürliche Gegebenheiten

In Los Angeles herrscht mediterranes Klima; kühle Winter mit wenig Regen und relativ heiße, trockene Sommer. Aber innerhalb der Metropolitanregion gibt es ein Dutzend Kleinklimate, angefangen von den Tälern im Landesinneren mit Sommertemperaturen von über 37°C bis hin zu den Regionen am Strand mit rund 22°C. Mit einer weiten Küstenebene vor 3048 m hohen, im Winter schneebedeckten, Bergen ist die Landschaft ebenso vielfältig.

Smog ist allgegenwärtig, und obwohl die Zahl der Smogwarnungen zurückgegangen ist, zählt die Luft in L.A. zu den ungesündesten in den USA. Sonnenschein zusammen mit den Abgasen der Autos und LKWs erzeugen einen Dunst, den Flugreisende sofort bemerken.

Die Landschaft von Los Angeles ist reizvoll, aber auch instabil, da die Stadt am pazifischen „Feuerrand" liegt, einem Kreis von Erdbebenzonen und Vulkanen um den Pazifik. Der Sankt-Andreas-Graben, die größte und möglicherweise gefährlichste Verwerfung in den USA, liegt nur etwa 160 km östlich der Innenstadt. In den letzten 30 Jahren gab es sieben große und dutzende kleinerer Erdbeben. Das Northridge-Erdbeben von 1994

Das öffentliche Verkehrssystem ist in der Region Los Angeles nur gering entwickelt. Die Menschen sind daher an die Nutzung von Privatfahrzeugen gebunden, was stark frequentierte Autobahnen und Straßen zur Folge hat.

Die Bevölkerung von Los Angeles setzt sich aus vielen ethnischen Gruppen zusammen. Mexikaner, Südamerikaner, Europäer und auch Afrikaner leben in ihren eigenen Vierteln, auch wenn sie an verschiedenen Plätzen wie hier am Venice Beach zusammentreffen.

Los Angeles ist für seine Smog-Situationen bekannt. Die dafür verantwortliche Luftverschmutzung wird hauptsächlich durch den dichten Verkehr zu den Stoßzeiten, aber auch durch Industrie verursacht.

forderte 57 Menschenleben und einige Tausend Verletzte. Die Kosten für Reparaturen und den Wiederaufbau belaufen sich nach Schätzungen auf über USD 30 Milliarden.

Aufgrund der geringen Niederschläge muß L. A. das meiste Wasser zuführen. Während in der frühen Siedlungsgeschichte das Grundwasser ausgereicht hat, ist die Stadt seit dem letzten Jahrhundert auf Wasser aus Nordkalifornien und aus dem Colorado angewiesen. Das zukünftige Wachstum von Los Angeles wird von der notwendigen Wasserversorgung abhängen. In Dürrejahren, wenn die Schneefälle in den Sierra Mountains nördlich von Los Angeles für eine ausreichende Wasserversorgung nicht genügen, gewinnen Vorsorgemaßnahmen zusätzlich an Bedeutung.

Das gängige Bild von Los Angeles ist Reichtum. Die herausragenden Wolkenkratzer formen den Central Business District.

Feststellungen

Zweifellos wird die Region von Los Angeles weiter wachsen. In weniger als 30 Jahren dürfte sie Hochrechnungen zufolge 25 Mio. Einwohner haben. Ein Zuwachs von fast 9 Mio. wirft Fragen über die Auswirkungen auf die Umwelt und über die rechtzeitige Bereitstellung der erforderlichen Infrastruktur auf.

Los Angeles ist ein wichtiges Tor zum Fernen Osten. Bereits jetzt haben ausländische Gesellschaften hier viel Grundbesitz, und viele haben ihre US-Zentrale in L. A. Der Handelswert, der über die Häfen und den Flughafen von Los Angeles fließt, ist die größte Handelsverbindung mit den neuen asiatischen Supermächten.

In Los Angeles und der Region Südkalifornien werden in den kommenden Jahrzehnten grundlegende Veränderungen stattfinden. Starke politische und wirtschaftliche Kräfte werden auch zukünftig den Zuzug von Einwanderern vorantreiben, trotz der Forderung einiger Gruppen, die Immigration zu verlangsamen. Die neuen Einwanderer führen zu einem wachsenden Pool an billigen Arbeitskräften, ein wichtiger Teil des stetigen Wirtschaftsbooms.

Die Einwohner von Los Angeles leben mit den täglichen Problemen verstopfter Hauptstraßen, Smog, der möglichen Erdbebengefahr und Feuer in den umliegenden Hügeln. Dennoch, der ewige Sonnenschein, das milde Klima und die Nähe der Strände sowie die schneebedeckten Berge im Winterentschädigen dafür. Die Zukunft der Region wird eng verbunden sein mit der sich wandelnden Demographie der Stadt und der schwierigen Aufgabe, Bevölkerungswachstum und gefährdete Umwelt auszugleichen.

William A. V. Clark

NEW YORK

„Stadt der ganzen Welt!
(Denn alle Völker sind hier vertreten,
alle Länder der Erde
geben das ihre dazu)“

Walt Whitman

New York City ist in der ganzen Welt bekannt für die überwältigenden Sehenswürdigkeiten und das kulturelle Leben auf der Insel Manhattan, dem Zentrum dieser Metropolitanregion mit mehr als 20 Mio. Einwohnern. Jedes Jahr besuchen 30 Mio. Menschen New York, um den Times Square mit seinen blinkenden Neonlichtern, den Theaterbezirk, das Weltfinanzzentrum an der Wall Street, die modischen Einkaufsviertel entlang der Fifth Avenue und Madison Avenue, das Rockefeller Center, die Freiheitsstatue, Ellis Island, das Empire State Building und das Gebäude der Vereinten Nationen zu sehen.

New York City ist eine nationale und globale Hauptstadt vieler Bereiche – Finanzen, Werbung, Mode, Kunst, Verlagswesen und Rundfunk- und Fernsehübertragung. Aber die meisten Menschen wissen nichts über die unterschiedlichen Wohngegenden der Stadt, die sich außerhalb von Manhattan befinden. Viele sehen nicht die zahllosen kleinen Fabriken, die das Herzstück des größten Industriezentrums im Osten der Vereinigten Staaten ausmachen; die 87 Hochschulen und Universitäten oder die mehreren hundert Parks, Büchereien und Schulen in diesen Wohnvierteln. Touristen besuchen oft die berühmten Wohngegenden von Manhattan: Greenwich Village, Soho, Chinatown, Harlem und die Upper East Side. Aber die Stadt New York mit ihren 8 Mio. Einwohnern hat 5 Bezirke, von denen Manhattan nur einer ist. Die anderen sind Brooklyn, Queens, die Bronx und Staten Island. Brooklyn ist mit 3 Mio. Einwohnern der einwohnerstärkste dieser 5 Bezirke. In Brooklyn befindet sich Bedford-Stuyvesant, das Viertel mit der größten Anzahl an Einwohnern afroamerikanischer Abstammung. Außerdem gibt es viele Immigranten aus dem karibischen und westindischen Raum in den Vierteln Ocean Hill-Brownsville und Bushwick; den

Der Hudson River (Bildmitte) und der East River umfließen Manhattan, das Herz der Welt-Metropole. Im Westen grenzt New Jersey an, im Süden der Upper Bay – dem Hafen der Millionenstadt – liegt Staten Island, und im Osten reicht ein Stück von Long Island ins Bild herein.

am Wasser gelegenen Vergnügungsbereich auf Coney Island und Sheepshead Bay; die Arbeiterviertel am indus-169triell genutzten Uferbezirk von Williamsburg, Greenpoint, Red Hook und Sunset Park und das schicke Brooklyn Heights. Queens ist – gemessen an seiner Fläche – der größte Bezirk und hat die meisten Bevölkerungsgruppen: das Viertel Flushing hat die größte chinesische Bevölkerung in der Region, und in Corona, Elmhurst und Jackson Heights wohnen Menschen aus allen Ländern Lateinamerikas und Asiens. Die Bronx ist aufgrund ihrer großen Zahl an Einwohnern aus Lateinamerika auch bekannt als das Viertel der Salsa. Die Viertel der South Bronx – wie zum Beispiel Melrose – wurden durch Bürgerorganisationen und die Kommunalverwaltung wieder aufgebaut, nachdem in den 60ern und 70ern viele Wohnungen verlassen worden waren. Coop City im nördlichen Teil der Bronx ist die größte genossenschaftliche Wohnraumentwicklung des Landes und wurde von Gewerkschaften mit Unterstützung der Regierung gefördert.

Die Metropolitanregion

Viele Menschen, die Manhattan besuchen, sind sich nicht der ausgedehnten Metropolitanregion bewußt, in der die Stadt New York nur einen Teil ausmacht. Diese Region umfaßt Teile von drei Staaten, 31 Verwaltungsbezirke, fast 800 Kommunen und mehr als 700 spezielle Bezirke und Behörden. Die Verkehrsverbindungen der Region bestehen aus drei großen Schienennetzen, unzähligen Brücken und Tunnels, einem ausgedehnten Bundesstraßennetz und drei bedeutenden Flughäfen: John F. Kennedy, La Guardia und Newark.

Die beiden Central Business Districts von Manhattan (Midtown und Wallstreet) werden durch viele andere Stadtzentren in der ganzen Region ergänzt, die alle innerhalb einer Stunde von Manhattan aus erreicht werden können. Daher bleiben Manhattan und New York City das wirtschaftliche und kulturelle Zentrum dieser ausgedehnten Region, einer gewaltigen polyzentrischen Metropole.

Die Menschen

Die meisten der 8 Mio. Einwohner von New York City leben in drei der vier Stadtbezirke außerhalb Manhattans. 30% leben in Brooklyn, 28% in Queens und 17% in der Bronx. Staten Island hat die niedrigste Bevölkerungszahl der fünf Bezirke – 443.000 Menschen oder weniger als 6% der Gesamtbevölkerung.

Jederzeit in der Geschichte der Stadt lebten neue Einwanderer aus dem gleichen Land und mit der gleichen Sprache in enger Nachbarschaft und bildeten Netzwerke, um sich gegenseitig zu unterstützen. Dennoch führen auch hier, wie in den meisten amerikanischen Städten, Rassendiskriminierung und Ausschluß aufgrund von Einkommen und Klassenzugehörigkeit zur Entstehung abgegrenzter ethnischer Enklaven. 35% der Bevölkerung von New York City sind Amerikaner europäischer Abstammung, 25% afrikanischer, 27% lateinamerikanischer und 10% asiatischer Abstammung.

Die Wirtschaft

New York City ist die Finanzhauptstadt der Vereinigten Staaten. Die größten Börsen und multinationalen Unternehmen sind dort ansässig. Wie in allen großen amerikanischen Städten ist auch hier das produzierende Gewerbe in den letzten Jahrzehnten zurückgegangen. Mit der Einführung der Containerschiffahrt verlagerten sich die Hafenanlagen von New York City nach New Jersey. Das führte dazu, daß sich das ausgedehnte Hafenviertel von Manhattan in eine Gegend mit Handels-, Wohn- und Freizeitfunktion entwickelte. Trotz des industriellen Niedergangs ist die New Yorker Region immer noch das größte Industriezentrum und der größte Verbrauchermarkt im Nordosten der USA.

7,5 Mio. Menschen arbeiten in der Region von New York, ein Anstieg von mehr als 12% in den vergangenen drei Jahrzehnten. 55% sind im Bereich Handel und Dienstleistungen tätig. Eine Zunahme von 39% seit 1970. Die Bereiche Finanzen, Versicherungen und Immobilien machen 10% aller Arbeitsplätze aus. Als Folge des

New York, insbesondere Manhattan, wird von tiefen Häuserschluchten, in denen sich typische Kleinklimate entwickeln können, geprägt. Typisch sind die strengen Linien der Hochhaus-Fassaden.

In New York gibt es kaum etwas, was man nicht kaufen könnte. Riesige Einkaufszentren wie dieses bieten eine breite Produktpalette an.

schnellen Wirtschaftswachstums während der 1990er sind die Arbeitslosenzahlen in der Region nach dem Höchststand von 9,2% im Jahr 1992 auf unter 6% gesunken. Die höchsten Arbeitslosenraten verzeichnet New York City, insbesondere unter der afroamerikanischen und lateinamerikanischen Bevölkerung.

Die Umwelt

Die Luftqualität schwankt innerhalb der Region erheblich. Die höchsten Verschmutzungsraten werden in der CBD und in den Wohnvierteln der armen Bevölkerung festgestellt. Der Hauptteil der Luftverschmutzung läßt sich auf Fahrzeugemissionen zurückführen, obwohl seit den 1970ern das Gesamtvolumen an atmosphärischem Ausstoß der Hauptschadstoffe als Folge der strengeren nationalen Gesetze zurückgegangen ist.

New York City ist dicht besiedelt und hat das größte Massenverkehrssystem des Landes. Ein Drittel der gesamten Fläche der Region ist mit Bundesstraßen und anderen Straßen bebaut. Diese große Kapazität für Kraftfahrzeuge führt zu einem hohen Verkehrsaufkommen. Dadurch und aufgrund des aus der Stadt abfließenden Regenwassers nimmt auch die Verschmutzung der örtlichen Flüsse und Wasserstraßen zu. Dieser Zustand ist in älteren Stadtzentren besonders kritisch, denn dort sind die sanitären und Unwetterabwassersysteme miteinander kombiniert. Die Wasserqualität in New York City wird weitgehend als relativ gut angesehen. Die Stadt wird von zwei Wasserquellen versorgt, die sich nördlich und nordwestlich der

In der Mitte Manhattans dehnt sich eine riesige Grünfläche, der Central Park, aus. Er ist die „grüne Lunge" der Stadt und als Freizeit- und Erholungsgebiet sehr beliebt.

Wintersport im Central Park. Eislaufen mit den Wolkenkratzern als Kulisse ist ein schönes Erlebnis.

Wohnblocks am Ufer des Hudson River. Im Hintergrund ist die Spitze des berühmten Empire State Buildings zu sehen.

In New York befindet sich der Hauptsitz der Vereinten Nationen. Der große Komplex nimmt ein Areal am Ufer des East River, zwischen 42. und 48. Straße, ein.

Stadt befinden. Das Trinkwasser ist ungefiltert und nur minimal behandelt. Dennoch könnten strenge bundesstaatliche Anforderungen die Stadt zwingen, in den nächsten Jahren eine Filteranlage zu bauen.

Unter den Großstädten der Vereinigten Staaten hat New York City die niedrigste Pro-Kopf-Rate an Grüflächen. Die Diskrepanz zwischen der Dichte an Grünflächen im Innenstadtgebiet und in den Vororten läßt sich auf den Satellitenbildern deutlich erkennen.

Probleme und Kernpunkte

Meinungsumfragen, die für die jüngsten Kommunalwahlen erstellt wurden, nennen übereinstimmend Bildung als den Bereich, der den New Yorkern am meisten am Herzen liegt. Zu dem umfassenden Schulsystem von New York City gehören sowohl einige der anerkanntesten aber auch einige der am schlechtesten abschneidenden Schulen des Landes. In der Region gibt es 600 verschiedene Schulbezirke. Sie werden hauptsächlich durch lokale Grundsteuern finanziert, die abhängig vom Grundstückswert erheblichen Schwankungen unterliegen. Daher wird in den wohlhabenderen Kommunen mit höheren Grundstückswerten pro Kopf wesentlich mehr Geld für Schulen aufgewendet.

Es gibt keine Regierungsbehörde, die in der gesamten Region für Bodennutzung und Transport- und Verkehrsplanung zuständig ist. Verschiedene Behörden betreiben verschiedene Bahnlinien, U-Bahnen und Bussysteme. Das führt zu einem hohen Grad an Unwirtschaftlichkeit und Problemen beim Infrastrukturmanagement und auch zu Streitigkeiten bei der Preisgestaltung für die Straßennutzung. Die Regional Plan Association (RPA), ein gemeinnütziger Verein, hat in den Jahren 1929, 1968 und 1996 drei regionale Pläne vorgelegt. Der jüngste Plan mit dem Titel „A Region at Risk" („Eine gefährdete Region") schlägt fünf Maßnahmen vor: Verbesserung der Grünflächen, Entwicklung der Geschäftszentren, größere Mobilität, Weiterbildung der Arbeitnehmer und ein verbessertes Verwaltungssystem. Der RPA wird von Firmenspenden unterstützt, hat aber nicht die Möglichkeit, seine Empfehlungen in die Tat umzusetzen. Er muß Beamte in den drei Staaten und in tausenden lokalen Regierungsbehörden von der Bedeutung seiner Forschungen und Ideen überzeugen.

Ein wichtiges Thema in der Region ist die Sanierung brachliegender Industrie- und Hafenanlagengrundstücke, die aufgrund der Konsolidierung der Hafenaktivitäten und des Rückgangs der Industrie nun zur Verfügung stehen. Viele dieser Grundstücke, sogenannte Brownfields, sind verseucht und müssen vor der Sanierung gereinigt werden.

Als Folge einer energischen Volkswirtschaft und des Baubooms während des letzten Jahrzehnts sind Mieten und Immobilienpreise in vielen Vierteln der Region in die Höhe geschossen. Das führt zur Verdrängung von Mietern und Hausbesitzern. Die Erhaltung der Wohnviertel ist deshalb für viele Menschen zu einem Hauptanliegen geworden – es geht um die Frage, wie die Stadt von Wachstum und Entwicklung profitieren kann, ohne daß Einwohner und Unternehmen aus den betroffenen Gegenden vertrieben werden.

Thomas Angotti

Sieht man von einem der zahlreichen Wolkenkratzer hinunter, wirken die Menschen auf der Straße wie Ameisen. Typisch ist auch das Nebeneinander von alten, kleinen Bauten und Hochhäusern mit Beton- und Glasfassaden. Im Bild die St. Patrick's Cathedral.

TORONTO

Am nördlichen Ufer des Ontariosees gelegen verdankt Toronto seine Entwicklung vielen der wirtschaftlichen Kräfte, die auch andere Städte in der Gegend der Großen Seen geprägt haben, z. B. Chicago, Detroit, Cleveland und Buffalo.

Toronto wurde 1793 unter dem Namen „Stadt von York" als Hauptstadt von Upper Canada, dem heutigen Ontario, gegründet. Es verdankt seine Lage einem natürlichen Hafen. Dort, wo der Fluß Don in den Ontariosee mündet, war der Hafen von Inseln eingefaßt, die durch Sedimentation entstanden sind, und bot so der Britischen Kolonie Schutz sowohl vor den Elementen als auch vor den Feinden aus dem heutigen Amerika. Die Stadt lag ursprünglich in einem 500–700 m tiefen Korridor, vom Hafenrand (heute Front Street) bis zur Queen Street im Norden am östlichen Ende des Hafens. Der Hafeneingang wurde durch das im Westen gelegene Fort York geschützt.

Bis zum Ende des 19. Jahrhunderts dehnte sich Toronto bis zur Dupont Street aus, ungefähr 3,5 km von der Front Street entfernt, die das Nordufer des alten Sees darstellt und durch einen breiten Abbruch markiert wird. Im Osten sind durch den Don, im Westen – wenn auch in geringerem Ausmaß – durch den Fluß Humber tiefe Schluchten eingeschnitten worden, die Transport und Pendeln in diesen Richtungen erschwert haben. Durch Auffüllung des Hafens gewann die Stadt südlich der Front Street ca. 700 m Land, die Fläche wurde v.a. als Rangierbahnhof, Getreidespeicher und für andere hafenspezifische Aktivitäten verwendet.

Im 20. Jahrhundert überflutete ein anwachsendes Toronto diese geographischen Gegebenheiten. Elektrische Straßenbahnen, später Autos und Busse beschleunigten die Entwicklung nördlich des Abbruchs; Brücken über die Schluchten von Don und Humber erlaubten eine Ausbreitung nach Westen und Osten. Um 1981 waren die Grünflächen in der heutigen Innenstadt von Toronto bereits bebaut, und neue Vororte entstanden im nächsten Vorortgürtel: im Westen Mississauga, im Norden Vaugham, Markham und Richmond Hill, im Osten

Pickering. Da Toronto den Ontariosee sowohl zur Trinkwassergewinnung als auch zur Entsorgung geklärter Abwässer nutzt, ist die Stadtentwicklung einfacher und weniger kostenintensiv je näher sie am See geschieht. Jenseits der Steeles Avenue war eine Ausbreitung der Stadt durch nach Norden abfallendes Gelände behindert. Schließlich wurde sie durch den Bau eines neuen Abwasserkanals ermöglicht, der die Abwässer in Kläranlagen in der Nähe von Pickering östlich von Toronto leitete.

Handel

Von seinen frühen Tagen als administratives Zentrum an wurde Toronto rasch ein Ausgangspunkt für die Kolonialisierung Ontarios. Der Handel wurde – im Gegensatz zu Regierungsgeschäften – rasch zur hauptsächlichen Tätigkeit der Bewohner. Toronto erwies sich als Zentrum für Leichtindustrie, Lebensmittelproduktion und Fleischkonservierung, Finanzen und Versicherungswesen. In den Blütezeiten der Schiffahrt im Gebiet der Großen Seen war Toronto eines der wichtigen Ziele. In den 50er- und 60er-Jahren wurde es außerdem Standort zahlreicher kanadischer Tochtergesellschaften großer amerikanischer Firmen. Abgesehen davon lag Toronto nur vier Fahrstunden von Detroit und zwei Stunden von Buffalo entfernt. Im Gegensatz zu diesen zwei Städten besaß es weder Stahlraffinerien noch andere umweltbelastende Schwerindustrie. Als die Schiffahrt an Bedeutung verlor, wurde Toronto zur Stadt von Zentralen der Werbebranche, des Designs, der Kommunikation und der Finanzen. Die meiste Zeit im 19. und 20. Jahrhundert wetteiferten Toronto und Montreal. Industrielle und Bürgermeister stellten ihre eigene Stadt als die jeweils bessere hin. Obwohl Toronto nach Montreal gegründet wurde, übertraf es Montreal ab ca. 1960 an Bedeutung und wurde zu Kanadas erstem Handelszentrum.

Straßen

Die ursprünglichen Pläne für die Stadt von York sahen ein rechtwinkeliges Straßensystem vor. Die Nord-Süd-Hauptroute, die Young Street, wurde zuerst angelegt, später die West-Ost-gerichteten Straßen in rund 2 km Distanz (100 „chains" im englischen Meßsystem). Ausgehend von der Queen Street nach Norden waren dies Bloor, St. Clair, Eglinton, Lawrence, York, Mills, Sheppard, Finch und schließlich die Steels Avenue als nördliche Begrenzung der heutigen Innenstadt. Sie wurden sechsspurig angelegt und sind Torontos Hauptverkehrsadern.

Torontos Hafengebiet ist ein wichtiger Erholungsraum für die Einwohner der Stadt. Jährlich zieht die „Harbourfront" rund 3,5 Mio. Besucher an.

Charakteristisch für Torontos Skyline ist der CN Tower, mit einer Höhe von 553,33 m ist er eines der höchsten Gebäude der Welt. Sky Dome, westlich des CN Towers gelegen, ist berühmt für sein ausfahrbares Dach.

In geringerem Ausmaß entwickelten sich auch in Nord-Süd-Richtung Hauptrouten. Es gab Versuche, auch hier in 2 km-Abständen Hauptstraßen anzulegen, das Muster ist aber weniger hervorstechend. Wichtig ist ein ausgeprägtes System von Gerinnen, das durch Erosion tiefe Gräben verursacht und so den Ausbau der Hauptrouten erschwert hat. Der vor 1900 erbaute Kernbereich Torontos liegt weitgehend innerhalb eines Radius von rund 5 km (Kreuzung von Yonge Street und Queen Street). Innerhalb dieses Gebietes bilden auch lokale Straßen ein Rastermuster. Im bis 1950 entstandenen Teil (in einem Radius von ca. 9 km) bewegte man sich bewußt vom rechtwinkeligen System lokaler Straßen weg – ein gutes Beispiel dafür ist Leaside. Nach der Entstehung des Vorstadtteiles Don Mills Mitte der 50er-Jahre, ging man zur Planung großräumiger Vororte in einem 2 x 2 km-Raster über, die von Hauptverkehrsadern begrenzt und kurvigen Straßenzügen (z.B. halbmondförmig) und Sackgassen durchzogen waren. Der offizielle Plan von 1942 – hauptsächlich ein Plan für Arbeitsprojekte nach dem Krieg – sah außerdem ein extensives Schnellstraßennetz vor. Gebaut wurden aber nur einige; sie bilden einen ovalen Ring um den älteren Teil Torontos (Radius von 8 km in Ost-West-Richtung und 6 km in Nord-Süd-Richtung), der in die neuen Vorstädte hinausreicht.

Planung und Wohnen

Die Schluchten sind ein Kernstück der Planung. Früher war in ihnen teilweise Bebauung erlaubt, nach starken Überflutungen und 81 Toten, verursacht durch den Hurrican Hazel im Oktober 1954, wurden diese Planungen aber noch einmal überdacht. Als Folge wurden Gebiete in Schluchten und anderen Überflutungsgebieten für die Stadtentwicklung ausgeschlossen. Transportwege sind erlaubt, den Großteil dieser Gebiete nehmen aber heute Parks und Erholungsgebiete bzw. Schutzgebiete ein.

Ein beliebtes Bild in der Nachbarschaft Torontos stellt die Baumallee dar, gesäumt von einzelstehenden Häusern. Während sich Bäume in Toronto tatsächlich vermehrten, geben die einzelstehenden Häuser einen falschen Eindruck der Anlage. Die vor 1945 gebildete Anlage schließt eine Zahl von Reihenhäusern ein, die aufgrund der Erfahrung aus den verheerenden Bränden von 1849 und 1904 nur mit Ziegelfassaden gebaut werden durften. Vor 1950 entstanden so dauerhafte Hohlziegelkonstruktionen. Deshalb ist viel der alten Bausubstanz heute noch bewohnbar, was im Lauf der Jahre zu beachtlichen Umbauarbeiten führte, wobei einzelstehende Häuser teilweise in zwei oder mehr Appartements aufgeteilt wurden. Dennoch behalten diese Gegenden einen herrlichen

Hochhäuser der unterschiedlichsten Baustile prägen das Zentrum Torontos.

Wohncharakter und ältere Viertel wie Cabbagetown und Annex bleiben beliebte Gegenden für Renovierungen. Im Gegensatz dazu sind die seit den 50er-Jahren entstandenen Flachbauten großteils Holzkonstruktionen auf betoniertem Fundament mit Ziegelverkleidung (oder anderem feuerbeständigen Material). Ob diese Häuser dem Lauf der Zeit standhalten werden, ist abzuwarten.

Die Entwicklungsdichte ist für amerikanische Standards hoch: typischerweise finden sich 18 Einzelhäuser/ha.

Die Grundstücke sind meist schmal – um die 10 m in älteren Stadtteilen, rund 15 m in den jüngeren Vierteln – und mit nur 1 m Seitenabstand stehen die Gebäude eng beieinander. Außerdem weisen die Gebäudegrundrisse meist einen rechtwinkelig zur Straße liegenden Flur auf, sodaß die Räume von der Straße aus einer hinter dem anderen liegen, wodurch bescheidene Straßenfronten entstehen.

Ein weiteres Charakteristikum Torontos ist schließlich die Anlage großer Appartmentblocks.

Wie auch anderswo in den 50er-Jahren machte der technische Fortschritt der Betonverarbeitung hohe Bauten kostengünstiger als andere Bauweisen. In den 50er- und 60er-Jahren wurden viele Appartmentblocks gebaut, um die Nachfrage nach erschwinglichen Mietwohnungen durch Alleinstehende und Paare zu decken. Das resultierende Überangebot drückte die Preise, die Phase der Neubauten endete Mitte der 70er-Jahre. Noch einige Zeit wurde von Behörden weitergebaut, um Hochhäuser für Mieter mit niedrigem Einkommen zu schaffen, aber sogar diese wurden schließlich unattraktiv. In den letzten zwei Jahrzehnten errichtete man neue Appartementblocks, diesmal mit Eigentumswohnungen. Als Folge der steigenden Zahl nicht-traditioneller Haushalte – großteils Alleinstehende und Paare aller Altersklassen – sowie durch politische Initiativen, die erschwingliches Wohnen unterstützen, schießen in der Stadt sowie im Stadtumland Hochhäusergruppen empor, was beispielsweise in der Hafensilhouette und dem anschließenden Eisenbahngelände sichtbar wird.

John Miron

Toronto erstreckt sich mit seinen Satellitenstädten und Industriegebieten vom nördlichen Ende des Lake Ontario einige 100 km² weit ins Landesinnere.

Das Corona Bild, aufgenommen 1967 zeigt Details der Toronto Islands und des Hafengebiets, welches in den folgenden Jahren verstärkt ausgebaut wurde. Der Vergleich mit dem nebenstehenden Bild zeigt dies deutlich.

BOGOTÁ

In den Anden, „2600 m den Sternen näher", ist Bogotá eine Stadt, in der die Administration immer besser wird und ein neues Bussystem vielleicht bald das Verkehrschaos reduzieren wird. Aber es würde sich um einen mutigen Menschen handeln, der vorhersagen könnte, ob die Zukunft mehr soziales Desaster bringen wird oder einen klareren Blick zu den Sternen.

Bogotá wurde im Jahre 1538 von Gonzalo Jiménez de Quesada im Zuge der spanischen Eroberung gegründet. Die ursprüngliche Bevölkerung, die Chibcha, wurden in die nun dominierende Mestizenbevölkerung integriert. Bogotá hatte 1900 erst 100.000 Einwohner, trotz einer beträchtlichen Größe war es im Jahre 1938 noch immer eine kleine Stadt mit 350.000 Einwohnern. Die Bevölkerung wuchs sehr rasch in den 50er- und 60er-Jahren, das Wachstum betrug jährlich über 6%. Um die Wende zum 21. Jahrhundert hatte Bogotá 6,4 Mio. Einwohner – eine Folge der beeindruckenden Steigerung der Geburtenrate in den letzten 30 Jahren, obwohl sich die Wachstumsrate beträchtlich verlangsamt hat.

Über die Jahre hat die Landflucht viel zum städtischen Wachstum beigetragen. Die Armut auf dem Land hat die Menschen dazu bewogen, in die Städte zu ziehen. Bogotá hat in den letzten fünf Jahren bis zu einer 1/2 Mio. „Flüchtlinge" angezogen. Zwischen 1938 und 2000 ist der Anteil an der Gesamtbevölkerung von Kolumbien von 4% auf 17% gestiegen. Bogotá war immer die Hauptstadt von Politik und Administration, in den letzten Jahren wurde es aber auch zum Finanzzentrum, zur größten Industriestadt und zum Zentrum der meisten kulturellen Einrichtungen und Bildungsstätten. Heute wird hier rund 1/4 des Bruttoinlandsproduktes umgesetzt. Bogotá hat eine Vielzahl von stillen provinzialen Konkurrenten: Städte wie Medellín, Cali und Barranquilla, alle haben mehr als 1 Mio. Einwohner.

Als die Bevölkerung von Bogotá so stark anstieg, dehnte sich die Stadt über die fruchtbaren Plateaus aus – bekannt als die „Sabana von Bogotá". Das Ballungsgebiet nimmt heute mehr als die offizielle Stadtfläche ein und erstreckt sich weitläufig auf Teile von neun anderen

Blick über Bogotá, wie es sich über die Sabana de Bogotá ausbreitet.

Gemeinden; das führt mitunter zu Schwierigkeiten in der Stadtverwaltung.

Natürliche Bedrohungen

Bogotá liegt in den östlichen Kordilleren der Anden, 2.600 m über dem Meeresspiegel. Das Klima ist aufgrund der relativen Nähe zum Äquator kaum jahreszeitlichen Schwankungen unterlegen. Die Höhenlage sorgt für ein sehr ausgeglichenes Klima mit durchschnittlichen Temperaturschwankungen von 14° C pro Tag, in einer Breite von 8°–20°, und das trotz der tropischen Lage. Intensiven Regen gibt es in einigen Monaten im Jahr, was zeitweilig zu starken Überflutungen führt. Gelegentliche Fröste bedrohen die Schnittblumenindustrie in der Nähe von Bogotá. Aber grundsätzlich leidet die Stadt nur an sehr geringen klimatischen Gefahren.

Obwohl es in der Erdbebenzone liegt, war zuletzt 1917 ein Erdbeben in Bogotá. 1785 war das letzte Beben, bei dem wenige Menschen getötet wurden.

Wirtschaft

Bogotás Wirtschaft wird von Gewerbe und Handel – 70% der Gesamtproduktion der Stadt werden damit erreicht – dominiert. Die Stadt ist das Finanzzentrum von Kolumbien, die meisten Großbanken des Landes haben hier ihren Hauptsitz. Sie ist auch Kolumbiens größtes Fabriks- und Produktionsszentrum. Der Großteil der Produktion ist allerdings für den heimischen Markt vorgesehen und nur sehr wenig geht in den Export. Die wichtigsten Exportgüter sind Lederwaren, Kleider und Schnittblumen.

Eines der größten Wirtschaftsprobleme mit denen Bogotá zu kämpfen hat ist die Schaffung genügender Arbeitsplätze. Das Ausmaß dieses Problems wird deutlich wenn man bedenkt, daß die Arbeitsbevölkerung von 1976 bis 1996 von 1,1 Mio. auf 2,6 Mio. zugenommen hat. Das Bevölkerungswachstum war ein wichtiger Faktor in dieser Entwicklung, da sich die Quote der arbeitenden Bevölkerung plötzlich sprunghaft erhöht hat. Eine Konsequenz daraus ist, daß die Anzahl der arbeitenden Erwachsenen von 51% 1976 auf 63% im Jahr 1995 wuchs. Nachdem sich auch immer mehr Frauen am Arbeitsprozeß beteiligten, stieg der Anteil der Erwerbstätigkeit weiter an. Trotzdem war die Arbeitslosenrate 1995 geringer als 1976 und wesentlich geringer als in der Mitte der 80er-Jahre. Im März 1995 waren nur 6,4% der Erwerbstätigen arbeitslos. Das zeigt, daß die Wirtschaft sehr dynamisch ist und ein großes Potential an Arbeitsplätzen bereitstellt. Unglücklicherweise war das Jahr 1997 der Beginn einer extremen Rezession in Kolumbien und die Arbeitslosigkeit stieg im September 2000 in der Stadt wieder auf 20,2%. Während Zeichen einer kurzfristigen Besserung sichtbar werden, ist der Mangel an lukrativen Jobs ein prinzipielles Problem der Stadt, das auch in den kommenden Jahren bleiben wird.

Gesellschaft

Die Zunahme der innerstädtischen Probleme sollten trotz des raschen Wachstums nicht überbewertet werden. Obwohl Bogotá insofern eine typische lateinamerikanische Stadt ist, als es vielen Menschen schlecht geht, sind die Probleme selten so schwerwiegend gewesen, daß ein sozialer Zusammenbruch gedroht hätte. Es gab auch nur einen größeren Ausbruch politischer Gewalt, den *„bogotazo"* im Jahr 1948; auch später gab es weder durch Krieg noch durch Epidemien wesentliche Verluste an Menschenleben.

Die Hauptstadt Columbiens liegt 2.610 m hoch auf der fruchtbaren Hochebene Sabana de Bogotá, angeschmiegt an die Bergzüge des Montserrate und Guadelupe.

Der Regierungspalast im klassizistischen Stil.

Zwischen 1970 und 1990 nahm die Lebenserwartung um 5 Jahre zu, und die Kindersterblichkeit fiel von 50 im Jahr 1971 auf 22 im Jahr 1993.

Was die Schulbildung anlangt, ist Bogotá stolz darauf, daß praktisch alle Kinder im Volks- bzw. Oberschulalter zur Schule gehen.

Schätzungen zufolge soll sich die Zahl der in Armut lebenden Bogotanos ebenso wie die der im Elend lebenden von 1973-1991 drastisch reduziert haben. Wie dem auch sei, diese Behauptungen sind fraglich, und die nationale Wirtschaftsrezession 1998/99 ließ die Armut wieder ansteigen. Im Vergleich mit vielen anderen Städten sind die öffentlichen Dienste recht gut. In den meisten Wohnungen gibt es Strom und 95% haben Wasser. Die sanitäre Versorgung ist weniger gut, nur 85% der Wohnungen haben Kanalanschluß.

In Bogotá gibt es deutlich abgegrenzte soziale Viertel. Die Reichen trachten danach, in den landschaftlich schöneren Gegenden im Norden und Nordwesten zu leben, die Armen leben im weniger begehrten Süden und Südwesten. Da die Stadt nach außen hin gewachsen ist, haben sich auch an der nördlichen und nordwestlichen Peripherie große Armutsgebiete entwickelt. Die Teilung der Stadt in Klassen zeigt sich an den Wohnbedingungen. Die meisten der Armen leben in „self-help"-Behausungen in noch nicht erschlossenen Gegenden. Nur selten besetzen arme Menschen Land; die Amtsgewalt verhindert im allgemeinen solche Landbesetzungen erfolgreich, und die meisten „self-help"-Behausungen liegen in nicht bewilligten Gebieten. Wie bei Invasionen fehlt dem Land Infrastruktur. Der Unterschied zu Invasionen liegt darin, daß die arme Bevölkerung das Land von unrechtmäßigen Besitzern kauft. Nach und nach werden diese Gegenden von den Behörden mit Infrastruktur ausgestattet und viele Häuser, die ausgebaut und verbessert werden, werden vermietet. In den alten Gegenden der Stadt ist Wohnen oft von exzellenter Qualität. Die vielen palastartigen Häuser jedoch werden in vielstöckige Appartementhäuser umgewandelt – die Folge von steigenden Grundstückspreisen und wachsender Angst vor Kriminalität.

Ein zunehmendes Problem ist die Verkehrsüberlastung, die durch das Fehlen einer U-Bahn noch verstärkt wird. Die Zahl der Fahrzeuge steigt täglich, 1993 benutzten 825.000 die Straßen der Stadt. Trotz der Anstrengungen, den öffentlichen Verkehr zu verbessern und die schlimmsten Staustellen zu entschärfen, wird es zunehmend schwieriger, sich in der Stadt zu bewegen.

Die Luftverschmutzung ist nicht so schlimm wie z.B. in Mexiko City, Santiago oder Sao Paulo, obwohl die Verkehrsüberlastung und der schlechte Zustand der meisten Busse das Gehen entlang großer Straßen zu einer unerfreulichen Erfahrung macht. Die industrielle Luftverschmutzung hält sich in Grenzen, was durch das Klima noch weiter begünstigt wird: es ist weder zu heiß, noch treten Inversionswetterlagen auf. Wenn auch die Luftverschmutzung nicht so dramatisch ist, so ist der Fluß Bogotá durch die eingeleiteten Abwässer praktisch tot.

Neben der Armut ist das größte Problem Bogotás die hohe Kriminalitätsrate. Kolumbien ist ein sehr gewalttätiges Land; im Jahr 2000 wurden 25.000 Leute ermordet, was 68 Morden pro 100.000 Menschen entspricht. Diese Rate liegt weit unter dem nationalen Durchschnitt. Trotzdem hat sich die Rate gegenüber 1971 verdoppelt.

Zusammenfassung

Die Meinungen, ob Bogotá als Platz zum Leben schlechter oder besser wird, gehen auseinander. Ohne Zweifel ist die Kompetenz des Managements der Stadt in den letzten Jahren gestiegen, und die Infrastruktur scheint schneller zu wachsen als die Bevölkerung selbst. Bedauerlicherweise kann sich keine Stadt in einem Land gut entwickeln, das mit solchen Problemen wie Kolumbien konfrontiert ist. Zu der sehr ernsten Rezession kommt die durch Drogen und Politik verursachte Gewalt in der Stadt. Solche Probleme machen es für die lokalen Behörden sehr schwierig, die Lebensqualität der Stadt ernsthaft zu verbessern, besonders jetzt, wo Flüchtlinge in die Stadt strömen. In diesem Sinne ist Bogotá eine typische Hauptstadt des 20. Jahrhunderts – sein zukünftiges Wohlergehen hängt in vieler Hinsicht von außerhalb der Stadt bzw. außerhalb Kolumbiens getroffenen Entscheidungen ab. Wenn sich die internationale Wirtschaft bald verbessert, wenn Lateinamerika seinen Anteil am Weltwohlstand vergrößern kann und wenn ernsthafte Anstrengungen unternommen werden, die Nachfrage nach Drogen in der Welt zu kontrollieren, werden Kolumbien und seine Hauptstadt bessere Plätze zum Leben werden.

Alan Gilbert

Die Radaraufnahme bringt den Unterschied zwischen der stark gegliederten Berglandschaft im Osten und Süden und der Hochebene im Westen Bogotás besonders gut zum Ausdruck. Stereoaufnahmen können zur Herstellung digitaler Geländemodelle oder Höhenschichtenkarten verwendet werden.

BUENOS AIRES

Buenos Aires ist der Inbegriff der Expansion: Die Stadt strömt wie eine Flüssigkeit nach allen Richtungen . Eine Stadt ohne Grenzen. Oder besser gesagt eine Hafenstadt; ein Tor, das sich nie schließt.

Alicia Dujovne Ortiz: Buenos Aires, 1995

Buenos Aires, die Bundeshauptstadt Argentiniens, liegt am Südwest-Ufer des Río de la Plata, 280 km vom Atlantik entfernt. Beim neuesten Zensus 1991 zählte man im Bundesdistrikt 2,97 Mio. Einwohner. Heute bildet die Hauptstadt mit den Vororten, die der Provinz Buenos Aires angehören, eine Siedlungsfläche, deren Wachstumsspitzen fingerförmig entlang überregionaler Verkehrsverbindungen in das landwirtschaftlich genutzte Flachland der Pampa ragen. 1991 lebten in Gran Buenos Aires 11,3 Mio. Menschen, knapp 35% der Gesamtbevölkerung Argentiniens.

Die erste Gründung von Buenos Aires im Jahre 1536 – sie hatte das Ziel, einen Handelsweg von der Iberischen Halbinsel zu den Silberminen in Bolivien zu etablieren – scheiterte kläglich. Erst 44 Jahre später waren die Spanier beim zweiten Versuch erfolgreich. Im Vordergrund stand nicht das Auffinden großer Schätze, sondern die Errichtung eines Hafens zur Versorgung der Städte im Landesinnern und das Profitieren am Silbertransport von Bolivien nach Spanien. Doch behielt die Stadt wegen des bestehenden Handelsmonopols von Lima und Sevilla, über die alle Warenlieferungen zwischen Südamerika und Spanien erfolgen mußten, ein provinzielles Gefüge. Erst mit der administrativen Neugliederung der südamerikanischen Kolonien 1776, mit Buenos Aires als Hauptstadt des Vizekönigreiches Río de la Plata und der Liberalisierung des Handels zwei Jahre später konnte die Stadt ihren Standortvorteil als Einfallstor nach Argentinien nutzen. Mit der Einbindung des seit 1816 unabhängigen Landes in die Weltwirtschaft begann der Aufstieg der Stadt zum Kern der heute drittgrößten Agglomeration Lateinamerikas. Verschiedene Faktoren haben zu dieser Entwicklung beigetragen:

Weit dehnt sich Buenos Aires mit seinem rechtwinkeligen Straßensystem in das Hinterland aus.

Buenos Aires liegt am Ende der Mündungsbucht des Rio de la Plata. Drei große Stromsysteme Südamerikas, der Paraná, der Rio Paraguay und der Rio Uruguay treffen hier mit ihren schlammreichen Wassermassen zusammen. Oberhalb der direkt am Ufer der Bucht liegenden Stadt dehnt sich eine weite Amphibienlandschaft aus.

1. Die Beendigung der innenpolitischen Auseinandersetzungen, die Gründung verschiedener Wirtschaftsorganisationen sowie die Verabschiedung des Kolonisationsgesetzes (1876) schufen einen institutionellen Rahmen für Wirtschafts- und Bevölkerungswachstum.

2. Nach der Vernichtung der Indianer 1878/79 erfolgte die Erschließung der Pampa, bei der Neuerungen wie Einzäunung, Getreideanbau oder Gefrierfleischproduktion für Europa arbeitsintensivierend wirkten.

3. Der Ausbau moderner Hafenanlagen und des von Buenos Aires radial ausgehenden Eisenbahnnetzes stärkten die ökonomische, aber auch die politische Vormachtstellung der Hauptstadt.

Zwischen 1904 und 1914 stieg Argentinien zu einer führenden Exportnation für Getreide und Rindfleisch auf und verzeichnete mit jährlich 7% eine der höchsten Wachstumsraten für das reale Bruttoinlandsprodukt in der Welt. Die Prosperität hatte eine Flut von Einwanderern aus Europa zu Folge, vornehmlich Italiener und Spanier, die in Buenos Aires Arbeit suchten. Zählte die Stadt 1880 noch 286.000 Einwohner, so waren es 1914 etwa 1,5 Mio. und 1936 fast 2,5 Mio. Die Immigranten wohnten nach ihrer Ankunft im Süden der Stadt zumeist in *conventillos*, Unterkünften, in denen sie sich entsprechend ihrer Geldmittel ein Zimmer oder ein Bett mieten konnten.

Bereits vor dem I. Weltkrieg war die Fläche der Capital Federal in großen Teilen bebaut, und die Stadt dehnte sich seit diesem Zeitpunkt bis heute mit ihren Wachstumsspitzen entlang der Hauptverkehrsrouten in das Hinterland aus. Die Expansion war nur unter bestimmten Rahmenbedingungen möglich: die Elektrifizierung des Straßenbahnnetzes, steigende Realeinkommen sowie die seit 1904 bestehende Möglichkeit, den Kauf eines Grundstücks und den Bau eines Eigenheims über Kredit zu finanzieren. Erst in den 30er-Jahren wurden auch die Achsenzwischenräume zunehmend verbaut und nach dem II. Weltkrieg immer neue suburbane Räume erschlossen. Zugleich betrieb die Stadtverwaltung ab etwa 1880 eine städtebauliche Umgestaltung des Zentrums. Buenos Aires sollte eine moderne europäische Stadt repräsentieren. An der Ostseite der Plaza de Mayo, des traditionellen Mittelpunktes der Stadt, errichtete man den offiziellen Präsidentensitz, die Casa Rosada. Die Plaza wurde nach Westen durch zwei neu angelegte Diagonalen und die Avenida de Mayo aus dem gleichförmigen Schachbrettgrundriß hervorgehoben. 1929 hatte die Weltwirtschaftskrise gravierende Einschnitte für Wirtschaft und Gesellschaft zur Folge. Die Autarkiebestrebungen in Europa und Nordamerika führten zu einer Verschlechterung der Austauschverhältnisse des Agrarexports. Der Industrieausbau wurde im Zuge der Importsubstituierung durch Zölle und Einfuhrbeschränkungen vorangetrieben. Die Bemühungen lenkten die Investitionen vorwiegend nach Buenos Aires, dem größten Arbeits- und Absatzmarkt des Landes. Damit verschärften sich die regionalen Disparitäten zwischen der Hauptstadtregion und den ländlichen Gebieten im Binnenland, was eine erhöhte Zuwanderung nach Buenos Aires und damit eine fortschreitende Metropolisierung verursachte. Die mittellosen Migranten errichteten kurz nach ihrer Ankunft auf Freiflächen einfachste Hütten, sodaß in den 30er-Jahren mit den Elends-

◁◁
In der Fußgängerzone, wie hier in der Calle Laval, herrscht dichtes Treiben.

◁
Blick in die 130 m breite Avenida de 9. Julio, eine der verkehrsreichen Diagonalen die Buenos Aires durchziehen. Teilweise haben sie eine Länge von mehr als 10 km.

vierteln, bezeichnet als *villa miseria* oder *villa de emergencia*, neben den *conventillos* ein neues Wohnungsmarktelement für untere Einkommensgruppen entstanden ist, die sich vor allem im südwestlichen Umland von Buenos Aires nahe der Industriestandorte ausdehnten.

Nach 1930 formte sich die Stadt zu einer der größten Agglomerationen der Welt. Wohnten 1947 im Umland der Hauptstadt erst 36,9% der 4,7 Mio. Einwohner von Gran Buenos Aires, stieg dieser Anteil bis 1991 kontinuierlich auf einen Wert von 73% an. In die Siedlungsentwicklung griff der Staat nur mit wenigen Vorschriften bzgl. Bodenaufteilung, Bauhöhe oder Infrastruktur ein. Er überließ die Erschließung von Neubauflächen privaten Unternehmen mit der Konsequenz, daß Wohngebiete durchaus neben umweltschädigenden und gesundheitsgefährdenden Industriebetrieben entstanden sind.

Gran Buenos Aires ist heute ein Siedlungskonglomerat ohne klare Nutzungsdifferenzierung, mit wenigen Grün- und Freiflächen, mit langen Pendelzeiten für Erwerbstätige zu ihren Arbeitsplätzen und alltäglichen Verkehrsproblemen. Seit den 60er-Jahren stehen räumlich konzentrierte und funktional definierte Vorhaben, wie die Errichtung des Dienstleistungszentrums Catalinas Norte, das sich auf ehemaligem Hafengelände mit den Hochhäusern und mit dem Sitz mehrerer internationaler Unternehmen baulich und funktional in das Gebiet um die Plaza Libertador einfügt im Vordergrund der Stadtplanung.

Diese Entwicklung setzte sich in den 90er-Jahren weiter fort. Zugleich verschärften sich räumliche wie soziale Differenzierungen. Neben den traditionellen Gegensätzen zum einen zwischen der wohlhabenden Bevölkerung im Nord- und der armen im Südsektor, zum andern zwischen der Hauptstadt und dem Umland brechen neue Grenzen auf, die mit dem Niedergang der Mittelklasse seit

Entwicklung der Stadtfläche

1998

1999

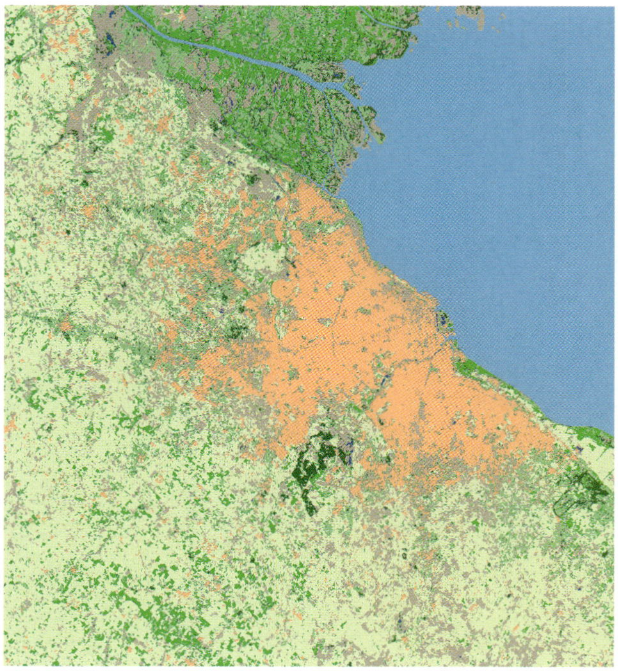

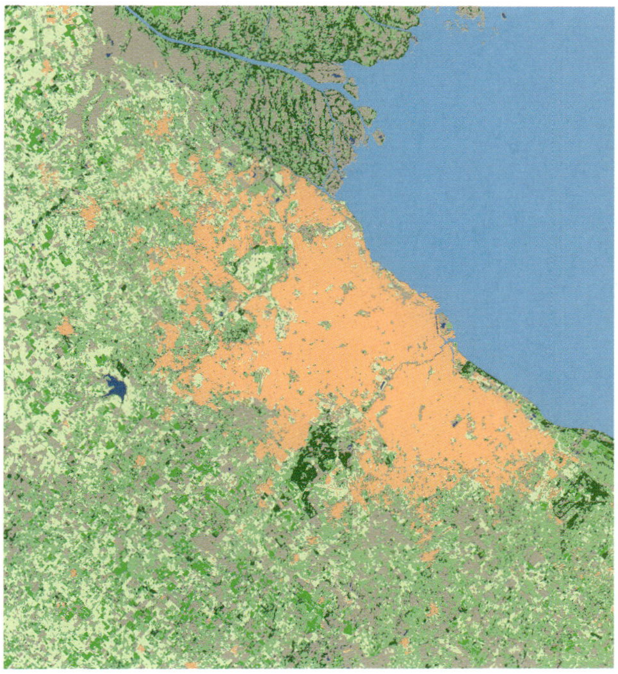

Aus Satellitenaufnahmen der Jahre 1988 und 1999 wurde die jeweilige Siedlungsfläche und die Landnutzung kartiert, um die Veränderungen in einer thematischen Karte darzustellen. Damit können auch Flächenmaße errechnet werden. Es wurden hier 5 zusammenfassende Nutzungsklassen ausgewählt. Die Siedlungsfläche stieg zwischen den genannten Jahren von 111.678 ha auf 128.136 ha. Die errichtete Nutzfläche liegt jedoch wesentlich über dieser Menge, da viele zwei- bis dreistöckige Häuser durch Hochhäuser mit 10 bis 20 Stockwerken ersetzt wurden. Zur Ermittlung des gesamten Bauvolumens können zusätzlich Satelliten-Schrägaufnahmen herangezogen werden. (vgl. S.203).

Die Gliederung der Stadt wird durch die ERS-Radardaten besonders hervorgehoben. Sie entstand durch die Kombination dreier Aufnahmen zu unterschiedlichen Jahreszeiten.

Die nebenstehende Karte verdeutlicht das Wachstum der Stadt von 1988 bis 1999 auf einen Blick. Sie zeigt das oben dargestellte Interpretationsergebnis in kombinierter Form.

der Wirtschaftskrise 1990 und großen städtebaulichen Projekten im Zentrum zusammenhängen:

die Revitalisierung des Hafens Puerto Madero:

Der Puerto Madero, Ende des 19. Jahrhunderts angelegt, war bereits in den 20er-Jahren technisch veraltet, so daß im Norden der Puerto Nuevo gebaut wurde. Das Hafengelände (170 ha) mit seinen vier Docks und den Lagerhäusern aus roten Ziegelsteinen symbolisiert das Goldene Zeitalter Argentiniens vor 1914. Aber erst 1991 wurde ein Wettbewerb für eine neue Nutzung ausgeschrieben. Die über 100 Vorschläge waren Grundlage für den Plan General: Recycling der Fläche, Renovierung der Lagerhäuser und ihre Nutzung für Restaurants, Einzelhandel, Büros und Eigentumswohnungen, die Errichtung von Wohn- und Verwaltungsgebäuden, die Anlage von Grünflächen auf der Ostseite der Docks sowie die städtebauliche Verbindung mit dem südlich anschließenden Küstengebiet.

Renovierung der Galerías Pacífico:

Nach jahrzehntelangem Leerstand wurde das Gebäude Mitte der 90er-Jahre renoviert und seitdem durch hochwertigen Einzelhandel genutzt. Heute ist die Passage in der Fußgängerzone von Buenos Aires wieder ein Anziehungspunkt für die zahlreichen auswärtigen Besucher aus den nahe gelegenen Spitzenhotels.

Beide vorgestellten Projekte, von privaten Investoren finanziert, dokumentieren die Entwicklung hin zu einer fragmentierten Stadt, in der sich die sozialen Unterschiede erheblich verschärfen. Der Glanz z. B. in der Galerías Pacífico gehört zu dieser Megacity, aber genauso auch die 1,5 Mio. oder fast 20% der Einwohner im Umland, die in Armut leben, in Wohnungen ohne fließendem Wasser und ohne sanitäre Einrichtungen. Diese Lebensbedingungen sowie der mangelnde Zugang zur Gesundheitsversorgung äußert sich in den besonders betroffenen Vororten in einer doppelt so hohen Säuglingssterblichkeit wie in der Bundeshauptstadt.

Buenos Aires ist nicht nur die Hauptstadt und die wirtschaftliche Kernregion Argentiniens, sondern auch ein europäisch geprägtes Zentrum in der südlichen Hemisphäre, in dem sich eine eigenständige Kultur entwickelt hat: weltbekannte Schriftsteller, Tango, Asado, Fußball, Cafés, ...

Paul Gans

LIMA

„In welchen Häusern des goldstrahlenden Lima lebten die Bauleute?“

Bertolt Brecht: Fragen eines lesenden Arbeiters

In der Küstenebene von Peru hätte kein günstigerer Platz für die Entwicklung einer Großstadt gefunden werden können als der ausgedehnte und flache Schwemmfächer des Rimac Flußes. Francisco Pizarro wählte 1535 diese Stelle für die Gründung von Lima aus zwei Gründen: zu einem war die Gegend weitläufig und trocken, zum anderen war durch den Fluß die Wasserversorgung der Kolonisten sichergestellt. Darüberhinaus überzeugte die Lage in einer Entfernung von nur 12 km von der Pazifikküste, an einem Platz, der durch die Insel San Lorenzo vor den Ozeanwinden geschützt war und beste Voraussetzungen für einen Hafen bot. Der Hafen von Callao erlangte schnell große Bedeutung als Bindeglied zu den reichen Silberminen des Altiplano. Mit der dualen Anlage als „Haupt- und Hafenstadt“ folgten die Spanier ihrem Prinzip, jede wichtige Kolonialstadt mit dem spanischen Mutterland über einen günstig gelegenen Hafen zu verbinden.

Lima liegt auf 12° südl. Breite auf einer durchschnittlichen Höhe von 150 m über dem Meeresspiegel. Es ist durch ein viel kühleres Klima gekennzeichnet, als man es in dieser Seehöhe erwarten würde – die Durchschnittstemperatur beträgt nur 19° C. Auch die Jahreszeiten sind deutlicher ausgeprägt. Die Winde aus Süden und Osten sind trocken und bringen wüstenhafte Bedingungen an der Küste. Aber als Folge des fallweise auftretenden El-Niño-Phänomens können sich in manchen Jahren starke Regenfälle ereignen, welche in einer Stadt, die nicht mit einem entsprechenden Abwassersystem ausgestattet ist, zur Katastrophe werden. Weiters verringert der Küstennebel, der von Mai bis November auftritt, die Dürre. Dieser *garúa* entsteht aus der kalten Luft über dem Humboldtstrom, welche auf den warmen Kontinent auftrifft. Die meisten der jährlichen Niederschläge von 40 mm stammen daraus. Die peruanische Verwerfung oberhalb der Stadt verursacht schwere Erdbeben und gilt als weitere Bedrohung für die

Die südamerikanische Westküste besitzt nur einen schmalen Küstensaum vor den dahinter hoch ansteigenden Anden. Der Platz für Siedlungen ist sehr gering. Lima, die wichtigste Stadt an der Küste Perus, liegt auf einem weiten Schwemmkegel. Sie entstand an einer der wenigen Stellen, die einen Hafen begünstigen und wo sich ein Weg in das Hochland anbietet. Der schematische Grundriß der Altstadt stammt aus der Kolonialzeit, auch die neuen Stadtviertel sind nach diesem Muster angelegt.

Bevölkerung. Zweimal in der Geschichte, 1687 und 1746, wurde Lima fast vollständig zerstört. Dies ist auch der Grund, weshalb nur einige wenige Kolonialbauten in der Stadt erhalten sind; die meisten Häuser im Kolonialstil wurden in den letzten 200 Jahren rekonstruiert.

Kurze Geschichte

Die Gründung von Lima wird als wichtigster schöpferischer Akt der „Conquistadores" an der Pazifikküste angesehen. An dem Tag, an dem Pizarro seine Gefolgsleute aussandte, um einen geeigneten Platz zu finden, schrieb man den 6. Jänner; somit nannte er die Stadt „Ciudad de los Reyes" (Stadt der Heiligen Drei Könige). Aber die Bezeichnung Lima, eine Variation des Flußnamens Rimac, wurde schon bald zum gebräuchlichen Namen der Stadt. Für mehr als 300 Jahre übernahm Lima zentrale Funktionen für die spanischen Kolonien, die sich weit über das Gebiet der heutigen Republik ausgedehnt hatten. Der Oberste Gerichtshof (seit 1542), der Sitz des Erzbischofs (1541), die erste Universität der Kolonien (1551), das Münzamt (1565), die Druckerei (1558), das älteste Theater Südamerikas (1563) und das Handelsmonopol machten Lima vom 16. bis zum 18. Jahrhundert zu einer der reichsten Städte der Welt.

Bevölkerungsentwicklung und Wachstum der Stadt

Mehr als die Erdbeben war der Niedergang der Wirtschaft in der Spätkolonialzeit und die folgende Unabhängigkeit für die Bevölkerungsentwicklung im 19. Jahrhundert hinderlich. Die erste Volkszählung 1647 verzeichnete 25.000 Einwohner; 1875 war die Schwelle von 100.000 Bürgern erreicht. Im 20. Jahrhundert veränderte sich die ethnische Struktur stark. Der Prozentsatz der Bevölkerung mit afrikanischem Ursprung sank von 30% um 1570 auf lediglich 1,8% um 1940; der Anteil der indianischen Bevölkerung fiel von 60% auf 4%; weitere 3,6% waren asiatischen Ursprungs, während 90% Weiße und Mischlinge waren. 1940 überstieg die Bevölkerung von „Greater Lima" die Zahl von 600.000. Zu dieser Zeit setzte ein explosives demographisches Wachstum in Lima ein, und die letzte Volkszählung 1993 ergab 6,4 Mill. Einwohner.

Während die erste Urbanisierungsperiode (19. Jhd.) durch Einwanderer aus Europa und Asien gekennzeichnet war, ist die zweite Periode stark durch Landflucht, v. a. aus der Sierra-Region, woher 70% der Zuwanderer stammen, beeinflußt. Die Agrarreform von 1969–75 konnte den Bevölkerungsdruck aus der Sierra-Region nicht abschwächen. Die armen Zuwanderer belegten zuerst Wohnungen in der Innenstadt, die die reicheren Schichten zugunsten der neuen eleganten Viertel von San Isidro und Miraflores aufgegeben hatten. Die alten Patio-Häuser wurden in innerstädtische Slums, die sog. *tugurios* oder *callejones*, umgewandelt. Aber diese Gebiete waren bald überfüllt, und vor dem Zweiten Weltkrieg entstanden in der Peripherie die ersten neuen „wilden" Siedlungen, die *barriadas*. Heute sind diese „Illegalen" die größte sozioökonomische Gruppe der Limeños; sie bilden rund 3/4 der Stadtbevölkerung. Seit den 70er-Jahren werden die ehemaligen *barriadas* „junge Städte" – *pueblos jovenes* – genannt. Aber es gab nicht nur eine Migration der armen Limeños in die Randgebiete, auch die höheren Schichten zogen vom Stadtzentrum in die Umlandgebiete, zuerst nach San Isidro und Miraflores, dann auf die Hänge der umliegenden Berge. La Molina ist das bekannteste unter den gehobenen Wohngebieten.

Die Agglomeration von Lima hat heute eine Ausdehnung von 60 km in Nord-Süd-Richtung und rund 20 km in West-Ost-Richtung. Im Norden breiten sich neue *pueblos jovenes* auf den Hügeln aus, und im Süden hat die große „junge Stadt" Villa El Salvador bereits das benachbarte Lurín Tal erreicht.

Die Versorgung der wachsenden Bevölkerung mit Trinkwasser wird für die Stadtverwaltung zusehends zur wichtigsten Aufgabe. Über Rohrleitungen wird das kostbare Naß von der Sierra hergeleitet. Aber auch Lösungen für die Abwasserbeseitigung, die Müllentsorgung, den öffentlichen Verkehr und die allgemeine Verschmutzung müssen gefunden werden. Soziale Probleme wie die Kluft zwischen Arm und Reich, Analphabetismus und Bildung, die Schaffung von Arbeitsplätzen und das Verhindern von Kriminalität sind weitere Probleme, die nach effektiven Lösungen verlangen.

Vorrangstellung und Wirtschaftsstruktur

Zu einem gewissen Grad sind all diese Probleme eine Folge des stetigen Wachstums der Megacity. Über ein Viertel der Peruaner (25,5%) leben in der Hauptstadt. Mit 63% der industriellen Wertschöpfung ist Lima der Hauptindustriestandort des Landes. 53% der Arbeitsplätze im Handel und 55% der Arbeitsplätze in der öffentlichen Verwaltung konzentrieren sich hier.

Axel Borsdorf

▷ *„Wilde" Siedlungen, sog. barriadas oder „junge Städte" in der Peripherie; sie entstanden vor dem II. Weltkrieg.*

▷▷ *Der Präsidentenpalast – Sitz des peruanischen Präsidenten in Lima.*

MEXIKO-STADT

"In Mexiko beginnt
das Leben
jeden Tag aufs Neue."

Rodolfo Usigli

Mexiko-Stadt liegt in einem flachen vulkanischen Hochtal ca. 2240 m über dem Meeresspiegel, umgeben von hohen Bergen und Vulkanen, die sich weitere 3000 m über die Talsohle erheben. In dieser typischen „Primate City" leben beinahe 20% der Bevölkerung Mexikos. Mit einer Gesamtbevölkerung von 18 Mio. im Großraum Mexiko-Stadt im Jahr 2000 hat es unter den Megastädten der Welt nach Tokyo den zweiten Platz inne. Schon immer war Mexiko-Stadt eine der größten Städte des amerikanischen Kontinents: hatte es im Jahr 1910 noch 560.000 Einwohner, waren es 1930 bereits 1,1 Mio., und seitdem verdoppelte sich seine Einwohnerzahl etwa alle 15 Jahre, um 2,95 Mio. im Jahr 1950, 8,6 Mio. im Jahr 1970 und 15,2 Mio. im Jahr 1990 zu erreichen. Während der ersten Jahrzehnte basierte diese Bevölkerungsentwicklung vornehmlich auf der Landflucht. Besonders jüngerer Männer und Frauen zog es in die Stadt. Erst in den 80ern kam es sowohl landesweit als auch in Mexiko-Stadt zu einem Umbruch in der demographischen Entwicklung: die Wachstumsrate fiel landesweit in den 70er-Jahren von 3,3% auf 1,9%; in Mexiko-Stadt sank sie sogar noch weiter.

Um 1960 dehnte sich die bebaute Fläche weiter in den umliegenden Bundesstaat Mexiko aus – zunächst im Westen der Stadt die Hügel hinauf, dann im Osten und Nordosten in die unfruchtbaren Sumpfgebiete, die einst zum Texcoco See gehörten (im nordöstlichen Quadranten des Satellitenbildes ist ein Teil des stehenden Gewässers noch deutlich sichtbar). 1970 lebten noch ca. 80% der Stadtbevölkerung im Bundesbezirk, 2000 waren es nur noch 50%. Die Gesamtfläche der Metropolitanregion betrug 1970 noch 722 km² bei einer durchschnittlichen Bevölkerungsdichte von 120,5 Einwohnern pro Hektar,

▷
Bodenbedeckungskarte abgeleitet aus nebenstehender Satellitenaufnahme.

▷▷
Die IRS-Liss Aufnahme vom 22. November 1996 zeigt die Landschaft in naturnahen Farben.

während sie im Jahr 2000 auf 1460 km^2 bei einer durchschnittlichen Dichte von 115,9 Einwohnern pro Hektar geschätzt wurde. Im internationalen Vergleich sind diese Dichtewerte beachtlich – sie entsprechen ungefähr denen von Tokyo – und beinahe doppelt so hoch wie in New York. Während der letzten dreißig Jahre lagen die Wachstumspole vorwiegend in den Peripheriegebieten. Besonders in den ärmeren Vororten im Osten begann die Zunahme häufig mit wenig dichter, illegaler Bebauung. Mittlerweile weisen auch diese Gebiete eine hohe Bevölkerungsdichte auf, da viele Wohnungseigentümer weggezogen sind und ärmere Familien ihre Mietwohnungen mit Verwandten teilen.

Seit mehr als zwei Jahrzehnten gehen die Einwohnerzahlen in Vierteln des historischen Stadtzentrums zurück, einerseits aufgrund der Abwanderung in die Vororte, andererseits wegen des (buchstäblichen) Zerfalls der Bausubstanz – insbesondere seit den katastrophalen Erdbeben im Jahr 1985 kommt es immer wieder zu Einstürzen. Die armen Schichten wohnen vorwiegend in den Slums der Stadtmitte und in den mehr oder weniger illegalen Siedlungen im Osten und Nordosten, während sich die Wohlhabenden im Süden und Westen der Stadt angesiedelt haben.

Das schnelle flächenmäßige Wachstum der Stadt hat dazu geführt, daß sich in Mexiko-Stadt, wie in den meisten Metropolen Lateinamerikas, das bebaute Gebiet über mehrere Verwaltungsbezirke ausdehnt; genau genommen über 16 Unterbezirke innerhalb des Bundesbezirks und über 38 Gemeinden, von denen alle bis auf eine im umliegenden Bundesstaat Mexiko liegen. Zwar bestehen auf höheren Verwaltungsebenen gewisse Möglichkeiten der Koordination und der raumübergreifenden Planung (auf Landes-, Bundesstaats- und Bundesbezirksebene), doch entspricht keine verwaltungstechnische Raumaufteilung der eigentlichen Metropolitanregion. Ob es zur Einrichtung einer Behörde kommen wird, die mit Kompetenzen für stadtweite Planung auf Makroebene ausgestattet sein wird, um so effektive Verbesserungen auf den Gebieten der Infrastruktur, des Verkehrs, des Umweltschutzes etc. zu ermöglichen, ist nicht abzusehen.

Die Eingliederung von Mexiko-Stadt in die globale Wirtschaft

Das wirtschaftliche Profil von Mexiko-Stadt hat sich innerhalb der letzten drei Jahrzehnte von Grund auf verändert. Hatte sie zunächst aufgrund der importsubstituierenden Industrialisierung (50er- bis in die 70er-Jahre) eine landesweit führende Position inne, so war die Metropolitanregion vom Umschwung in den 80ern, als das Land sich in Richtung Exportwirtschaft umorientierte, dementsprechend stärker betroffen als die meisten anderen mexikanischen Städte. Besonders der Bundesbezirk litt sehr unter dieser Entwicklung, da es zu einem Rückgang der Arbeitsplätze im produzierenden Gewerbe kam, weil viele größere Unternehmen ihre Produktionsstätten in umliegende Bundesstaaten oder in den Norden Mexikos verlegten.

Dennoch hat sich Mexiko-Stadt wirtschaftlich gesehen wieder weitgehend erholt, sowohl von der Krise in den 80ern als auch von der wirtschaftlichen Flaute von 1995/96. Dieser wirtschaftliche Aufschwung scheint zwei wesentliche Gründe zu haben: zunächst die Umstrukturierung, die eine Effizienzsteigerung des Produktionssektors zur Folge hatte, der zwischen 1993 und 1997 eine Wachstumsrate von beinahe 3% aufweisen konnte. Zweitens ist der Dienstleistungssektor in Mexiko-Stadt beträchtlich gewachsen, sodaß er nun anteilsmäßig sowohl am Bruttoinlandsprodukt als auch an der Beschäftigung an erster Stelle liegt. Doch der Aufschwung hatte kaum Auswirkungen auf den Arbeitsmarkt.

Wie in den meisten Großstädten, besonders in Ländern der Dritten Welt, ist der Großteil der Bevölkerung von Mexiko-Stadt arm. Außer in Zeiten akuter Wirtschaftskrisen sind die Arbeitslosenzahlen recht niedrig – die Einwohner müssen Arbeit finden, um überleben zu können. Einen relativ hohen Anteil der Erwerbstätigen stellen Frauen (ca. 39% im Jahr 1998), wobei dieser Anteil während der Krisenjahre 1982–88 stark angestiegen ist. Das durchschnittliche Pro-Kopf-Einkommen ist sehr unterschiedlich, liegt aber im Allgemeinen unter USD 4.000 im Jahr. Dabei sollte auch beachtet werden, daß die große Mehrheit weit weniger verdient: durchschnittlich weniger als die Hälfte dieser Summe oder ca. USD 7 am Tag.

Überleben oder gut leben? Die Lebensqualität in Mexiko-Stadt

Nur wenige Bewohner von Mexiko-Stadt haben das Glück, eine Sozialwohnung zu bekommen, und das oben erwähnte Durchschnittseinkommen schließt offizielles Wohnungseigentum fast völlig aus. Daher haben viele Einwohner über die letzten vierzig Jahre mittels Selbst-

Mexico City liegt auf einer Hochebene mehr als 2.000 m über dem Meeresspiegel.

hilfe unter der Hand Eigentum an ihren Unterkünften erworben. Landerwerb wird erschwinglich, was einerseits daran liegt, daß der Verkauf nicht offiziell vor sich geht, und andererseits am schlechten Zustand der Parzellen, die meist nicht infrastrukturell erschlossen sind. Zwischen 50% und 60% der bebauten Fläche ist illegal bebaut worden. Es ist zu beobachten, daß diese Viertel durch ein Zusammenspiel von familiärer Selbsthilfe, nachbarschaftlicher Unterstützung sowie staatlicher Maßnahmen zur Qualitätsverbesserung nach und nach in die Stadt integriert werden. So wurde die Stadt über die letzten 2-3 Jahrzehnte um großflächige Arbeiterviertel erweitert. Die meisten Wohnungen (über 99%) verfügen heute über Elektrizität, doch über ein Drittel haben kein fließendes Wasser, und oft gibt es keine angemessenen sanitären Einrichtungen.

In Zukunft wird die Stadtverwaltung von Mexiko-Stadt verstärkt auf die Aufwertung oder Sanierung der bestehenden Bausubstanz achten müssen, um zu vermeiden, daß diese Viertel, die in der Vergangenheit keine Slums waren, sich auch nicht in Zukunft zu solchen entwickeln. Darüber hinaus kann oder will nicht jeder ein eigenes Haus oder eine Wohnung besitzen, und viele Einwohner suchen vergeblich nach bezahlbaren Wohnungen in den Vierteln, in denen sie aufgewachsen sind.

Ob zu Recht oder zu Unrecht – Mexiko-Stadt steht im Ruf, eine der unattraktivsten Großstädte überhaupt zu sein, und auch die meisten Einwohner finden wenig

Diese Aufnahme des europäischen ERS Satelliten zeigt deutlich die morphologischen Strukturen und Entwässerungssysteme der umgebenden Vulkane.

Gründe, sich langfristig in der Stadt niederzulassen. Selbst Alteingesessene stören sich zunehmend an scheinbar unlösbaren Problemen wie Verkehrsüberlastung, Umweltverschmutzung und Kriminalität. Zwar sollten diese durchaus ernsten Schwierigkeiten keinesfalls heruntergespielt werden, doch lohnt sich die Frage, ob sich die Situation in den letzten Jahrzehnten wirklich maßgeblich verschlechtert hat. In manchen Bereichen ist dies sicherlich der Fall, jedoch wurden in anderen Gebieten auch beträchtliche Fortschritte erzielt.

Aufgrund der topographischen Besonderheit und der starken Luftverschmutzung durch Verkehr und Industrie, leidet Mexico-City unter Inversionswetterlagen. Seit mehreren Legislaturperioden wurden allerdings effektive Maßnahmen ergriffen, um den Grad der Umweltverschmutzung zu reduzieren, indem Schadstoffemissionen im Transportwesen begrenzt und Fabriken mit hohem Schadstoffausstoß geschlossen wurden. Hinzu kommt das zunehmende Umweltbewußtsein der Bevölkerung. Vorausgesetzt, daß weiterhin Fortschritte in dieser Richtung gemacht werden, wurde eine größere Umweltkatastrophe vermutlich abgewendet. Außerdem mildert die demographische Entwicklung das Problem der Wasserversorgung und Abwasserentsorgung, sodaß die Schwierigkeiten nicht so unüberwindlich sind, wie sie einst schienen.

Die ökologische Instabilität wird durch natürliche Faktoren verschärft – durch Ausbrüche der umliegenden Vulkane (z.B. Anfang 2001), und mehr noch durch verheerende Erdbeben. Diese kommen recht häufig vor, wobei es immer wieder zu großen Katastrophen wie im Jahr 1985 kommen kann, als große Teile der Innenstadt zerstört wurden und Schätzungen zufolge 20.000 Menschen starben.

Die Transport-Systeme werden sich mit großer Wahrscheinlichkeit weiter verbessern, obwohl noch umfangreiche kurzfristige Maßnahmen notwendig sind, um die Planung auf Stadtebene zu optimieren. Der Bundesbezirk verfügt über ein ausgezeichnetes und billiges U-Bahn-System, doch besteht Bedarf, insbesondere in den mittleren Einkommensschichten die Attraktivität des öffentlichen Personen-Nahverkehrs zu steigern.

Aus architektonischer Sicht bietet Mexiko-Stadt ein reichhaltiges kulturelles Erbe. Das historische Zentrum von Mexiko-Stadt wurde von der UNESCO zum Weltkulturerbe ernannt. Zumindest bisher haben es die meisten mexikanischen Architekten weitgehend vermieden, ihre Designs mit oberflächlichen postmodernen Elementen der Trivialität anheim zu geben, sondern ließen sich vielmehr vom traditionellen einheimischen Stil inspirieren, den sie dem modernen, internationalen Geschmack hinzufügten. Während Mexiko-Stadt viele Attribute einer modernen und relativ gehobenen internationalen Hauptstadt aufweist, muss auch anerkennend erwähnt werden, daß es den Kontakt zu seiner Vergangenheit nicht hat abbrechen lassen.

Mexiko-Stadt stellt sich der Herausforderung der Globalisierung mit zunehmendem Erfolg. Seine Größe, seine wirtschaftliche und demographische Dynamik, und die sich herausbildende Fähigkeit seiner Verwaltung, aktiv zu planen und zu handeln anstatt nur auf die Gegebenheiten zu reagieren, erlauben die optimistische Einschätzung, daß die Stadt überleben wird, auch wenn es ihr manchmal nicht gut geht. Der Einfallsreichtum, der Arbeitswille und das Wohlwollen seiner Einwohner sind und bleiben seine wichtigsten Ressourcen.

Peter Ward

Zocalo von Torre Latino Americana aus gesehen.

RIO DE JANEIRO

Zuckerhut – Copacabana, favelas – Luxusghettos, Karneval – tropische Traummetropole (trotz Drogen, Gewalt, chaotischen Wachstums- und Verkehrsproblemen): das mag plakativ ungefähr die Spannbreite der Assoziationen bei der Nennung des Namens „Rio" kennzeichnen.

Geschichte, Entwicklung und Bedeutung dieser 10 Mio.-Megastadt werden vor allem durch drei Eckdaten bestimmt:

die Übernahme der Hauptstadtfunktionen 1763 von Salvador (Bahia), die Privilegierung als (zeitweiliger) Sitz des portugiesischen Königs und später der brasilianischen Kaiser (1808–1889) und 1960 die Verlagerung der Hauptstadt nach Brasilia. Dieser Verlust an politischer Macht schwächte Rio erheblich, das in der ersten Hälfte des 20. Jahrhunderts zweifellos die einzige Stadt Brasiliens mit weltstädtischem Charakter war. Auch das bisher bestehende relative Gleichgewicht zwischen Rio und São Paulo ging in diesem Zusammenhang verloren, und São Paulo stieg zur dominierenden Wirtschaftsmetropole in Brasilien und Lateinamerika auf.

Physische Lage- und Wachstumsparameter

Wenig nördlich des südlichen Wendekreises ist dem Steilabfall der Serra do Mar die bis zu 50 km breite Küstenebene der Baixada Fluminense vorgelagert, aus der sich rundliche Felshügel (morros) und einzelne kleine, isolierte Gebirgsmassive erheben, von denen z. B. im Süden das 1.021 m hohe Tijuca-Massiv eine Grundfläche von ca. 100 km² einnimmt und steil zur Küste abfällt. Nahezu 30 km greift die 400 km² große Guanabarabucht, sich nach innen erweiternd, in die Küstenebene ein. Zahlreiche Landzungen und über 70 größere und kleinere Inseln verleihen ihr das typische Gepräge einer Tieflandsbucht.

Drei Lageparameter bestimmen entscheidend das räumliche Wachstum bzw. die entsprechenden Ausdehnungsrichtungen Rios und seine sozialräumliche Differenzierung: die Lage an der Guanabarabucht, die – außerhalb der Hafenanlagen, des Stadtflughafens und öffentliche

Wahrscheinlich der bekannteste Strand der Welt: Copacabana. Der sichelförmige Strand (4,5 km) liegt vor einer der am dichtesten bevölkerten Wohngegenden. Im Hintergrund sind die Granitberge, die den Eingang der Bucht säumen, zu sehen.

Einrichtungen – weitgehend von Pfahlbaufavelas (palafitos) gesäumt ist; dann die durch die Küstenströmungen geschaffenen Nehrungen, die sich vom Zentrum erst nach Süden (Flamengo, Botafogo), anschließend dann nach Westen ausdehnen (Copacabana-Barra da Tijuca) und die über 35 km bevorzugte Wohn-, Bade-, Spiel- wie Promenierzonen darstellen; letztlich die morros, deren Hänge im wesentlichen Standorte für favelas sind (vom Ursprung her: illegale Marginalsiedlungen), deren erste große bereits 1897 entstand. Favelas gibt es, reliefbedingt, sowohl nahe der City als auch inmitten der Wohngebiete des von der Oberschicht bevorzugten Südens. Rio ist so durch eine stark gekammerte sozialräumliche Segregation charakterisiert.

Bevölkerungs- und Siedlungsentwicklung

Rio war bis 1906 die größte Stadt Lateinamerikas (811.444 Ew.) und bis Mitte der 50er-Jahre des 20. Jahrhunderts die größte Stadt Brasiliens. Die Hauptwachstumsphase lag, aufgrund der enormen Zuwanderungen in der Stadt selbst in den 50er- und 60er-Jahren, während sie in der 1974 gegründeten Area Metropolitana bis in die 80er- Jahre anhielt, um dann aber deutlich unter den brasilianischen Durchschnitt zu sinken, was vor allem (bei drastisch sinkenden Investitionen) auf die wirtschaftliche Entwicklung zurückgeführt werden kann. Rio ist die am langsamsten wachsende Megastadt der Dritten Welt.

Das ursprüngliche Zentrum Rios lag ca. 3,5 km südöstlich des Hafens, in der Küstenebene zwischen z. T. befestigten morros. Diese wurden Anfang des 20. Jahrhunderts abgetragen, um Platz für den planmäßigen Ausbau der Innenstadt zu gewinnen. Mit den Erd- und Felsmassen schüttete man flache Lagunen zu, um weitere Bauflächen zu schaffen. Das Flächenwachstum vollzog sich vor allem in westlicher und nordwestlicher Richtung überwiegend auf durch Entwässerungskanäle trockengelegtem Baugrund. Mit Beginn der „Kaiserzeit“ begann die Siedlungsentwicklung nach Süden (Gloria, Catete); auch Copacabana wurde schon durch Ferienwohnhäuser der Oberschicht z. T. einbezogen. Die eigentliche Wasserfront war aber um diese Zeit noch nicht attraktiv, sondern kam erst Ende des 19. Jhs. „in Mode“ (Flamengo, Botafogo), vermehrt dann in der ersten Hälfte des 20. Jhs. (Copacabana), um später sukzessiv weiter nach Westen auszugreifen (Ipanema, Leblon, São Conrado, Barra da Tijuca und heute in Recreio dos Bandeirantes eindringend).

Um die Verkehrsprobleme der Innenstadt zu lösen, legte man – bei rigorosem Abriß alter Bausubstanz – zu verschiedenen Zeiten Durchbruchstraßen an. Die bekanntesten sind die 53 m breite Avenida Rio Branco (das Rückgrat der City), die 7 km lange Avenida Beira Mar, die als 12-spuriger Strandboulevard von der Rio Branco zum Zuckerhut führt, sowie die 90 m breite Avenida Présidente Vargas, an der nur Hochhäuser mit mindestens 22 Stockwerken stehen. Neue Stadtschnellstraßen aus den 90er-Jahren (u.a. Linha Vermelha, Linha Amarela) verbinden bestimmte Außenbezirke mit der Innenstadt.

Rios planmäßige Siedlungsentwicklung – gerade auch die schnell wachsenden Mittelschichtviertel und die des sozialen Wohnungsbaus betreffend – vollzog sich in der flachen Küstenebene, auf den Nehrungen und auf den Sohlen der aus den Randgebirgen austretenden Täler. In z. T. recht schmalen, gewundenen Häuserzeilen schoben sich – nach außen immer mehr verzweigend – die Wachstumsspitzen Rios fingerförmig zwischen den einzelnen Höhenrücken (morros) hindurch, deren Hänge die bevorzugten favela-Standorte sind. Rio präsentiert sich so mit einem unregelmäßigen, stark zergliederten Grundriß, der zwischen steil abstürzenden, mit Wald bedeckten Bergen oder kahlen Felsen (morros) und dem Meer eingeklemmt ist, wobei große Schwierigkeiten bestehen, diese natürlichen Hindernisse zu überwinden.

Funktionale und sozialräumliche Differenzierung

Die Konzentration des Tertiärsektors in der City von Rio sowie in der Stadtgemeinde als Ganzes hat in der zweiten Hälfte des 20. Jahrhunderts durch die Entstehung von Sub-

Das Ikonos-Bild zeigt die Guanabara Bay mit dem Zuckerhut (Pão de Açúcar). Südlich davon erstreckt sich der Stadtteil Copacabana mit seinen berühmten Stränden.

Der Inlandsflughafen Santos Dumont liegt nur 12 km vom Stadtzentrum entfernt und in unmittelbarer Nähe zu den weltbekannten Stränden Rios.

Die Megacity liegt an einem der schönsten Plätze der Welt, hineingezwängt zwischen Ozean und steilabfallende Berge.

Die Christusstatue am Corcovado sieht auf die Megacity, die Lagoa Rodrigo de Freitas und den Zuckerhut im Hintergrund hinab.

zentren einerseits in verschiedenen Stadtteilen, andererseits auch in den Area Metroplitana (z.B. Nova Iguaçu im Norden und Niterói im Osten; 1996: 0,8 bzw. 0,5 Mio. Ew.) ständig abgenommen. Wesentlich gefördert wurde die Entwicklung der Subzentren durch die Vertikalisierung im Wohnsektor, d.h. durch eine hohe Bevölkerungsdichte in verschiedenen Teilen der Area Metropolitana.

Große, zusammenhängende Industrieviertel sind in der Stadtgemeinde selbst nicht deutlich ausgeprägt. Man findet Industrieflächen hauptsächlich westlich der Altstadt, vom Hafen bis zum Fuße des Tijuca-Massivs. Schwerindustrie konzentriert sich östlich der Guanabarabucht in der Gemeinde Niterói, die seit 1974 durch eine 13,8 km lange Autobahnbrücke mit Rio verbunden ist und gleichzeitig ein wichtiger Pendlervorort, vor allem der Mittelschicht, für in Rio Beschäftigte darstellt.

Die sozialräumliche Differenzierung ist durch die extreme Dichotomie zwischen favelas und Luxusghettos charakterisiert. Favelas sind nicht die einzige Form von Armensiedlungen in Rio, aber sicherlich die, die das Stadtbild am nachhaltigsten prägen. Während sie in der Südzone die steilen Hänge hinaufreichen und in der Kernzone von Rio die Morros besetzen, dehnen sie sich an der Peripherie scheinbar endlos in die Ebene aus. Favelas unterscheiden sich sehr hinsichtlich ihrer Bausubstanz und sozioökonomischen Struktur. Im Anfangsstadium bestehen sie aus Blech, Brettern, Plastikplanen etc. erbauten Hütten. In vielen favelas der Stadtgemeinde dominieren aber Steinhäuser, z. T. sogar 3–4-geschossige Bauten, und diese Siedlungen weisen ein hohes Maß an infrastrukturellen Einrichtungen auf, d.h. sie sind konsolidiert. Daher ist es schwierig, die genaue Zahl der favelas und ihrer Bewohner anzugeben. Für die Stadtgemeinde schwankte 1996 der Anteil der favela-Bewohner an der Gesamtbevölkerung zwischen 17 % und 36 %.

Wie in allen lateinamerikanischen Großstädten ist auch in Rio die sukzessive Verlagerung und Degradierung von Oberschichtvierteln festzustellen; hier zunächst vom Zentrum entlang der Küste nach Süden, dann nach Westen umbiegend. Während Flamengo, Botafogo und auch Copacabana deutlich an Wohnqualität eingebüßt haben, stellen Ipanema, Leblon und Barra da Tijuca heute die elitärsten Wohnviertel dar. Vollkommenster Ausdruck der Bodenpreise und der Selbstsegregation sind die hermetisch abgeschlossenen condomínos fejados oder exlusivos: ummauerte Ensembles von Appartementhochhäusern, z. T. auch von Einfamilienhäusern, mit Freizeit- und Sportanlagen, die von privaten Sicherheitsdiensten bewacht werden. Diese sozialräumliche „Zweiteilung" wird sich verschärfen und die weitere räumliche Entwicklung Rios entscheidend beeinflussen.

Günter Mertins

SÃO PAULO

Der Kernbereich von São Paulo wurde zweimal im Lauf der vergangenen hundert Jahre vollständig wieder aufgebaut. Zuerst wurden die ursprünglichen Häuser aus Adobeziegeln der Provinzstadt durch die Herrenhäuser aus der Ära des Kaffeebooms ersetzt. Bald danach mußten sie dem Meer von Hochhäusern des wichtigsten lateinamerikanischen Wirtschaftszentrums weichen.

Nach den neuesten Schätzungen der UN rangiert der Großraum São Paulo mit 17,76 Mio. Einwohner (2000) unter den Megastädten der Erde an 4. Stelle. In der brasilianischen Statistik wird er als Região Metropolitana São Paulo (Groß-São Paulo) bezeichnet. Der Ballungsraum läßt sich in die Kernstadt (Munizip São Paulo) und den suburbanen Raum gliedern. Im Munizip São Paulo leben auf einer Fläche von 1.509 km^2 ca. 10,4 Mio. Einwohner, woraus sich eine mittlere Bevölkerungsdichte von 6.896 Ew./km^2 errechnet. Der suburbane Raum umfaßt 6.542 km^2 und zählt ca. 7.149 Einwohner (Bevölkerungsdichte: 1.093 Ew./km^2). Die Metropolitanregion São Paulo hat zwar nur einen Anteil von 11% an der brasilianischen Bevölkerung, jedoch werden hier ca. 25% des Produktionswertes der Industrie erzeugt.

Geschichtliche Entwicklung

São Paulo gehört zu den ältesten Siedlungen Mittelbrasiliens und hat im 16. und 17. Jahrhundert eine wichtige Rolle für die Erschließung der Kolonie gespielt, bevor es im 18. Jahrhundert zur Bedeutungslosigkeit absank und 1870 nur mehr 28.000 Einwohner hatte. Erst der Kaffeeboom, verbunden mit einer starken Einwanderung aus Europa, und die nachfolgende Industrialisierung leiteten den stürmischen Aufstieg der Stadt ein.

Um die Jahrhundertwende war São Paulo nicht nur Zentrum des größten brasilianischen Kaffee-Anbaugebietes. Aufgrund der günstigen Verkehrslage und des gesünderen Klimas steuerte die Stadt sehr bald auch den gesamten Kaffeeexport. Zwischen 1890 und 1900 ist São Paulo jährlich um 14% gewachsen. Ein zweiter Wachstumsschub erfolgte in den 30er- und 40er-Jahren mit den Anfängen der importsubstituierenden Industrialisierung. Bereits im

Der Hafen von Santos. Ehemals hauptsächlich Kaffeehafen, heute größter Containerhafen Brasiliens.

São Paolo liegt in einem Tertiärbecken des Rio Tietê. Enorme Bevölkerungsdruck ließ die Stadt bis an die umgebenden Hänge wachsen (z. B. Serra de Cantareira im Norden). Am unteren Bildrand die für die Wasserversorgung wichtigen Stauseen des Guarapiranga und des Rio Grande.

Die Skyline unterstreicht São Paulos Stellung als Industriepol und Finanzzentrum.

Jahr 1940 war Rio de Janeiro hinsichtlich des Produktionswertes der Industrie übertroffen und die Schwelle von 1 Mio. Einwohner deutlich überschritten.

Der einmal eingeleitete Industrialisierungsprozeß wirkte dann selbstverstärkend, und es wundert nicht, daß São Paulo auch von der vermehrt auf Exporte ausgerichteten Industrialisierungspolitik der Militärregierung seit den 1960er-Jahren am stärksten profitierte. Jetzt wurde der Großraum zu einem Magneten des Auslandskapitals und zum führenden brasilianischen Standort im Fahrzeugbau, der elektrischen und pharmazeutischen Industrie. Viele multinationale Konzerne haben Zweigniederlassungen und Fertigungsstätten in São Paulo. Die zunehmende Industrialisierung ging mit einem starken Anstieg der Einwohnerzahlen einher. Insbesondere aus dem „Armenhaus" Brasiliens, dem Nordosten, strömten viele Menschen in den industrialisierten Südosten, ganz besonders nach São Paulo, weil sie sich davon einen Arbeitsplatz und bessere Lebensbedingungen versprachen.

Polarization reversal – Umbruch in der städtischen Entwicklung?

Die Einwohnerentwicklung der 80er- und 90er-Jahre gibt Hinweise auf einen Umbruch in der städtischen Entwicklung. Die Zuwachsraten von Munizip und auch der Região Metropolitana gehen zurück. Die neuen Wachstumspole, die schnell an Bevölkerung gewinnen, liegen zwar noch innerhalb São Paulos, jedoch weit außerhalb der geschlossen bebauten Fläche und inmitten eines agrarischen Umlandes. Im Satellitenbild sind die Kerne einer nördlichen (Jundiaí, Campinas, Limeira) und einer östlichen Achse (São José dos Campos im Paraíbatal) gut zu erkennen. Darüber hinaus bleiben auch große Teile der Küstenregion bevorzugte Wanderungsziele. Verschiedene Ballungsnachteile bilden die Hauptursache für die beobachtete Trendumkehr. Im Einzelnen sind dies:

- steigende Verkehrsprobleme im Großraum São Paulo bei gleichzeitigem Ausbau des überregionalen Straßennetzes,
- mangelnde Flächenverfügbarkeit in São Paulo, verbunden mit hohen Bodenpreisen und zunehmenden Umweltauflagen, bei vielfältigem Angebot gut erschlossener Flächen und steuerlichen Vergünstigungen an konkurrierenden Standorten außerhalb,
- relativ hohe Löhne im Ballungsraum bei gestiegenem Angebot an qualifizierten Arbeitskräften in den neuen Wachstumspolen.

Trotz teilweiser Verlagerung der Produktion nach außen bleiben jedoch Entscheidungen, Macht und Kapital in der Metropole. Heute ist Groß-São Paulo nicht allein der bedeutendste Industriepol Südamerikas sondern entwickelt sich zu einem zentralen Finanzplatz und Dienstleistungszentrum des Subkontinentes. Die imposante Skyline unterstreicht die Stellung São Paulos als „periphere Weltstadt" oder „global city der zweiten Reihe".

Die verschiedenen Landschaftselemente werden in der Radar-Aufnahme deutlich: die Siedlungsgebiete von São Paulo und der Küstenstadt São Vicente treten hell hervor, das stark zerschnittene kristalline Küstengebirge Sierra do Mar unterscheidet sich deutlich von der vorgelagerten Schwemmlandebene an der Küste. Dunkel zeigen sich die Wasseroberflächen der Seen und Flüsse, im Ozean kommen Wellen, Strömungen und Verschmutzung zum Ausdruck.

Soziale Polarisierung und deren Auswirkung auf die Stadtstruktur

Die außergewöhnlich starke Zuwanderung armer Bevölkerungsschichten und die zunehmende Konzentration führender Unternehmen des Industrie-, Handels- und Dienstleistungssektors haben die sozialen Gegensätze verschärft: einer großen verarmten Unterschicht steht eine für brasilianische Verhältnisse ebenfalls recht große Oberschicht gegenüber: etwa 20% der Brasilianer mit einem Einkommen von mehr als 10 Mindestlöhnen wohnen in São Paulo (bei einem Bevölkerungsanteil von nur 11%), und der Anteil der Armen ist mit etwas über 20% weniger als halb so groß wie in den großen Städten des Nordostens. In absoluten Zahlen entspricht dies jedoch einer Armutsbevölkerung von ca. 4 Mio. Menschen.

Im Stadtbild manifestiert sich die soziale Polarisierung im Gegensatz zwischen den Wohnvierteln der Oberschicht, die überwiegend in Zentrumsnähe liegen, und den verschiedenen Typen der Unterschichtviertel, die vor allem die Peripherie bestimmen. Die wohlhabenden Bevölkerungsgruppen wohnen in ihrer Mehrzahl in den sog. Jardins (Gärten) im Südwesten des zentralen Kerns. Als Wohnstandort attraktiv sind die Jardins bis heute aufgrund ihrer konsequenten Durchgrünung, den relativ großen Grundstücken und dem guten Angebot an Dienstleistungen (Fachärzte, Anwälte, Restaurants). Auch hochmoderne Shopping-Center sind schnell erreichbar, und die qualitativeren Arbeitsplätze liegen nach wie vor im Munizip São Paulo. Angesichts verstopfter Straßen sowie eines unzureichend ausgebauten und auf das Zentrum ausgerichteten U-Bahn-Systems ist räumliche Nähe ein wichtiger Gesichtspunkt bei der Wohnstandortwahl.

Die andere Seite der sozialräumlichen Stadtgliederung wird von *cortiços* und *favelas* bestimmt. *Cortiços* sind degradierte Massenunterkünfte in der Innenstadt, während *favelas* als Sammelbezeichnung für illegale (Landbesetzungen) bzw. halblegale (nicht genehmigte Parzellierungen) Hüttenviertel verwendet wird. *Cortiços* entstanden in São Paulo bereits während der Industrialisierungsphase zur Unterbringung von Arbeitern und Tagelöhnern. Zu diesem Zweck wurden von der Mittel- und Oberschicht verlassene Wohnungen unterteilt und zimmerweise vermietet. Sanitäreinrichtungen und Küche mußten sich alle auf einem Stockwerk wohnende Familien teilen. Man schätzt, daß etwa 3 Mio. Menschen in den *cortiços von* São Paulo leben.

Den größten Teil der Unterschichtbevölkerung nehmen heute die *favelas* auf. Diese konzentrieren sich in ihrer Mehrzahl auf die Peripherie. Nach groben Schätzungen kann man davon ausgehen, daß etwa ein Viertel der Bewohner des Ballungsraumes hier lebt. In geringerer Zahl sind *favelas* auch in Innenstadtnähe zu finden, und zwar in der Regel auf Flächen, die eigentlich nicht bebaut werden dürften (Grünanlagen, Freiflächen unter Brücken und an steilen Hängen). Die hygienischen Bedingungen, Wasserver- und -entsorgung sowie Lärmbelästigungen sind in diesen Vierteln meist noch problematischer als in peripheren *favelas*. In vielen Hüttenvierteln sind im Laufe der Zeit mittels Selbsthilfe (self-help housing) die ersten behelfsmäßigen Unterkünfte in Steinhäuser, oft mit zumindest einem Obergeschoß, umgewandelt worden. Insbesondere dann, wenn die Eigentumsverhältnisse an Grund und Boden geklärt sind, ist ein solcher Aufwertungsprozeß zu beobachten. Das obere Stockwerk oder Anbauten werden hauptsächlich zur Vermietung genutzt, wodurch neu zuziehende Migranten eine erste Bleibe finden. Die Stellung der Behörden gegenüber den *favelas* schwankte immer wieder zwischen Versuchen zur „Ausmerzung", der bloßen Tolerierung, meist mit einer nachträglichen Legalisierung verbunden, und gezielten Bemühungen zur Sanierung. Heute gibt es eine Vielzahl von Upgrading-Programmen, die sowohl eine Infrastrukturverbesserung (Elektrizität, Wasserversorgung, Müllabfuhr) beinhalten als auch unterstützende Maßnahmen zum Ausbau der Wohnungen (Hilfe bei der Materialbeschaffung, günstige Kredite).

Umweltprobleme

Zunehmende Flächenversiegelung, Luft- und Wasserverschmutzung sowie die Abfallproblematik kennzeichnen die ökologischen Probleme der Megastadt. Das enorme Bevölkerungswachstum ließ die Siedlungsfläche zunächst konzentrisch, später hauptsächlich in Ost-West-Richtung anwachsen. Dabei wurden nur Flußniederungen, einzelne gesetzlich geschützte oder aus geologischen Gründen unbebaubare Areale sowie kleinere Parkanlagen ausgespart. Das hängt auch damit zusammen, daß etwa zwei Drittel der Häuser ohne offizielle Baugenehmigung errichtet worden sind.

Der hohe Grad an Bodenversiegelung führt dazu, daß jedes Jahr nach Starkregen große Überschwemmungen auftreten, die Wohngebiete gefährden und den Verkehr lahmlegen. An Hängen kommt es dann regelmäßig zu Rutschungen, wodurch Häuser zerstört oder Menschen verletzt werden. Mittels der Ausweisung von Schutzgebieten im Norden und Süden der Metropole versucht man, die letzten Bestände der sog. Mata Atlântica (Atlantischer Küstenregenwald) zu erhalten und die Wasserversorgung der Stadt sicherzustellen. Im Satellitenbild ist die bis 1200 m aufragende Serra do Mar im Süden und die Serra da Cautareira im Norden gut zu erkennen. Allerdings sind in den Wasserschutzgebieten am Rande der Stauseen große Flächen illegal besiedelt worden. Daß sich die Luftbelastung zu einem zentralen Umweltproblem entwickelt hat, ist vorwiegend auf die Emissionen des Verkehrs zurückzuführen. Heute verkehren in São Paulo etwa 5 Mio. Kfz. Daß die Industrie nicht der Hauptverursacher der Luftverschmutzung ist, liegt in erster Linie daran, daß schon seit den 1950er-Jahren viele Großbetriebe der Schwer- und Chemieindustrie außerhalb des Ballungsraumes, vornehmlich in 60 km entfernten Großraum Santos-Cubatão angesiedelt wurden.

Untere Einkommensgruppen verursachen in bestimmten Bereichen die Umweltschäden (z. B. Ableitung von Abwässern, illegale Müllentsorgung) und sind aufgrund ihrer Wohn- und Arbeitsbedingungen besonders häufig Opfer von Umweltverschmutzungen. Ihr Geld reicht nicht aus, für Umweltverbesserungen zu bezahlen. Nachhaltige Stadtentwicklung im ökologischen Sinne muß deshalb mit einer Lösung sozialer Probleme verbunden werden. Dafür gibt es zur Zeit aber nur wenig Ansätze. Die Dekonzentration von Bevölkerung und Arbeitsplätzen sorgt jedoch dafür, daß zumindest keine Verschlechterung der Umweltbedingungen zu erwarten ist, auch wenn dies teilweise nur eine Verlagerung der ökologischen und sozialen Probleme in andere Städte bedeutet.

Rainer Wehrhahn, Jürgen Bähr

Serra do Mar mit Autobahn zur Küste.

AUTOREN

Thomas Angotti ist Professor und Vorsitzender am Pratt Institute Graduate Center für Planung und Umwelt in Brooklyn, New York. Er lehrt Geschichte und Theorien der Raumplanung. Er ist Autor von zwei Büchern – „Metropolis 2000: Planning, Poverty and Politics and Housing in Italy" hat sich ausgiebig mit Gemeindeentwicklung, Umwelt und Stadtplanung beschäftigt. Er ist Herausgeber von „Planners Network", Co-Herausgeber von „Planning Practice and Research" und Mitherausgeber von „Latin American Perspectives".

Jürgen Bähr ist Professor am Institut für Geographie der Universität Kiel und Vizerektor der Universität Kiel. Er führte (gemeinsam mit Jürgens) verschiedene Projekte und Veröffentlichungen zum innerstädtischen Wandel in Johannesburg über einen Zeitraum von mehr als 10 Jahren; z.Zt. vergleichende Untersuchungen in Pretoria und Bloemfontein.

James H. Bater ist Professor für Geographie an der Universität Waterloo, Kanada, für fast drei Jahrzehnte war die Sowjet-Union und Rußland sein Forschungsschwerpunkt. Seine Publikationen enthalten u.a.: „St. Petersburg: Industrialization and Change", „The Soviet City: Ideal and Reality", „Russia and the Post-Soviet Scene: A Geographical Perspective", „Studies in Russian Historical Geography".

Erhard Berner ist Dozent für Lokal- und Regional- Entwicklung am Institut für Soziale Studien in Den Haag, Niederlande und Gastprofessor für Soziologie der Entwicklung an der Universität Bielefeld, Deutschland. Er forschte intensiv über städtische Armut und Gemeinschaftsfragen in Manila und anderen Städten der Philippinen. Er veröffentlichte zu dem Thema ein Buch und zahlreiche Artikel. Außerdem fungierte er als Berater von philippinischen NGOs und staatlichen Institutionen bezüglich sozialen Wohnens.

Axel Borsdorf ist Professor für Geographie an der Universität Innsbruck und Direktor des Institutes für Stadt- und Regionalforschung der Österreichischen Akademie der Wissenschaften in Wien. Er betreibt seit mehr als 30 Jahren Stadtforschung in Südamerika und dem Andengebiet.

Boris Braun ist Privatdozent am Geographischen Institut der Universität Bonn. Zahlreiche Publikationen zur Stadt-, Regional- und Wirtschaftsentwicklung in Australien. Seit 1989 mehrere längere Forschungsaufenthalte in Sydney. Vorstandsmitglied der Gesellschaft für Australienstudien mit Sitz in Berlin.

Dirk Bronger ist seit 1976 Professor am Geographischen Institut der Ruhr-Universität Bochum. Studium der Geographie, Geschichte und Politischen Wissenschaften an den Universitäten Hamburg, Tübingen und Kiel. Promotion 1966, Habilitation 1973. Von 1975 bis 1979 Gastprofessor für Regionalplanung in Entwicklungsländern an der University of the Philippines, Quezon City; Forschungsschwerpunkte: Entwicklungsländer; Mega Cities & Weltstädte. Süd, Südost- und Ostasien.

William Clark ist Professor für Geographie an der UCLA in Los Angeles, Kalifornien. Er lehrt über Kalifornien und Los Angeles und erforscht den demographischen Wandel von Los Angeles durch den Zuzug einer großen Zahl von Immigranten. Er ist speziell an den Zusammenhängen zwischen Migration und Folgen für die Wohnsituation interessiert.

Cecile Cuttler ist Vorsitzende und Forschungsmitglied an der School of Geography, Population and Environmental Management an der Flinders University in Adelaide, Australien. Ihre letzte Arbeit umfaßte Profile von Asiatischen Städten, wobei im Mittelpunkt die Auswirkungen von Migration auf Städtewachstum, Ansiedlung von Flüchtlingen und die Folgen des beschleunigten Bevölkerungswachstums auf die Umwelt der Städte standen.

Benedikt Deilmann war von 1988–Juni 2001 wissenschaftlicher Mitarbeiter am Geographischen Institut der Universität Duisburg. Mehrere Veröffentlichungen und Vorträge zum Strukturwandel und zur Stadtentwicklung im westlichen Ruhrgebiet (Duisburg, Oberhausen) sowie zur Entwicklung unternehmensorientierter Dienstleistungen im Ruhrgebiet.

Heinz Fassmann ist Professor für Angewandte Geographie, Regionalforschung und Raumplanung an der Universität Wien in Österreich.

Winfried Flüchter, Institut für Geographie (FB 1) und Institut für Ostasienwissenschaften an der Universität Duisburg. Forschungsgebiete: Wirtschafts- und Sozialgeographie mit Schwerpunkt Ost- und Südostasien/Japan; insgesamt fünf Jahre Lehr- und Forschungsaufenthalte in Japan, insbesondere in Tôkyô.

Dean Forbes, Internationaler Pro-Vice-Chancellor (International) und Professor an der School of Geography, Population and Environmental Management an der Flinders University in Adelaide, Australien. Sein Forschungsschwerpunkt liegt auf postkolonialer Raumplanung des Asiatischen Pazifikraums und besonders auf Gesellschaft und Wirtschaft von Megacities und Großstadt-Regionen. Er untersuchte die Öffnung der Wirtschaft Chinas und die Folgen auf Regionen und Megacities, speziell Tianjin. Er lehrt Vergleichende Aspekte des Wandels von Megacities.

Wolf Gaebe absolvierte ein Ph.D. in Wirschaft. Professor für Wirtschafts- und Sozialgeographie am Institut für Geographie der Universität Stuttgart. Forschungsschwerpunkte: Stadt- und Wirtschaftsgeographie, speziell Großstadträume, wirtschaftliche Wandlungsprozesse der Regionen Stuttgart, Südost- und Ostafrika.

Paul Gans ist Professor für Humangeographie am Institut für Geographie der Universität Mannheim. Davor lehrte er an den Universitäten Kiel, Hamburg und Erfurt. Seine Forschungsschwerpunkte liegen auf Bevölkerung und Stadtgeographie, regionaler Schwerpunkt ist Europa und Lateinamerika. Mehrere Forschungsaufenthalte in Buenos Aires.

Alan Gilbert ist Professor für Geographie am University College London. Er betrieb mehrere Jahre Forschung zu Lateinamerika, speziell Stadtentwicklung und Wohnen in Kolumbien, Mexiko und Venezuela. Er war häufig als Konsulent bei Internationalen Organisationen wie UNCHS, UNFPA und der Inter American Development Bank tätig.

Martin Heintel, Assistent am Institut für Geographie und Regionalforschung an der Universität Wien, Mitarbeiter am Interuniversitären Institut für interdisziplinäre Forschung und Fortbildung (IFF). Anschrift: Institut für Geographie und Regionalforschung, Universität Wien. Mitarbeiter am interdisziplinären Forschungsprojekt, finanziert vom Bundesministerium für Wissenschaft und Verkehr (Österreich), zum Thema „Migration in Megastädte der Dritten Welt – Vergleichende Fallstudien in ausgewählten Kulturkreisen – Fallstudie Jakarta", durchgeführt am Institut für Geographie und Regionalforschung der Universität Wien (1996-1999).

Uta Hohn, 1986-88 wiss. Mitarbeiterin an der Ruhr-Universität Bochum, 1988-2000 wiss. Mitarbeiterin, Assistentin und Hochschuldozentin an der Gerhard-Mercator-Universität Duisburg, seit 2000 Vertretung des Lehrstuhls für Anthropogeographie am Institut für Geographie der Universität Dortmund. Lehrgebiete: Humangeographie mit den Schwerpunkten Stadtgeographie, Stadt- und Regionalplanung, Wirtschaftsgeographie, deutsche Landeskunde, NW-Europa, Ost- und Südost-Asien, USA. Forschungsgebiete: Stadtgeographie, Stadt- und Regionalplanung, internationaler Vergleich von Planungskulturen, Ostasien mit Schwerpunkt Japan. 1993-94 Forschungsaufenthalt in Japan; Auszeichnung mit dem JaDe-Preis 2000 des Fördervereins japanisch-deutscher Kulturbeziehungen e.V.

Ulrich Jürgens ist Dozent am Geographischen Institut der Universität Kiel; Doktorarbeit zur ethnischen Desegregation in Johannesburg, 1991. Durchführung verschiedener Projekte und Veröffentlichungen zum innerstädtischen Wandel in Johannesburg über einen Zeitraum von mehr als 10 Jahren gemeinsam mit Jürgen Bähr. Z.Zt. vergleichende Untersuchungen in Pretoria und Bloemfontein.

Yeong-Hyun Kim ist Assistenzprofessorin für Geographie an der Ohio University. Forschungsschwerpunkte: Globalisierung, Weltstädte, internationale Großveranstaltungen und Seoul. Sie ist Co-Autorin von „Globalization and the City".

Frauke Kraas ist Professorin für Humangeographie an der Universität Köln, Deutschland. Vorsitzende der Megacity Task Force der International Geographical Union (IGU); Vorstandsmitglied der Deutschen Gesellschaft für Asien-Studien; Mitherausgeberin von „Petermanns Geographische Mitteilungen", „Perthes GeographieKolleg", „Perthes Geographie-Kompakt" und „Perthes Länderprofile/Regionalprofile". Forschungsschwerpunkte: Megacities, Großstadtdynamik, Kultur- und Sozialgeographie in Südost- und Ostasien. Aufgabe der Task Force ist es, geographische Fachkenntnisse in die Problembereiche um Megacities einzubringen. Darauf aufbauend sollen die Theorien weiterentwickelt werden, die den Prinzipien und Methoden im Forschungsbereich „Megacities" zugrunde liegen und neue Lösungsansätze bieten. Weitere Informationen unter: www.megacities.uni-koeln.de

Thomas Krafft ist wissenschaftlicher Sekretär des German National Committee on Global Change Research und Leiter der Interdisziplinären Forschungsgruppe für Medizinische Geographie und Gesundheitssystemforschung am Institut für Geographie der Universität Bonn. Forschungsarbeit zur historischen und modernen Entwicklung New Delhis. Z.Zt. Teilnahme an einem Gemeinschaftsprojekt mit der Delhi University über Gesundheitsauswirkungen der Degradierung der Umwelt in Indischen Megacities und Großstädten.

Günter Mertins ist Professor für Geographie an der Philipps-Universität in Marburg, Deutschland. Seine Forschungsschwerpunkte sind Stadt- und Bevölkerungsgeographie, Stadt- und Regionalplanung. Der Schwerpunkt seiner wissenschaftlichen Publikationen liegt auf Lateinamerika und der Iberischen Halbinsel.

John Miron ist Professor für Geographie und Raumplanung an der University of Toronto. Er beschäftigte sich intensiv mit Wohnanlagen und „neighbourhood-change" in Canada, speziell in Toronto.

Larissa Muller, Doktorandin am Institut für Stadt- und Regionalplanung der Universität Berkeley, USA. Seit 1994 lebt und arbeitet Larissa Muller in Bangkok. Ihre wissenschaftliche Laufbahn begann mit einer Arbeit über Umweltmanagement-Projekte in Bangkok, und seitdem ist sie als Konsulentin für thailändische öffentliche Stellen tätig. In ihrer Dissertation beschäftigt sie sich mit Auslandsinvestitionen in Asien und deren Auswirkungen auf die wirtschaftliche Entwicklung asiatischer Hauptstädte.

Heinz Nissel ist Assistenzprofessor für Humangeographie am Institut für Geographie und Regionalforschung der Universität Wien. Seine Forschungstätigkeit konzentriert sich u.a. auf urbane Studien in Asien, insbesondere auf Globalisierungstendenzen und ihren derzeitigen Einfluß auf das urbane System Indiens. Weitere Details unter: www.univie.ac.at/geographie/(staff) or heinz.nissel@univie.ac.at

Anthony O'Connor ist Vortragender im Fachbereich Geographie am University College London. Dr. O'Connor hat auch an mehreren Universitäten in Nigeria, Sierra Leone, Uganda und Tanzania geforscht und gelehrt. Unter seinen Veröffentlichungen findet sich auch "Urbanization in Tropical Africa: an Annotated Bibliography" (Boston, 1981) sowie „The African City" (London, 1983); beide werden zur Zeit überarbeitet.

Michaela Paal, Geographin, (Raumforschung/Raumordnung) arbeitet derzeit am Institut für Stadt- und Regionalforschung der Österreichischen Akademie der Wissenschaften in Wien. Mit November 2001 wird Dr. Paal den Lehrstuhl für Stadtgeographie an der Philipps-Universität Marburg, übernehmen. Ihre Forschungsschwerpunkte sind vergleichende Stadtforschung, Private Urban Governance, Transformationsforschung, Immobilienmarktforschung.

Friedrich Palencsar, wissenschaftlicher Mitarbeiter am Institut für Geographie und Regionalforschung der Universität Klagenfurt. Stadtgeographische Fragestellungen von Istanbul bilden neben der Fachdidaktik den derzeitigen Forschungsschwerpunkt.

Sujata Patel, Professorin und Vorstand des Instituts für Soziologie an der Universität Puna, Indien. Sie hat seit mehr als einem Jahrzehnt umfangreich zu Mumbai geforscht. Hier ist

Sujata Patel geboren und ausgebildet worden, und die Entwicklung der Stadt im Zuge der Globalisierung liegt ihr persönlich sehr am Herzen und spiegelt sich in ihrem wissenschaftlichen Werk wider.

Jean Luc Piermay, Professor an der Louis Pasteur Universität Strasburg, hat sich auf die Städte Sub-Sahara Afrikas spezialisiert. Im speziellen hat er über deren Wandel und Regierungsformen gearbeitet. Seine wissenschaftliche Tätigkeit hat ihn u.a. nach West-, Zentral- und Südafrika geführt. Er ist Autor des Buches „Citadins et quête du sol dans les villes d'Afrique centrale" (Paris, 1993).

Gerhard Popp ist Tourismusgeograph und lehrt an den Salzburger Tourismusschulen Klessheim (Österreich). Er erhielt sein Doktorat an der Universität Salzburg und kennt Rom aus seiner umfangreichen Tätigkeit als Reiseleiter. E-Mail: gpopp@klessheim.sts.ac.at

Marlies Schulz ist Professorin für Angewandte Geographie (Raumplanung) am Geographischen Institut der Humboldt Universität zu Berlin. Arbeits- und Forschungsgebiete: Stadtgeographie, Stadtentwicklung, Bevölkerungsgeographie; die Stadtentwicklung Berlins ist seit Jahrzehnten ein Forschungsschwerpunkt.

Anke Schüttemeyer ist wissenschaftliche Mitarbeiterin am Geographischen Institut der Universität Bonn. In ihrer Doktorarbeit beschäftigte sie sich mit der nachhaltigen Stadtentwicklung Sydneys. Seit 1998 zwei mehrmonatige Forschungsaufenthalte in Sydney.

Martin Seger, ordentlicher Professor am Institut für Geographie und Regionalforschung der Universität Klagenfurt, hat seine Habilitationsschrift über die Stadt Teheran verfasst. Seine Forschungsschwerpunkte sind (u.a.) Stadtgeographie und Fernerkundung. In den letzten Jahren nahm Prof. Seger seine Forschungen zur Metropole Teheran wieder auf.

Kamal Siddiqui ist Wirtschaftsfachmann und hat an den Universitäten Dhaka, Leeds und London studiert. Seine Spezialgebiete sind unter anderem Landreformen, Soziologie der Stadt, Kinderrechte. Im Studienjahr 1999/2000 war Kamal Siddiqui Gastprofessor am Südost-Asien Programm der Cornell Universität, und unterrichtete auch an der Southern University von Baton Rouge, Louisiana. Zur Zeit ist er Senior Fellow am Institut für Sozialwissenschaften (ISS) in New Delhi.

Victor Fung Shuen Sit ist zur Zeit Professor für Geographie an der Universität Hongkong und bekleidet auch das Amt eines Abgeordneten zum Nationalkongreß der Volksrepublik China. Professor Sit hat zahlreiche wissenschaftliche Veröffentlichungen zur Wirtschaftsgeographie Chinas und zur Wirtschaftszone Hongkongs vorzuweisen. Er hat an der Universität Hongkong studiert und sein Doktorat an der London School of Economics erhalten.

Günter Spreitzhofer lehrt an höheren Schulen, ist freier Publizist und Mitarbeiter an universitären Forschungsprojekten, z.B. am Institut für Geographie und Regionalforschung der Universität Wien. Er ist Mitarbeiter an einem interdisziplinären Forschungsprojekt, finanziert vom Österreichischen Bundesministerium für Wissenschaft und Verkehr, zum Thema „Migration in Megastädte der Dritten Welt – Vergleichende Fallstudien in ausgewählten Kulturkreisen – Fallstudie Jakarta", durchgeführt am Institut für Geographie und Regionalforschung der Universität Wien (1996-1999).

Irene Stacher ist Lektorin am Institut für Afrikanistik, Universität Wien. Sie lehrt und arbeitet zu Urbanisierung and Migration in Afrika. Weiters hat sie verschiedene Artikel zu diesen Themen und afrikanischen Megastädten verfasst, u.a.: „Nairobi – Weltstadt oder regionale Metropole?" In: Felbauer, P./Husa, K./Pilz, E./Stacher, I. Hrsg: Mega-Cities - Die Metropolen des Südens zwischen Globalisierung und Fragmentierung. Frankfurt a.M./Wien: Brandes&Apsel/ Südwind, 1997, 197-215.

Dona J. Stewart ist Assistenzprofessorin für Geographie und assistierende Direktorin des „Center for Middle East Peace" an der Georgia State University. Ihr wissenschaftlicher Schwerpunkt liegt auf wirtschaftspolitischen Fragen im Bereich des städtischen Wachstums und der städtischen Kulturlandschaften.

Wolfgang Taubmann ist ordentlicher Professor für Humangeographie an der Universität Bremen. Er ist Autor zahlreicher Artikel zu Migration, ländlicher und städtischer Entwicklung in China, insbesondere Hongkong.

Herbert Tomandl ist Geograph mit Schwerpunkt Afrika. Er hat weiters einen Studienabschluß in Ägyptologie und Afrikanistik, wobei er sich auf den antiken Sudan spezialisierte. Herbert Tomandl hat mehrere einschlägige Artikel veröffentlicht. Seit 1989 ist er in der Privatwirtschaft tätig.

Peter Ward erhielt sein Doktorat 1976 von der Universität Liverpool. Er hat lange Jahre am University College London und den Universitäten Cambridge und Texas unterrichtet. Dr. Ward ist Direktor des Mexican Centers an der Universität Texas, Inhaber des Lehrstuhls für US-Mexikanische Beziehungen und Professor am Institut für Soziologie. Er ist Autor von 14 Büchern sowie mehr als 80 wissenschaftlichen Artikeln zu den Themen Sozial- und Wohnpolitik, Politik Mexikos, Megastädte (vor allem Mexico-City). Weiters war er Regierungsberater mehrerer mexikanischer Ministerien und Behörden.

Douglas Webster, Senior Consulting Professor am Asia Pacific Research Center & Urban Studies Program der Stanford Universität, Kalifornien, USA. Dr. Webster war in den vergangenen acht Jahren Berater der nationalen Thailändischen Planungsbehörde (NESDB). Davor war er Professor für Stadtplanung am Institut für Technology in Bangkok. Er ist Autor zahlreicher Publikationen über Bangkok. In zahlreichen seiner Beiträge über die städtische Entwicklung Ost Asiens wird Bangkok als „benchmark" verwendet, so z.B. sein technischer Bericht für den Welt-Entwicklungsbericht 1999/2000 der Weltbank über Globalisierung und Lokalisierung.

Rainer Wehrhahn, seit 1995 Hochschulassistent am Geographischen Institut der Universität Kiel. 1994 Promotion (Dr.rer.nat.), Thema der Dissertation: Konflikte zwischen Naturschutz und Entwicklung im Atlantischen Küstenregenwald Brasiliens. Das Studienjahr 1990/91 verbrachte Rainer Wehrhahn als Stipendiat des DAAD in São Paulo.

Forschungsschwerpunkte: Stadt- und Bevölkerungsgeographie, Entwicklungsforschung, Naturschutz. Regionale Schwerpunkte: Lateinamerika und Südeuropa (insbes. Madrid und Barcelona).

WeipingWu ist zur Zeit Assistenzprofessor für Stadtplanung an der Virginia Commonwealth Universität. Ihr wissenschaftlicher Fokus liegt auf der Wirtschaftsgeographie und –politik städtischer Bereiche, urbaner Morphology sowie der Stadtentwicklung Chinas. Dr. Wu hat zwei Beiträge zu Shanghais städtischer Entwicklung und Infrastruktur verfasst und ist Co-Autor des Bandes "The Dynamics of Urban Growth in Three Chinese Citis" (Oxford University Press). Darüber hinaus ist sie in beratender Funktion bei der Weltbank tätig.

BIBLIOGRAPHIE

Allgemeine Literatur zum Thema MegaCities

ASIAN DEVELOPMENT BANK INSTITUTE AND ASIAN DEVELOPMENT BANK: "Asian Cities in the 21st Century – Contemporary Approaches to Municipal Management" Volume IV. Manila, Philippines, 2000

BÄHR, J.; MERTINS, G.: "Marginalviertel in Großstädten der Dritten Welt". In: Geographische Rundschau 52 (7/8), 2000 (19–26)

BRONGER, D.: "Megastädte". In: Geographische Rundschau 48 (2), 1996a (74–81)

BRONGER, D.: "Die größten Megastädte der Erde". In: Petermanns Geographische Mitteilungen 140 (2), 1996b (115–117)

CHEN, N.Y., HELIGMAN, L.: "Growth of the world's megalopolises". In: Fuchs, G. et al.: Megacity growth and the future, Tokyo, 1994 (17–31)

FELDBAUER, P. ET AL. (ed.): "Megastädte. Zur Rolle von Metropolen in der Weltgesellschaft". Beiträge zur Historischen Sozialkunde, Beiheft 2; Wien, 1993

FELDBAUER, P.; PARNREITER, CHR.: "Einleitung: Megastädte – Weltstädte – Global Cities". In: Feldbauer, P. et al. (ed.): Mega-Cities. Die Metropolen des Südens zwischen Globalisierung und Fragmentierung. Beiträge zur Historischen Sozialkunde, Beiheft 12; Frankfurt, 1997

FINDLEY, S.E.: "The Third World City. Development Policy and Issues". In: Kasarda, J.D., Parnell, A.M. (eds.): Third World Cities. Problems, Policis, and Prospects; Newbury Park, 1993 (1–31)

FUCHS, R.J. ET AL. (eds.): "Mega-city growth and the future". Tokyo, 1994

GIRARDET, H.: "The Gaia Atlas of Cities. New directions for sustainable urban living". London, 1992

GORMSEN, E; THIMM, A. (eds.): "Megastädte in der Dritten Welt". Johannes Gutenberg Universität Mainz. Interdisziplinärer Arbeitskreis Dritte Welt, Veröffentlichungen Nr. 8, 1994

HALL, P.: "The World Cities". London, 1984

HALL, P.; PFEIFFER, U. (eds.): "Urban Future 21. A global agenda for twenty-first century cities". London, 2000

KRAAS, F.: "Megastädte: Urbanisierung der Erde und Probleme der Regierbarkeit von Metropolen in Entwicklungsländern". In: Holtz, U. (ed.): Probleme der Entwicklungspolitik. Cicero-Schriftenreihe 2. Bonn, 1997 (139–178)

LEITMANN, J.: "Sustaining Cities; Environmental Planning and Management in Urban Design" USA: McGraw-Hill, 1999

LO, FU-CHEN; YEUNG, YUE-MAN (eds): "Globalization and the World of Large Cities". United Nations University Press, 1998

MERTINS, G.: "Urbanisierung, Metropolisierung und Megastädte. Ursachen der Stadtexplosion" in der Dritten Welt – Sozioökonomische und ökologische Problematik". In: Deutsche Gesellschaft für die Vereinten Nationen (ed.): Mega-Städte – Zeitbombe mit globalen Folgen? Dokumentationen, Informationen, Meinungen 44. Bonn, 1992 (7–21)

MITCHELL, W. J.: "e-topia, Urban Life, Jim – but not as we know it". Cambridge, MA: The MIT Press; 1999

MOHAN RAKESH: "Understanding the Developing Metropolis, Lessons from the City Study of Bogotá and Cali, Colombia". New York: Oxford University Press, 1994

MORSHED, A.: "Le Corbusier and The Aerial Gaze". In: Thresholds 13, Fall 1996 (24–29)

NEW INTERNATIONALIST PUBLICATIONS LTD.: "The World Guide 2000/2001". Oxford, 2001

ÖSTERREICHISCHE GESELLSCHAFT FÜR WIRTSCHAFTSRAUMFORSCHUNG: "Wirtschaftsgeographische Studien", Heft 26; Wien: Facultas Verlags- und Buchhandels AG, März 2001

SCHWARZ, G.: "Allgemeine Siedlungsgeographie – Lehrbuch der Allgemeinen Geographie". Berlin: Walter de Gruyter & Co, 1966

SOUTHALL, A.: "The City in Time and Space". Cambridge: Cambridge University Press; 1998

UNEP: "Global Environment Outlook, 2000". London: Earthscan Publications Ltd., 2000

UNITED NATIONS: "Population Growth and Policies in Mega-Cities: Bangkok". Population Policy Paper Nr.10. New York, 1987

UNITED NATIONS: "World Urbanization Prospects. The 1999 Revision". New York, 1999

WATES, N.: "The Community Planning Handbook". London: Earthscan Publications Ltd, 2000

WEBER, M.: "The City". Great Britain: William Heinemann Limited, 1958

WORLD BANK: "Historic Cities and Sacred Sites – Cultural Roots for Urban Futures". Washington, 2000

YUSUF, SHAHID; WU, WEIPING: "The Dynamics of Urban Growth in Three Chinese Cities". New York: Oxford University Press, 1997

Afrika

ABIODUN, J.O.: "The challenges of growth and development in metropolitan Lagos". In Rakodi, C. (ed.), The Urban Challenge in Africa, Tokyo: UNU Press, 1997 (192–222)

ABU LUGHOD, J.: Cairo: "1001 years of the city victorious". Princeton: Princeton University Press, 1971

ABU LUGHOD, J.: "Before European hegemony: the world system A.D. 1250–1350". New York, Oxford: Oxford University Press, 1989

BALOGUN, Y.; ODUMOSU, T.; OJO, K. (eds.): "Lagos State in Maps". Ibadan: Rex Charles, 1999

BÄHR, J.; JÜRGENS, U.: "Ethnic change in late-apartheid South African cities". in: Roseman, C., Laux, H.D. & Thieme G. (eds.), EthniCity – geographic perspectives on ethnic change in modern cities; Lanham, Maryland: Rowman & Littlefield Publ., 1996 (223–249)

JÜRGENS, U.: "Gemischtrassige Wohngebiete in südafrikanischen Städten" in Kieler Geographische Schriften 82; Kiel, 1991

JÜRGENS, U.; BÄHR, J.: "Johannesburg: Stadtgeographische Transformationsprozesse nach dem Ende der Apartheid" in Kieler Arbeitspapiere zur Landeskunde und Raumordnung 38; Kiel, 1998

KRAMMER, A.: "Über die Verstädterung im tropischen Afrika und ihre kulturellen Grundlagen". Saarbrücken: Verlag für Entwicklungspolitik, 1998

LAWAL, K.: "Urban Transition in Africa: aspects of ur-banization and change in Lagos". Pumark, Lagos, 1994

MANDY, N.: "A city divided: Johannesburg and Soweto". Johannesburg: Macmillan Publication, 1984

MITCHELL, T.: "Colonising Egypt". Cambridge: Cambridge University Press, 1988

PEIL, M.: "Lagos: the city is the people". Belhaven, London, 1991

RODENBECK, M.: "Cairo: The city victorious". New York: Alfred A. Knopf, 1999

STACHER, I.: "Nairobi – Weltstadt oder regionale Metropole?". In: Felbauer, P., Husa, K., Pilz, E., Stacher, I. (eds): Mega-Cities – Die Metropolen des Südens zwischen Globalisierung und Fragmentierung, Frankfurt a.M./Wien: Brandes & Apsel/Südwind, 1997 (197–215)

STEWART, D.J.: "Changing Cairo: the political economy of urban form". In: International Journal of Urban and Regional Research, 23; 1999, (128–146)

UNITED NATIONS CENTRE FOR HUMAN SETTLEMENTS (HABITAT): "An Urbanizing World: Global Report on Human Settlements 1996", Oxford University Press, 1996

Asien

ASHIHARA, YOSHINOBU: "The Hidden Order. Tôkyô through the Twentieth Century". Tôkyô/New York, 1989

ASKEW, M.: "Bangkok: Transformation of the Thai City". In: Askew, M. and Logan, W.: Cultural Identity and Urban Change in Southeast Asia: Interpretative Essays; Victoria, Australia: Deaking University Press, 1994

BAHRAMBEYGUI, HAMID: "Tehran: An urban analysis". Tehran: Sahab books, 1977

BERGER, S.; LESTER, R. K. (eds.): "Made by Hong Kong". Hong Kong et al. Oxford University Press, 1997

BERNER, E.: "Defending a Place in the City: Localities and the Struggle for Urban Land in Metropolitan Manila". Quezon City: Ateneo de Manila, University Press, 1997

CAIOLI, M.A.: "The Origins of Metropolitan Manila: A Political and Social Analysis". Quezon City: New Day, 1988

CHANG, SEN-DOU; XU-WEI HU; JUN-JIE SUN: "Tianjin: North China's reviving metropolis". In: Yue-man Yeung and Xu-wei Hu (eds), China's Coastal Cities: Catalysts for Modernization. Honolulu: University of Hawaii Press, 1992 (42–68)

CHIU, T. N.; SO, C. L. (eds): "A Geography of Hong Kong". Hong Kong et al, Oxford University Press, 1986

DOWALL, D. E.: "A Tale of Two Cities: A Comparison of Karachi's Informal and Formal Housing Delivery Systems". Berkeley: University of California, 1991

EDGINGTON, D.W.: "City profile Osaka". In: Cities, Vol. 17, 4, 2000 (305 – 318)

ENRIGHT, M. J.; SCOTT, E. E.; DODWELL, D. (eds.): "The Hong Kong Advantage". Hong Kong et al., Oxford University Press, 1997

FEDERAL BUREAU OF STATISTICS: "Pakistan 1999 – An Official Handbook on Statistics". Government of Pakistan, Statistics Division; 1999

FELDHOFF, T.: "Pendelverkehr und Massenschnellverkehrsmittel im Ballungsraum Tôkyô. Raumstrukturen, Akteure, Probleme, Strategien" (=Schriftenreihe zur Ostasienforschung Band 8); Baden-Baden, 1998

FLÜCHTER, W.: "Tôkyô quo vadis? Chancen und Grenzen (?) metropolitanen Wachstums". In: Apel, U.; Holzapfel, J., Pörtner, P. (ed.): Beiträge zum 8. Deutschsprachigen Japanologentag München, 1996, München: Japan-Zentrum der Ludwigs-Maximilians-Universität, CD ROM, S. 522–548, (=Duisburger Arbeitspapiere Ostasienwissenschaften, Heft 15

FORBES, D.K.; WILMOTH, D.: "Urban problems and planning in Tianjin", in: Linge, G. and Forbes, D.K. (eds), China's Spatial Economy: Recent Developments and Reforms. New York: Oxford University Press, 1990 (160–180)

FUJITA, KUNIKO; HILL, R. CHILD "Together and Equal: Place Stratification in Ôsaka". In: Karan, P.P.; Stapleton, Kristin (eds.): The Japanese City. Lexington, 1998 (106–133)

HEINTEL, M.; SPREITZHOFER, G.: 'Jakarta: Megastadt im Spannungsfeld nationaler Verhaftung und globaler Integration". In: ASIEN; Deutsche Zeitschrift für Politik, Wirtschaft und Kultur, Nr. 66, Hamburg: Deutsche Gesellschaft für Asienkunde, 1998 (23–41)

HERSHATTER, G.: "The Workers of Tianjin 1900–1949". Stanford: Stanford University Press, 1986

HOHN, U.: "Stadtplanung in Japan: Geschichte – Recht – Praxis – Theorie". Dortmund, 2000

ISLAM, N.: "City Study of Dhaka". In: Subbs, J.; Clark, G. (ed): Megacity Management in the Asian and Pacific Region, Manila: Asian Development Bank, 1996

KAOTHIEN, U.; WEBSTER, D.: "The Bangkok Region". In: Hack, G. and Simmonds, R. Global City Regions, London: Routledge, 2001

KAOTHIEN, U.; WEBSTER, D.: "Globalization and Urbanization: The Case of Thailand", in: Yusuf, S. and Wu, W., Localization in an Era of Globalization, New York: Oxford University Press, 2000

KELLY, P.F.: "Landscapes of Globalization: Globalized Development in the Philippines". London: Routledge, 2000

KIM, JOOCHUL; SANG-CHUEL CHOE: "Seoul: The Making of a Metropolis. Chichester". John Wiley & Sons, 1997

LIN, G.C.S.: "Metropolitan Development in a Transitional Socialist Economy: Spatial Restructuring in the Pearl River Delta, China". In: Urban Studies, Vol. 38, No. 3, 2001 (383 – 406)

LIU, YI; ZHANG, LEI; GODFREY LINGE: "The Bohai Sea Rim: some development issues". In: Linge, G. (ed) China's New Spatial Economy: Heading Towards 2020, Hong Kong: Oxford University Press, 1997 (123–143)

MADANIPOUR, A.: "Tehran. The Making of a Metropolis". Chichester & New York: John Wiley & Sons, 1998

NAUMAN, M.: "City study of Karachi". In: Megacity Management in the Asian Pacific Region, Proceedings of the regional Seminar on Megacities Management in Asia and the Pacific, Manila: Asian Development Bank and United Nations/World Bank Urban Management Programme for Asia and the Pacific, 1996

ÔSAKA CITY FOUNDATION FOR URBAN TECHNOLOGY: "Ôsaka – Millennium City. The Creation of Ôsaka". Ôsaka, 2000

PALENCSAR, F.; KREIS, I.: "Der "Osthandel" am Basarrand von Istanbul", in: Klagenfurter Geographische Schriften 19, 2001 (65–93)

PERNIA, E.M.: "Urbanization, Population Growth, and Economic Development in the Philippines". Westport: Greenwood, 1977

RULAND, J.; LADVALYA B.: "Managing Metropolitan Bangkok: Power Contest or Public Service". In: Seger, M.: "Teheran von Shah zu Schia. Metropolitane Entwicklung unter gegensätzlichen Rahmenbedingungen", in: Feldbauer et al. (eds.), Mega-Cities. Frankfurt: Verlag Brandes & Apsel, 1997 (223–258)

SEGER, M.: "Teheran. Eine stadtgeographische Studie". Wien-New York: Verlag Springer, 1978

SEGER, M.; PALENCSAR, F.: "Istanbul – Primate City zwischen den Welten", in: Geographische Rundschau 10, 1999 (562–569).

SEGER, M.; PALENCSAR, F.: "Perspektiven des Seeverkehrs in den türkischen Meerengen". In: Standort, Heft 2/2001, 2001

SEOUL DEVELOPMENT INSTITUTE AND INSTITUTE OF SEOUL STUDIES; UNIVERSITY OF SEOUL: "Seoul, Twentieth Century: A Photographical History of the Last 100 Years". Seoul: Seoul Development Institute, 2000

SHORT, J.R.; YEONG-HYUN KIM: "Globalization and the City". New York: Longman, 1999

SIDDIQUI, K. ET AL: "Overcoming the Governance Crisis in Dhaka City". Dhaka: University Press Limited, 2000

SIDDIQUI, K. ET AL: "Social Formation in Dhaka City". Dhaka: University Press Limited, 1991

SPREITZHOFER, G.; HEINTEL, M.: "Aktuelle Aspekte der Urbanisierung in Jabotabek: Räumlicher und sektoraler Wandel in Metro-Jakarta". In: International Quarterly for Asian Studies, Vol. 30, 1–2/99, Freiburg, 1999 (131–152).

SPREITZHOFER, G.; HEINTEL, M.: Metro-Jakarta: "Zwischen Nasi und Nike; Suhartos "Neue Ordnung" als Motor der Regionalentwicklung in Westjava?". Frankfurt am Main, New York: Peter Lang, 2000

SPREITZHOFER, G.; HEINTEL, M.: "Urbanization in West Java in the "New Order" Era: Demographic and socio-economic trends in Jabotabek region". In: Journal of Population, vol. 4/98, Nr 1, Jakarta: Demographic Institute – University of -Indonesia, 2000 (89–111);

WU, WEIPING: "City Profile: Shanghai". In: Cities: The International Journal for Urban Policy and Planning 16, 3 (May) 1999 (207–216)

YEUNG, YUE-MAN; SUNG, YUN-WING (eds.): "Shanghai: Transformation and Modernization under China's Open Policy". Hong Kong: The Chinese University Press, 1996

YUSUF, SHAHID; WU, WEIPING: "The Dynamics of Urban Growth in Three Chinese Cities". New York: Oxford University Press, 1997

ZINGEL, W.P.: "Alleviating urban poverty – the Pakistan way", in: Manpower Journal, Vol 34, No 3, 1998 (127–147)

Australien

BRAUN, B.; GROTZ, R.; SCHÜTTEMEYER, A.: "Von der flächenhaften zur verdichteten Stadt: Ansätze der nachhaltigen Stadtentwicklung in Sydney", in: Petermanns Geographische Mitteilungen 145, Heft 5, 2001

CONNELL, J.: "Sydney. The Emergence of a World City". Melbourne: Oxford University Press, 2000

MURPHY, P.; WATSON, S.: "Surface City. Sydney at the Millennium". Sydney: Pluto Press, 1997

SPEARRITT, P.; DEMARCO, C.: "Planning Sydney's Future". Sydney: Allen & Unwin, 1988

Europa

AGNEW, J.: "Rome". West Sussex, 1995

BASTIE, J.: "Paris, ville mondiale". In: G. Wackermann (eds.): La France dans le monde, Paris: Nathan, 1992, (193–219)

BATER, J.H.: "Privatization in Moscow". Geographical Review, Vol. 84/2, 1994, (201–215)

BATER, J.H.: "Housing Developments in Moscow in the 1990s". Post-Soviet Geography, Vol. 35, No. 6, 1994, (309–328)

BATER, J.H.: "Russia and the Post-Soviet Scene: A Geographical Perspective". London: Edward Arnold, and New York: John Wiley & Sons, 1996, (xiii, 354)

BATER, J. H.: "Adjusting to Change: Privilege and Place in Post-Soviet Central Moscow", The Canadian Geographer, Vol. 45, No. 2, Summer, 2001.

BATER, J.H., AMELIN,V.N.; DEGTYAREV, A.A.: "Politics in Moscow: Local Areas, Issues and Governance". Political Geography, Vol. 14, No. 8, 1995, (665–687)

BATER, J.H., AMELIN, V.N., DEGTYAREV, A.A.: "Market Reform and the Central City: Moscow Revisited". In: Post-Soviet Geography and Economics, Vol.39, No. 1, 1998, (1–19)

BLOTEVOGEL, H.H.: "Ist das Ruhrgebiet eine Region? Vorbemerkungen zu einer aktuellen Debatte". In: Heienbrock, K.; Jablonski, H. (ed.): Blick zurück nach vorn! Standpunkte, Analysen Konzepte zur Zukunftsgestaltung des Ruhrgebietes, Bochum, 2000 (19–40).

BLOTEVOGEL, H.H; DEILMANN, B.; WOOD, G.: "Duisburg: From the city of iron and steel to the metropolis of the Lower Rhine Valley?". In: Heineberg, H. et al (ed.): The Rhine Valley, (=Beiträge zur regionalen Geographie) Leipzig, 1996 (72–82)

CORNELSEN AKTUELLE LANDKARTE: "Rom im Heiligen Jahr 2000". Heft 7/2000. – Berlin, 2000

COLTON, T.J.: "Moscow. Governing the Socialist Metropolis". The Belknap Press of Harvard University Press, Cambridge, Mass. and London, 1995

FASSMANN, H.: "Eurometropolen – Gemeinsamkeiten und Unterschiede" in: Geographische Rundschau 51, 1999 (518–522)

HABRICH, W.; HOPPE, W. (ed.): "Strukturwandel im Ruhrgebiet. Perspektiven und Prozesse". Dortmund: Dortmunder Vertrieb für Bau- und Planungsliteratur, 2001

HEITKAMP, T.: "Die Peripherie von Madrid: Raumplanung zwischen staatlicher Intervention und privater Investition", in Dortmunder Beiträge zur Raumplanung, Heft 79, Dortmund, 1997

HEITKAMP, T.: "Madrid: eine Region im Wandel". In: Prigge, W. (ed.) Peripherie ist überall, Frankfurt/M., New York, 1998 (208–228)

KRÄTKE, S; BORST, R.: "Berlin, Metropole zwischen Boom und Krise". Opladen, 2000

LICHTENBERGER, E.: "Vienna – Bridge Between Cultures". London, New York, 1993

LICHTENBERGER, E.: "Austria – Society and Regions". Vienna, 2000

PAAL, M: "Paris – Urbanismus mit Zukunft?" in: Geographische Rundschau 48/7–8, 1994 (436–441)

PITTE, J.-R.: "Paris – Histoire d'une Ville". Paris: Hachette, 1993

PLETSCH, A.: "Paris und die Ile-de-France – räumlicher Wandel im Bevölkerungs- und Wirtschaftsgefüge" in: Europa regional 6/4, 1998 (2–11).

SCHERF, K.; VIEHRIG, H. (eds.): "Berlin und Brandenburg auf dem Weg in eine gemeinsame Zukunft". Gotha, 1995

SCHOPPER, M. HANSELY, H.: "Wien im Aufbruch". In: Geographische Rundschau 51, 1999 (529–534)

SCHULZ, M.: "Das neue Zentrum von Berlin". In: Geographische Rundschau. Jahrgang 52, H. 7–8, 2000 (27–32)

SCHULZ, M.: "Berlin – recent issues in urban development". In: Mayr, A. & Taubmann, W. (eds.): Germany Ten Years after Reunification. Beiträge zur Regionalen Geographie 52, Leipzig, 2000 (224–236)

VALENZUELA, M.; OLIVERA, A.: "Madrid, Capital city and Metropolitan Region". In: Nederlandse Geografische Studies 176, 1994 (51–68)

WEHRHAHN, R.: "Zur Peripherie postmoderner Metropolen: Periurbanisierung, Fragmentierung und Polarisierung, untersucht am Beispiel Madrid". In: Erdkunde 54, 2000 (221–237)

WOOD, G.: "The social and economic restructuring of old industrial areas. A comparison of North-East England and the

Ruhr District". In: Blotevogel, H.H.; Fielding, A. (eds.): People, jobs and mobility in the new Europe, Chichester, 1997 (189–216)

Nord- und Lateinamerika

ALLEN, J.; TURNER, E.: "The Ethnic Quilt: Population Diversity in Southern California". California State University Northridge, The Center for Geographical Studies, 1992

ARTHUR, E.: "Toronto: No Mean City", 2nd ed.. Toronto: University of Toronto Press, 1974

BÄHR, J.; WEHRHAHN, R.: "Polarization reversal in der Entwicklung brasilianischer Metropolen?" In: Erdkunde 49 (3), 1995 (213–231).

CARO, R.: "The Power Broker: Robert Moses and the Fall of New York". Vintage, 1975.

CLARK, W.A.V.: "The California Cauldron: Immigration and the Fortunes of Local Communities". New York: Guilford, 1998

DANIELSON, M.N.; DOIG, J.W.: "New York: The Politics of Urban Regional Development". University of California Press, 1982.

GARZA, G.: "La Ciudad de México en el fin del segundo milenio". Mexico DF: El Colegio de México and the Gobierno del Distrito Federal, 2000

GATENBY, G.: "Toronto: a Literary Guide". Toronto: McArthur, 1999

GILBERT, A.G.: "A home is for ever? Residential mobility and home ownership in self-help settlements" Environment and Planning A, 31, 1999 (1073–91)

GILBERT, A.G.; DÁVILA, J.: "Governing Bogotá", in Dietz, H.A. and Myers, D.J. (eds): The Local Executive in Latin America's Capital Cities: Democratization and Change, Lynne Reiner, forthcoming, 2001

GONZÁLEZ-MURILLO, H.: "La planificación y gestión metropolitana de las relaciones entre Bogotá y la Sabana", Desarrollo Urbano en Cifras 4, 1. 1998 (77–93).

HARRIS, R.: "Unplanned Suburbs: Toronto's American Tragedy, 1900–1950". Baltimore: Johns Hopkins University Press, 1995

JACKSON, KENNETH (ed): "The Encyclopedia of New York". Yale University Press, 1995.

KEELING, D. J.: "Buenos Aires. Global Dreams, local crisis". Chichester, 1996

LEMON, J.: "Toronto since 1918: an Illustrated History". Toronto: James Lorimer & Company, 1985

LONDOÑO DE LA CUESTA, J.L.: "Problemas, instituciones y finanzas para el desarrollo de Bogotá: algunos interrogantes". In: DNP (ed.), 1992, (13–38)

LUDEÑA URQUIZO, W.: "Lima: Städtebau und Wohnungswesen". Berlin, 1996

PÖHLER, M.: "Zwischen Luxus-Ghettos und Favelas. Stadterweiterungsprozesse und sozialräumliche Segregation in Rio de Janeiro: Das Fallbeispiel Barra da Tijuca" in Kleinere Arbeiten aus dem Geographischen Institut der Universität Tübingen, Heft 21, Tübingen, 1999

RIBBECK, E.; SCHWEITZER, P.J.: "Rio de Janeiro: Traumstadt, Alptrauma, Weltstadt". In:Bauwelt 24, 1997 (1366–1371)

RINAUDO, U., MOLINA, C.G., ALVIAR, M. AND SALÁZAR, D.: "El futuro de la capital: estudio prospectivo del desarrollo social y humano". Misión Bogotá Siglo XXI., 1994

ROWLAND, A.; GORDON, P.: "Mexico City: no longer a leviathan?". In: Gilbert, A. (ed), in The mega-city in Latin America, Tokyo: The United Nations University Press, 1996 (173–202)

SALAZAR BONDY, S.: "Die schreckliche Stadt (Lima)". In: Niggestich, K. (ed.), Städte in Lateinamerika, Wuppertal, 1976 (62–68)

SCOBIE, J. R.: "Argentina. A city and a nation". New York, 3rd ed., 1974

SEPPÄNEN, M.: "Global cale, local place? –The making of the historic centre of Lima into a world heritage site", Helsinki: Interkont books 10, 1999

WALDINGER, R.; BOZORGMEHR M.: "Ethnic Los Angeles". New York: Russell Sage Foundation, 1996

WARD, P.M.: "Mexico City". Second Fully revised edition. Chichester & New York: John Wiley & Sons, 1998

WEHRHAHN, R.: "São Paulo: Umweltprobleme einer Megastadt". In: Geographische Rundschau 46 (6), 1994 (359–366)

WEHRHAHN, R.; BÄHR, J.: "Industrielle Polarisierung und Dekonzentration in São Paulo". In: Zeitschrift für Wirtschaftsgeographie 45 (1), 2001 (31–53).

WILHELMY, H.; BORSDORF, A.: "Die Städte Südamerikas". 2 Bde. Berlin u. Stuttgart, 1985

WILHELMY, H.; BORSDORF, A.: 'Lima und Callao". In: Wilhelmy, H. & BORSDORF, A.: Die Städte Südamerikas, Teil 2: Die urbanen Zentren und ihre Regionen (=Urbanisierung der Erde 3/2), Stuttgart, Berlin, 1985 (74–89)

YARO, R.D.; HISS, T.: "A Region at Risk". Washington, DC: Island Press, 1996

BILDNACHWEIS

(**Abkürzungen:** o. = oben; o.l. = oben links, o.r. = oben rechts; m. = Mitte; m.l. = Mitte links; m.r. = Mitte rechts; u. = unten; u.l. = unten links; u.r. = unten rechts; k. = kleines Bild; o.k. = oberes (Bild) klein; u.k. = unteres (Bild) klein

AllOver, Kleve: 37 k.; M. Al Roumi, Paris: 13 o.; J. Bähr, Kiel: 83 o., 83 u.l., 85 u.l, 249 o., 251; L. Beckel, Faistenau: 12, 13 u., 47 k., 73 o., 77 o.l., o.r., 79, 103 u.k., o.r., 114 u., 115 u., 136 k., 141, 143, 147, 148 o.r., u.r., 149, 176, 177, 178, 213 o., 215 k.; E. Berner, Den Haag: 155; A. Borsdorf; Innsbruck: 235; B. Braun, Bonn: 197 u.l., u.r.; D. Bronger, Bochum: 202; Contrast, Wien: 53, 57 o.l., 59, o.r., 92 o., 103 o.k., 112, 115 o., 182, 183 o.l., o.r., 208 u., 209 o., 218, 219, 220 o.,224, 228 u.l., u.r.; H. Fassmann, Wien: 73 u.l., u.r.; W. Flüchter, Duisburg: 192 o.; W. Gaebe, Stuttgart: 41 u., 42; P. Gans, Mannheim: 228 o.; Geospace/M. Seger, Salzburg/Klagenfurt: 183 u.; Hansa Luftbild, Münster: 13 m.; M. Heintel, Wien: 142; U. Hohn, Duisburg: 165 u., 166, 167; Hugin GmbH, Jena: 85 u.r., 96, 97, 107 u.l., u.r., 109 u., 124, 230, 231, 241; U. Jürgens, Kiel: 83 u.r.; F. Kraas, Köln : 172 u., 173, 192 u.; T. Krafft: 125; LEHNARTZ-Fotografie, Eschenbach: 31; National Geographic Society, Washington D.C.: 18, 19, 89, 92 u., 154, 172 o., 173 o., 187, 192 o.k., u.k.; F. Neumayr, Seekirchen/Salzburg: 57 u.l., 63 u., 77 u., 107 o., 136 o.l., o.r., 137, 200, 214 u., 215 u.; H. Nissel, Wien: 119, 159, 160; G. Popp, Salzburg: 64, 215 o., 109 o.; J. Scheda: Generalkarte Europa, Wien 1847: 72 u.;M. Seger, Klagenfurt: 37 u.r.; K. Siddiqui: 129, 130; Sylvestris GmbH, Kastl: 40 u., 69, 243, 249 u.; D.J. Stewart, Atlanta: 78; Transglobe Agency, Wien: 47 u., 103 o.l., 148 o.l., u.l., 207, 208 o., 209 u., 223; Zeese: 98 o.k., u.k., 99 o.k., u.k.;

Seite	Satellitenszene	Aufnahme-datum	Copyright
9	SPOT PAN/XS 089-274	04-10-1996	GEOSPACE/SPOTIMAGE 2001
10/11	LANDSAT ETM 118-38/39	03-11-1999	GEOSPACE/EDC 2001
12 u.	LANDSAT TM 123-34	21-09-1997	GEOSPACE/EOSAT 2001
14 u.l.	LANDSAT TM 123-34	21-09-1997	GEOSPACE/EOSAT 2001
14 u.r.	LANDSAT TM 231-67	02-08-1989	GEOSPACE/INPE 2001
15 o.l.	SPOT PAN 069-252/6	09-07-1993	GEOSPACE/SPOTIMAGE/EURIMAGE 2001
	LANDSAT TM 190-26/fl	14-08-1993	
15 o.r	RADARSAT Fine Beam	25-01-1996	RADARSAT 2001
15 m.l.	SPOT PAN 069-252/6	09-07-1993	GEOSPACE/SPOTIMAGE/EURIMAGE 2001
	LANDSAT TM 190-26/fl	14-08-1993	
15 m.r.	SPOT PAN 069-252/6	09-07-1993	GEOSPACE/SPOTIMAGE/EURIMAGE 2001
	LANDSAT TM 190-26/fl	14-08-1993	
15 u.l.	IKONOS 2	01-06-2000	GEOSPACE/SPACEIMAGING EUROPE 2001
15 u.r.	IKONOS 2	01-06-2000	GEOSPACE/SPACEIMAGING EUROPE 2001
16 o.	ERS SAR		GAMMA REMOTE SENSING/ ESA 2001
16 u.r.	NOAA AVHRR	15-09-1999	GEOSPACE/EDC 2001
20/21	NOAA AVHRR		GEOSPACE/WORLDSAT 1994
22/23	NOAA AVHRR		GEOSPACE/WORLDSAT 1994
24/25	NOAA AVHRR		GEOSPACE/WORLDSAT 1994
26/27	NOAA AVHRR		GEOSPACE/WORLDSAT 1994
28/29	LANDSAT TM 193-23/24	14-08-2000	GEOSPACE/EDC 2001
30	LANDSAT ETM 193-23/24	14-08-2000	GEOSPACE/EDC 2001
32/33	IKONOS 2	30-09-2000	GEOSPACE/ SPACEIMAGING EUROPE 2001
34/35	LANDSAT ETM 180-31/32	04-10-1999	GEOSPACE/EDC 2001
36	SPOT PAN 100-267/268	04-10-1986	GEOSPACE/SPOTIMAGE/EURIMAGE 2001
	LANDSAT TM 180-31/32	05-10-1985	
37 o.l.	LANDSAT TM 180-31/32	04-10-1999	GEOSPACE/EDC 2001
37 o.r	ERS-SAR 24372-2781	13-03-1996	GEOSPACE/EURIMAGE/ESA 2010
	ERS-SAR 04699-2781	14-03-1996	
	ERS-SAR 21366-2781	16-08-1995	
	ERS-SAR 01693-2781	17-08-1995	
38/39	LANDSAT ETM 201-24	19-06-2000	GEOSPACE/EDC 2001
40/41	SPOT PAN 033-245/9	25-08-2000	GEOSPACE/SPOTIMAGE/EDC 2001
	LANDSAT TM 201-24	19-06-2000	
43	ERS SAR 15436-2568	03-04-1998	EURIMAGE/ ESA 2001
	ERS SAR 16438-2565	12-06-1998	
	ERS SAR 17941-2565	25-09-1999	
44/45	LANDSAT TM 201-32	22-08-2000	GEOSPACE/EDC 2001
46	SPOT PAN/XS 034-268/8	26-05-2001	GEOSPACE/SPOTIMAGE 2001
47	ERS SAR 16438-2799	12-06-1998	EURIMAGE/ ESA 2001
	ERS SAR 19444-2799	08-01-1999	
	ERS SAR 18943-2799	04-12-1998	
48/49	LANDSAT TM 178-21	06-10-1999	GEOSPACE/EDC 2001
50	LANDSAT TM 178-21	16-10-1986	GEOSPACE/EURIMAGE 2001
51	LANDSAT ETM 178-21	06-10-1999	GEOSPACE/EDC 2001
52	ERS SAR 21876-2479	27-06-1999	EURIMAGE/ ESA 2001
	ERS SAR 20874-2479	18-04-1999	
	ERS SAR 23379-2479	10-10-1999	
54/55	LANDSAT TM 199-26	24-08-2000	GEOSPACE/EDC 2001
56	SPOT PAN/XI 040-251/2	25-08-2001	GEOSPACE/SPOTIMAGE 2001
58 o.	IKONOS 2	22-07-2000	GEOSPACE/ SPACEIMAGING EUROPE 2001
58 u.	ERS SAR 11034-0974	30-05-1997	EURIMAGE/ ESA 2001
	ERS SAR 19050-0974	11-12-1998	
60/61	LANDSAT TM 191-31	19-10-2000	GEOSPACE/EDC 2001
62	LANDSAT ETM 191-31	19-10-2000	GEOSPACE/EDC 2001
63	IKONOS 2	18-07-2000	GEOSPACE/ SPACEIMAGING EUROPE 2001
65	ERS SAR 07739-2763	07-01-1993	EURIMAGE/ ESA 2001
	ERS SAR 04733-2763	11-06-1992	
	ERS SAR 02031-2763	22-04-1993	

Seite	Satellitenszene	Aufnahme-datum	Copyright
66/67	LANDSAT TM 197-24/25	09-09-2000	GEOSPACE/EDC 2001
68	LANDSAT ETM 197-24/25	09-09-2000	GEOSPACE/EDC 2001
70/71	LANDSAT TM 190-26/27	10-09-2000	GEOSPACE/EDC 2001
72 o.	IKONOS 2	01-06-2000	GEOSPACE/SPACEIMAGING EUROPE 2001
74/75	LANDSAT TM 176-39	23-08-2000	GEOSPACE/EDC 2001
76	IKONOS 2	04-06-2000	GEOSPACE/SPACEIMAGING EUROPE 2001
78 o.r	CORONA	18-09-1967	EDC 2001
78 m.r.	CORONA	18-09-1967	EDC 2001
78 u.r.	LANDSAT TM 176-39	23-08-2000	GEOSPACE/EDC 2001
80/81	LANDSAT TM 170-78	23-04-2000	GEOSPACE/EDC 2001
82	LANDSAT ETM 170-78	23-04-2000	GEOSPACE/EDC 2001
84	IKONOS 2	2000	SPACEIMAGING 2001
85 u.r.	LANDSAT TM 170-78	16-10-2000	HUGIN/EDC 2001
86/87	LANDSAT TM 173-49/50	10-02-2001	GEOSPACE/EDC 2001
88	LANDSAT ETM 173-49/50	10-02-2001	GEOSPACE/EDC 2001
90/91	LANDSAT TM 182-63	25-02-2001	GEOSPACE/EDC 2001
93	LANDSAT ETM 182-63	25-02-2001	GEOSPACE/EDC 2001
94/95	LANDSAT TM 191-55/56	06-02-2000	GEOSPACE/EDC 2001
96 o.l.	LANDSAT TM 191-55/56	18-12-1984	HUGIN/EOSAT 2001
96 o.r	LANDSAT TM 191-55/56	18-12-1984	HUGIN/EOSAT 2001
96 u.l.	LANDSAT TM 191-55/56	06-02-2000	HUGIN/EDC 2001
96 u.r.	LANDSAT TM 191-55/56	06-02-2000	HUGIN/EDC 2001
97	LANDSAT TM 191-55/56	06-02-2000	HUGIN/SPOTIMAGE/EDC 2001
	SPOT PAN 066-337	21-03-2000	
98	IKONOS 2	27-05-2000	SPACEIMAGING 2001
99	IKONOS 2	27-05-2000	SPACEIMAGING 2001
100/101	LANDSAT TM 168-61	21-02-2000	GEOSPACE/EDC 2001
	LANDSAT TM 169-61	12-02-2000	
102	SPOT PAN+XS 139-352/5	26-10-1993	GEOSPACE/SPOTIMAGE 2001
104/105	LANDSAT TM 129-50/51	16-11-1999	GEOSPACE/EDC 2001
106	LANDSAT TM 129-50/51	16-11-1999	GEOSPACE/EDC 2001
107 u.l.	IRS LISS 122-063/50	28-05-1997	HUGIN/ANTRIX/SPACEIMAGING 2001
	IRS LISS 121-063/20	18-01-1998	
107 u.r.	IRS LISS 122-063/50	28-05-1997	HUGIN/ANTRIX/SPACEIMAGING 2001
	IRS LISS 121-063/20	18-01-1998	
108	IKONOS 2	08-05-2000	SPACEIMAGING 2001
110/111	LANDSAT TM 123-32	30-04-2000	GEOSPACE/EDC 2001
113	LANDSAT ETM 123-32	30- 04-2000	GEOSPACE/EDC 2001
114 o.	CORONA	20-09-1967	EDC 2001
116/117	LANDSAT TM 138-44/45	15-11-1999	GEOSPACE/EDC 2001
118	LANDSAT ETM 138-44	15-11-1999	GEOSPACE/EDC 2001
120/121	LANDSAT TM 146-40	09-12-1999	GEOSPACE/EDC 2001
	LANDSAT TM 147-40	16-12-1999	
122	LANDSAT ETM 146-40	09-12-1999	GEOSPACE/EDC 2001
123	ERS SAR 21960-3033	03-07-1999	EURIMAGE/ ESA 2001
	ERS SAR 21459-3033	29-05-1999	
	ERS SAR 20459-3033	20-03-1999	
124 u.l.	IRS LISS 096-51	26-03-1998	HUGIN/ANTRIX/SPACEIMAGING 2001
124 u.r	IRS LISS 096-51	26-03-1998	HUGIN/ANTRIX/SPACEIMAGING 2001
124 o.l.	CORONA	22-09-1965	HUGIN/EDC 2001
124 o.r.	CORONA	22-09-1965	HUGIN/EDC 2001
126/127	LANDSAT TM 137-43/44	28-02-2000	GEOSPACE/EDC 2001
128	LANDSAT ETM 137-43/44	28-02-2000	GEOSPACE/EDC 2001
131 o.	SPOT XS 237-303	09-01-1987	GEOSPACE/SPOTIMAGE 2001
131 u.	SPOT XS 237-303	10-10-1988	GEOSPACE/SPOTIMAGE 2001
132/133	LANDSAT TM 121-44/45	15-11-1999	GEOSPACE/EDC 2001
	LANDSAT TM 122-44/45	20-08-1999	
134	LANDSAT TM 121-44/45	15-11-1999	GEOSPACE/EDC 2001
	LANDSAT TM 122-44/45	20-08-1999	
135 o.	IKONOS 2	29-11-1999	SPACEIMAGING 2001
138/139	LANDSAT TM 122-64/65	14-09-2001	GEOSPACE/EDC 2001
140	LANDSAT ETM 122-64	14-09-2000	GEOSPACE/EDC 2001
144/145	LANDSAT TM 152-43	01-11-1999	GEOSPACE/EDC 2001
146	LANDSAT ETM 152-43	01-11-1999	GEOSPACE/EDC 2001
150/151	LANDSAT TM 116-50	04-10-1999	GEOSPACE/EDC 2001
152/153	SPOTPAN/XS 304 321	02-05-1997	GEOSPACE/SPOTIMAGE 2001
156/157	LANDSAT TM 147-47	29-10-1999	GEOSPACE/EDC 2001
	LANDSAT TM 148-47	20-10-1999	
158	LANDSAT TM 148-47	29-10-1999	GEOSPACE/EDC 2001
161	IKONOS2	04-02-2001	GEOSPACE/ SPACEIMAGING 2001
162/163	LANDSAT TM 110-36	25-08-2000	GEOSPACE/EDC 2001

Seite	Satellitenszene	Aufnahme-datum	Copyright
164 o.	SPOT XS 323-280	21-10-1986	GEOSPACE/SPOTIMAGE 2001
165 o.	SPOT PAN/XI 323-280	29-03-1998	GEOSPACE/SPOTIMAGE 2001
168/169	LANDSAT TM 116-34	29-04-2000	GEOSPACE/EDC 2001
170	LANDSAT ETM 116-34	29-04-2000	GEOSPACE/EDC 2001
171 u.	CORONA	25-09-1967	EDC 2001
174/175	LANDSAT TM 118-38/39	04-12-1990	GEOSPACE/EDC 2001
	LANDSAT TM 119-38/39	16-12-1990	
177	LANDSAT ETM 118/38	03-11-1999	GEOSPACE/EDC 2001
178 o.l.	ERS SAR 03869-2979	03-06-1996	GEOSPACE/ ESA 2001
	ERS SAR 25542-2979	04-06-1996	GEOSPACE/ ESA 2001
	LANDSAT TM 118-38	03-11-1999	GEOSPACE/EDC 2001
178 o.r	LANDSAT MSS 127-38	13-02-1974	GEOSPACE/EDC 2001
	SPOT XS 296-287/288	30-08-1991	GEOSPACE/SPOTIMAGE 2001
179	IKONOS 2	22-07-2000	GEOSPACE/ SPACEIMAGING 2001
180/181	LANDSAT TM 164-34	30-06-1999	GEOSPACE/EDC 2001
182 o.	LANDSAT ETM 164-34	30-06-1999	GEOSPACE/EDC 2001
183 o.	LANDSAT ETM 164-34	30-06-1999	GEOSPACE/SEGER/EDC 2001
184/185	LANDSAT TM 122-33	06-03-1999	GEOSPACE/EDC 2001
186	LANDSAT ETM 122-33	06-03-1999	GEOSPACE/EDC 2001
188/189	LANDSAT TM 107-35/36	21-10-1999	GEOSPACE/EDC 2001
190/191	LANDSAT ETM 107-35/36	21-10-1999	GEOSPACE/EDC 2001
193	IKONOS 2	2000	SPACEIMAGING 2001
194/195	LANDSAT TM 089-83/84	30-03-2000	GEOSPACE/EDC 2001
196 o.	IKONOS 2	01-12-1999	SPACEIMAGING 2001
197 o.	RADARSAT ScanSAR	12-07-2000	RADARSAT 2001
198/199	LANDSAT TM 22-31	19-10-2000	GEOSPACE/EDC 2001
	LANDSAT TM 23-31	10-10-2000	
200	LANDSAT ETM 23-31	10-10-2000	GEOSPACE/EDC 2001
203	IKONOS 2	2000	SPACEIMAGING 2001
204/205	LANDSAT TM 041-36/37	01-05-2000	GEOSPACE/EDC 2001
206	LANDSAT ETM 041-36/37	01-05-2000	GEOSPACE/EDC 2001
210/211	LANDSAT TM 014-31/32	23-09-1999	GEOSPACE/EDC 2001
	LANDSAT TM 013-32	08-08-1988	
212	LANDSAT ETM 014-31/32	23-09-1999	GEOSPACE/EDC 2001
214 o.	IKONOS 2	2000	SPACEIMAGING 2001
216/217	LANDSAT TM 018-29/30	03-09-1999	GEOSPACE/EDC 2001
220 u.	CORONA	16-09-1967	EDC 2001
221	LANDSAT ETM 018-29/30	03-09-1999	GEOSPACE/EDC 2001
222/223	LANDSAT TM 008-57	16-11-1999	GEOSPACE/EDC 2001
224	LANDSAT ETM 008-57	16-11-1999	GEOSPACE/EDC 2001
227	ERS SAR 32721-3519	17-10-1997	EURIMAGE/ ESA 2001
	ERS SAR 83329-3519	27-02-1993	
	ERS SAR 10834-3519	11-08-1993	
228/229	LANDSAT TM 225-84	19-01-2000	GEOSPACE/EDC 2001
231	LANDSAT ETM 225-84	19-01-2000	GEOSPACE/EDC 2001
232 o.	ERS SAR 15781-4311	27-04-1997	EURIMAGE/ ESA 2001
	ERS SAR 08767-4311	23-12-1996	
	ERS SAR 12274-4311	25-08-1997	
232 u.r.	LANDSAT TM 225-84	29-09-1999	HUGIN/EDC 2001
	LANDSAT TM 225-84	30-09-1988	HUGIN/EOSAT 2001
233 l.	LANDSAT TM 225-84	30-09-1988	HUGIN/EOSAT 2001
233 l.	LANDSAT TM 225-84	29-09-1999	HUGIN/EDC 2001
234/235	LANDSAT ETM 007-68	03-05-2000	GEOSPACE/EDC 2001
236	IKONOS 2	05-05-2001	GEOSPACE/SPACEIMAGING 2001
238/239	LANDSAT TM 026-46/47	02-12-2000	GEOSPACE/EDC 2001
240	SPOT PAN 588-311	28-11-1998	GEOSPACE/SPOTIMAGE/EDC 2001
	LANDSAT TM 026-46/47	02-12-2000	
241 o.l.	IRS LISS 272-059	22-11-1996	HUGIN/ANTRIX/SPACEIMAGING 2001
241 o.r.	IRS LISS272-059	22-11-1996	HUGIN/ANTRIX/SPACEIMAGING 2001
242	ERS SAR 03616-3213	29-12-1995	EURIMAGE/ ESA 2001
	ERS SAR 06121-3213	21-06-1996	
	ERS SAR 12634-3213	19-09-1997	
242/243	LANDSAT TM 217-76	28-02-2000	GEOSPACE/EDC 2001
244/245	LANDSAT TM 217-76	28-02-2000	GEOSPACE/EDC 2001
246	IKONOS 2	2000	SPACEIMAGING 2001
248	IKONOS 2	2000	SPACEIMAGING 2001
250/251	LANDSAT TM 219-76	30-04-2000	GEOSPACE/EDC 2001
252	LANDSAT ETM 219-76	30-04-2000	GEOSPACE/EDC 2001
254	ERS SAR 05002-4084	04-04-1996	EURIMAGE/ ESA 2001
	ERS SAR 25176-4084	08-05-1996